U0602930

颠覆性技术创新研究

·能源领域·

中国科学院颠覆性技术创新研究组　编

科学出版社

北　京

内 容 简 介

能源是人类生存和文明发展不可缺少的生产要素和物质基础，展望未来，一批具有重大产业变革前景的技术将对新时代世界能源格局和经济发展产生颠覆性影响。本书在对颠覆性技术和先进能源科技领域长期跟踪研究的基础上，提出基于文本挖掘和专家评分的颠覆性技术识别方法，重点围绕能源领域若干典型颠覆性技术领域和主题，对其演变进程和颠覆性影响等进行分析，准确定位我国所处的战略位置、优劣势和存在的"卡脖子"问题，并对我国相关颠覆性技术的高质量发展和治理提出意见建议。

希望本书能够为有关政府部门、科研和智库机构、创新型企业等和广大读者提供参考和借鉴。

图书在版编目（CIP）数据

颠覆性技术创新研究．能源领域／中国科学院颠覆性技术创新研究组编．—北京：科学出版社，2023.7

ISBN 978-7-03-075620-6

Ⅰ．①颠…　Ⅱ．①中…　Ⅲ．①技术革新－研究－中国　②能源－技术革新－研究－中国　Ⅳ．① F124.3 ② TK01

中国国家版本馆 CIP 数据核字（2023）第 092884 号

责任编辑：牛　玲　刘巧巧／责任校对：何艳萍

责任印制：赵　博／封面设计：有道文化

科学出版社 出版

北京东黄城根北街16号

邮政编码:100717

http://www.sciencep.com

北京市金木堂数码科技有限公司印刷

科学出版社发行　各地新华书店经销

*

2023年7月第　一　版　开本：720×1000　1/16

2024年8月第三次印刷　印张：19　1/2

字数：310 000

定价：198.00元

（如有印装质量问题，我社负责调换）

编　委　会

主　　编： 翟立新　刘细文

副 主 编： 陶宗宝　刘　清

编务协调： 甘　泉　王小伟　王学昭　陈　伟　王燕鹏

研究团队（以姓氏拼音为序）：

陈　伟　陈启梅　陈小莉　郭楷模　蒋　甜

李桂菊　李岚春　刘艳丽　吕凤先　吕璐成

汤　匀　王　溯　王学昭　王燕鹏　谢华玲

岳　芳　张　欣　邹丽雪

前　言

为更好地认识、创造和发展颠覆性技术，从2016年开始，中国科学院组建了颠覆性技术创新研究团队，选择若干重点领域持续开展颠覆性技术专题研究。2018年以来，团队先后编撰出版了《颠覆性技术创新研究——信息科技领域》《颠覆性技术创新研究——生命科学领域》两本研究报告，分别围绕信息科技和生命科学领域的典型颠覆性技术进行了系统介绍和阐述，受到读者的欢迎和好评。近年来，团队在不断深化对颠覆性技术创新系统性研究的同时，重点围绕能源领域的颠覆性技术进行了深入研究，取得了一系列新进展和新成果。本书便是以此为基础撰写而成的。

能源是人类生存和文明发展不可缺少的生产要素和物质基础。碳中和已成为后疫情时代全球最为紧迫的议题，推动全球能源生产与消费革命不断深化，能源系统持续向绿色、低碳、清洁、高效、智慧、多元方向转型。展望未来，一批具有重大产业变革前景的技术将对新时代世界能源格局和经济发展产生颠覆性影响。本书以长期对先进能源科技领域的跟踪研究积累为基础，通过基于深度学习的科技文献数据挖掘、德尔菲法、典型案例分析法和定量分析等方法，立足于我国能源革命国情凝练出碳基能源高效催化转化、天然气水合物开发利用、可控核聚变、太阳能高效转化利用、氢能与燃料电池、新型高能电化学储能以及多能互补综合能源系统7个技术领域17项具有较高颠覆性潜力的技术主题作为主要研究对象，对其技术内涵及发展历程、重点研究领域及主要发展趋势、颠覆性影响及发展举措进行分析和研判，准确定位我国所处的战略位置、优劣势和存在的“卡脖子”问题，研究提出我国未来高质量发展各项颠覆性技术的战略建议，为有关部门孕育、捕捉、牵引、推动和保障颠覆性技术的健康发展提供参考。

第1章“颠覆性技术识别方法研究”，从技术预测和发现的角度，提出了一种基于文本挖掘和专家评分的颠覆性技术识别方法，从科技文献数据中挖掘潜在颠覆性技术，通过科技专家评分判断技术颠覆性潜力。利用上述方法在能源领域开展实证研究，凝练出若干典型颠覆性技术。

第2章以“碳基能源高效催化转化”为专题，梳理了碳基能源催化技术的四个发展时期，分析了实现碳基能源资源化利用的关键科学问题和催化转化技术，阐述了未来发展趋势和颠覆性影响。当前以煤炭、石油、天然气为代表的碳基能源在世界和我国能源消费结构中占据绝对主导地位。在可预见的未来，碳基能源高效催化转化利用仍将是我国的重大战略需求，但重心将逐渐转变为弱化煤油气的能源属性，强化其资源属性，利用高效催化转化颠覆性技术推动碳基能源和化工产业革命，突破导致大量资源浪费和污染物排放的传统能源转化利用模式，实现低耗水、低碳排放和高碳原子利用率的碳基资源转化和循环利用。颠覆性技术主题包括甲烷直接活化与定向转化技术、合成气直接转化技术、CO_2催化还原转化技术。

第3章以“天然气水合物开发利用”为专题，回顾了天然气水合物从早期理论探索到资源勘查及试采的发展历程，论述了形成经济、环保、高效的天然气水合物开发利用体系的未来发展趋势，分析了各国发展态势与竞争布局，以及对社会经济带来的颠覆性影响。天然气水合物是未来全球能源发展的战略制高点，具有分布范围广、储量规模大、能量密度高、燃烧热值高以及清洁环保等特点，实现其开发利用将对推动能源革命具有重要而深远的影响，率先实现商业化开采的国家将在未来的国际能源市场中占据战略性地位。颠覆性技术主题包括天然气水合物开发利用技术。

第4章以“可控核聚变”为专题，从核聚变领域发展历程出发，梳理了不同核聚变技术路线的特征和成就，重点分析了其未来发展趋势和颠覆性影响。可控核聚变是满足人类能源需求的最终解决方案，具备资源无限、清洁无污染、安全高效等特点，一旦实现商用将彻底颠覆能源科技、经济、社会和生态格局。国务院在《2030年前碳达峰行动方案》绿色低碳科技创新行动重点任务中专门提出了“加强可控核聚变等前沿颠覆性技术研究”。由于技术难度极高，全球可控核聚变目前仍处于基础研究和建设大型实验装置阶段。颠覆性技术主题包括磁约束核聚变技术、惯性约束核聚变技术。

第5章以“太阳能高效转化利用”为专题，从太阳能光电利用和光化学利用两条路线阐述了太阳能高效转化利用技术的发展历程，重点分析了其未来发展趋势和颠覆性影响。太阳能是地球上最丰富的能量来源，具有分布广泛、无地域限制、资源丰富以及无污染等优点。如何实现太阳能到电能/化学能/热能的高效低成本转化利用是当前重大研究热点和前沿，有颠覆电力、交通、化工、建筑等多个行业的潜力。颠覆性技术主题包括钙钛矿太阳电池技术、热光伏技术、人工光合成技术。

第6章以“氢能与燃料电池”为专题，归纳了氢能从航空动力逐渐走向地面应用经历的多次发展热潮，并从氢能的制备、储运和燃料电池应用几方面阐述了重点技术主题发展趋势，对比分析了各国/地区竞争布局和该领域的颠覆性影响。氢能与燃料电池是全球能源、交通系统转型发展的重要方向，被公认为是未来技术、产业竞争新的制高点之一。《“十三五”国家科技创新规划》已明确将氢能、燃料电池列为引领产业变革的颠覆性技术之一。颠覆性技术主题包括绿色制氢技术、高效储氢技术、先进燃料电池技术。

第7章以“新型高能电化学储能”为专题，系统梳理了以锂离子电池为代表的电化学储能技术的发展历程，重点分析了多项新型储能技术的未来发展趋势和颠覆性影响。高能电化学储能技术是实现电力、交通、工业用能变革的关键使能技术，是现代能源体系和新型电力系统的关键构成单元，将创造众多新产业新业态，形成巨大的社会经济效益和环境效益。颠覆性技术主题包括全固态锂电池技术、金属-空气电池技术、大容量超级电容器技术、新概念化学电池技术。

第8章以“多能互补综合能源系统”为专题，总结了多能互补综合能源系统从概念提出到研究探索再到示范发展的过程，重点研究了颠覆性技术主题的未来发展趋势和颠覆性影响，并对比分析主要国家/地区的发展布局。现代能源体系将从追求单一能源品种的利用向开发多种能源协同互补的综合能源系统转变，在当前碳中和背景下，发展多能互补综合能源系统成为实现我国“碳达峰、碳中和”目标以及能源领域高质量发展的重要途径和必然选择。颠覆性技术主题包括多能互补综合能源系统技术。

第9章着重研究颠覆性技术创新前瞻性治理问题，归纳总结了世界主要国家开展技术前瞻性治理的新思路、新方法、新举措和新实践，从前瞻性治理研究框架中选取产业发展保障和风险管理两个核心要素，提出颠覆性技术前瞻性治理的具体理念和详细思路。

颠覆性技术创新及其治理研究是一项跨学科、跨领域的工作。

本书的研究工作在中国科学院发展规划局的支持下，由中国科学院文献情报中心、武汉文献情报中心联合组织开展。在研究过程中，研究团队多次召开专题报告会和研讨会，咨询来自政府、科研机构、产业界、高校和战略咨询机构的有关专家，听取并吸纳他们的意见和建议。在此，谨向这些为本书研究工作提供热情支持、指导和帮助的专家学者致以深深的敬意和衷心的感谢。他们是：中国科学技术大学/中国科学院大连化学物理研究所包信和院士、中国科学院大连化学物理研究所刘中民院士、中国科学院过程工程研究所刘会洲研究员、中国科学院过程工程研究所肖炘研究员、中国科学院科技战略咨询研究院郭剑锋研究员、中国科学院广州能源研究所蔡国田研究员、中国科学院山西煤炭化学研究所王建国研究员、中国科学院大连化学物理研究所蔡睿研究员、中科合成油技术股份有限公司温晓东研究员、中国科学院大连化学物理研究所潘秀莲研究员、中国科学院大连化学物理研究所傅强研究员、中国科学院山西煤炭化学研究所董梅研究员、中国石油和化学工业联合会王秀江副秘书长、中国地质大学（武汉）吕万军教授、中国科学院广州能源研究所李刚研究员、中海石油（中国）有限公司湛江分公司廖晋经理、华中科技大学聚变与等离子体研究所朱平教授、中国科学院等离子体物理研究所龚先祖研究员、中国科学技术大学核科学技术学院叶民友教授、中国科学院大连化学物理研究所郭鑫研究员、武汉大学物理科学与技术学院方国家教授、华中科技大学物理学院高义华教授、华中科技大学材料学院池波教授、中国科学院大连化学物理研究所孙树成研究员、南京工业大学化工学院周嵬教授、里卡多科技咨询（上海）有限公司沃傲波总工程师、中国科学院大连化学物理研究所吴忠帅研究员、中国科学院大连化学物理研究所张洪章研究员、中国电力科学研究院李相俊教授级高级工程师、中国科学院物理研究所黄学杰研究员、华中科技大学电气与电子工程学院谢佳教授、中国科学院工程热物理研究所隋军研究员、中国科学院工程热物理研究所韩巍研究员、中国科学院工程热物理研究所刘启斌研究员、华北电力大学谭忠富教授。

中国科学院颠覆性技术创新研究组

2023年3月

目　录

第 1 章　颠覆性技术识别方法研究

当前，全球科技创新进入空前密集活跃的时期，呈现高速发展和高度融合的态势，以颠覆性技术创新为突破口带动全面创新，已经成为科学技术发展和经济增长的重要动力。在国家"十三五"规划纲要首次提出要"更加重视原始性创新和颠覆性技术创新"。《国家创新驱动发展战略纲要》明确提出要"发展引领产业变革的颠覆性技术，不断催生新产业、创造新就业"。党的十九大报告也对颠覆性技术进行了系统部署。在 2018 年的两院院士大会上，习近平总书记再次提出："以关键共性技术、前沿引领技术、现代工程技术、颠覆性技术创新为突破口，敢于走前人没走过的路，努力实现关键核心技术自主可控，把创新主动权、发展主动权牢牢掌握在自己手中。"[1] 国家"十四五"规划纲要进一步提出，要"在科教资源优势突出、产业基础雄厚的地区，布局一批国家未来产业技术研究院，加强前沿技术多路径探索、交叉融合和颠覆性技术供给"。面向支撑颠覆性技术前瞻性战略布局、引导创新资源聚集、优化资源配置的目标，亟待开展常态化的颠覆性技术识别和预测，实现对技术先机和技术突袭机会的准确判断以及创新主动权和发展主动权的全面把握。

在颠覆性技术创新的前期研究中[2]，本研究组提出了基于"FMPA 技术颠覆性潜力评估指标体系"进行颠覆性技术识别的方法，侧重于颠覆性技术的遴选和评估。在此基础上，本书进一步研究了侧重技术预测和发现的颠覆性技术识别方法。

[1] 习近平：在中国科学院第十九次院士大会、中国工程院第十四次院士大会上的讲话 . www.gov.cn/xinwen/2018-05/28/content. 5294322.htm[2018-05-28].

[2] 中国科学院颠覆性技术创新研究组 . 颠覆性技术创新研究——生命科学领域 . 北京：科学出版社，2020.

1.1 研究方法框架设计

本书提出了一种基于文本挖掘和专家评分的颠覆性技术识别方法，该方法分为两个环节（图 1-1）。第一个环节：基于科技信息文本挖掘的思路寻找颠覆性技术“种子”或“萌芽”，即“潜在颠覆性技术”。科技文献中承载着大量新兴、热点和前沿技术的信息，是目前广受认可的高质量技术情报源，可保障技术识别结果的预测性、可回溯性和可验证性，是潜在颠覆性技术识别的核心信息源。通过对文献文本内容的挖掘和情报专家的识别归并与判读，得到领域潜在颠覆性技术清单。第二个环节：构建符合领域特点的“技术颠覆性潜力评价三维指标体系”，采用科技专家主观评分的方式逐一评判清单中各项技术的颠覆性潜力，在此基础上通过综合评估选择领域高潜力的颠覆性技术开展专题研究。该环节并未完全采用客观数据量化计算的方式来进行技术颠覆性潜力评价，原因在于通过文献挖掘识别得到的潜在颠覆性技术数量较多，建立这些技术与相关支撑数据之间的映射关系在现阶段存在困难，同时在该环节引入科技专家主观评分可以更有效地验证定量分析的结果。需要指出的是，虽然基于科技专家主观评分的颠覆性潜力评判方法能够在较大程度上保证结果的科学性和有效性，但是该方法仍旧无法完全避免专家咨询法的识别主观性强、可回溯性弱、受限于专家知识广度等问题。

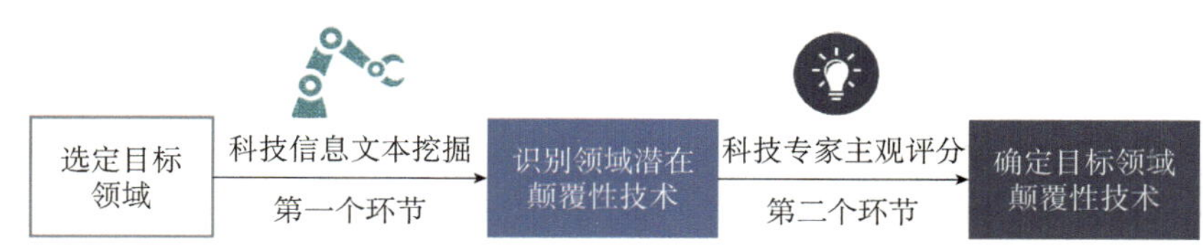

图 1-1 颠覆性技术识别方法基本框架

该方法在能源领域应用的具体实施框架如图 1-2 所示。第一个环节是“基于科技信息文本挖掘的潜在颠覆性技术清单生成”，即基于能源领域大规模科技信息文本数据（高质量论文、高价值专利和颠覆性技术相关科研项目数据等），引入深度学习和数据挖掘技术，对科技信息进行降维聚合得到主题类簇；同时汇集权威智库机构发布的相关颠覆性技术研究报告数据，通过能源情报专家识别归并和判读，生成能源领域潜在颠覆性技术清单，

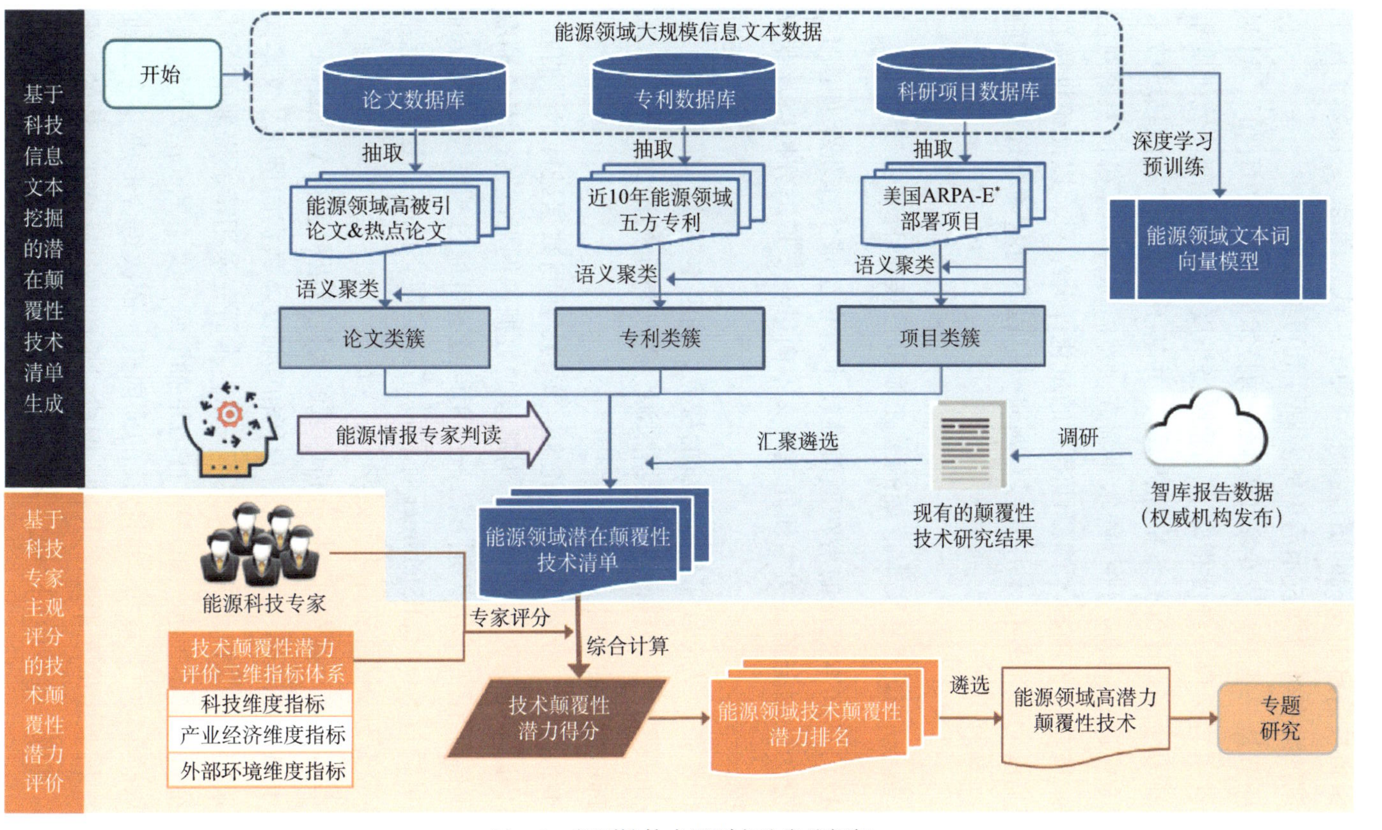

图1-2　颠覆性技术识别方法实施框架

* 美国ARPA-E：美国能源部先进能源研究计划署

实现了从海量科技信息中发现颠覆性技术“种子”或“萌芽”，保障了用于科技专家咨询的潜在颠覆性技术清单的客观性和可追溯性。

第二个环节是“基于科技专家主观评分的技术颠覆性潜力评价”，针对能源领域设计了包括科技维度指标、产业经济维度指标和外部环境维度指标的“技术颠覆性潜力评价三维指标体系”，并基于此设计“能源领域技术颠覆性潜力专家调查问卷”进行德尔菲调查，然后综合计算科技专家对潜在颠覆性技术清单中各项技术颠覆性潜力的量化评分结果，以此论证筛选出能源领域高潜力颠覆性技术并开展专题研究。以下对这两个环节的实施细节进行详细介绍。

1.1.1 基于科技信息文本挖掘的潜在颠覆性技术清单生成

基于科技信息文本挖掘的潜在颠覆性技术清单生成实施框架如图 1-3 所示，具体分为数据准备、文本预处理、文本向量化、聚类分析以及专家判读 5 个步骤。

（1）数据准备。结合目标分析领域的特点，确定本领域的高质量论文、高价值专利和颠覆性技术科研项目数据来源，并从特定的论文、专利、项目数据库中抽取对应的数据。

（2）文本预处理。分别对抽取的论文、专利、项目数据进行术语抽取、停用词过滤、词干化等文本预处理，为后续的数据挖掘做准备。术语抽取可采用基于词典匹配的术语识别方法，停用词过滤可通过领域停用词表过滤，词干化可通过 SnowballStemmer 等软件工具实现。此外，还需过滤单纯数字、标点符号、空白字符等无效字符。

（3）文本向量化。首先对目标分析领域的大规模语料进行 Word2vec 模型训练，基于 Word2vec 模型将论文、专利和项目文本数据向量化。文本向量化的计算步骤为：①由于文本长度不一致，本研究采用特征提取的方法提取关键特征进行文本表示，如采用 TF-IDF 抽取每个文本的 top N 关键词；②从 Word2vec 模型中获取每个词特征的词向量，依次组合形成一个二维数组；③将二维数组的元素逐个求和，形成一个跟词向量长度一致的一维数组 Array；④将一维数组归一化，归一化利用一维数组对应的向量模长，公式如下：

$$stArray=Array/sqrt((Array \times Array).sum()) \quad (1\text{-}1)$$

⑤最后得到的 stArray 为句子向量。

（4）聚类分析。分别针对向量化的专利文本向量、论文文本向量和项目文本向量，采用 K 均值聚类方法分别进行聚类，并根据轮廓系数遴选最

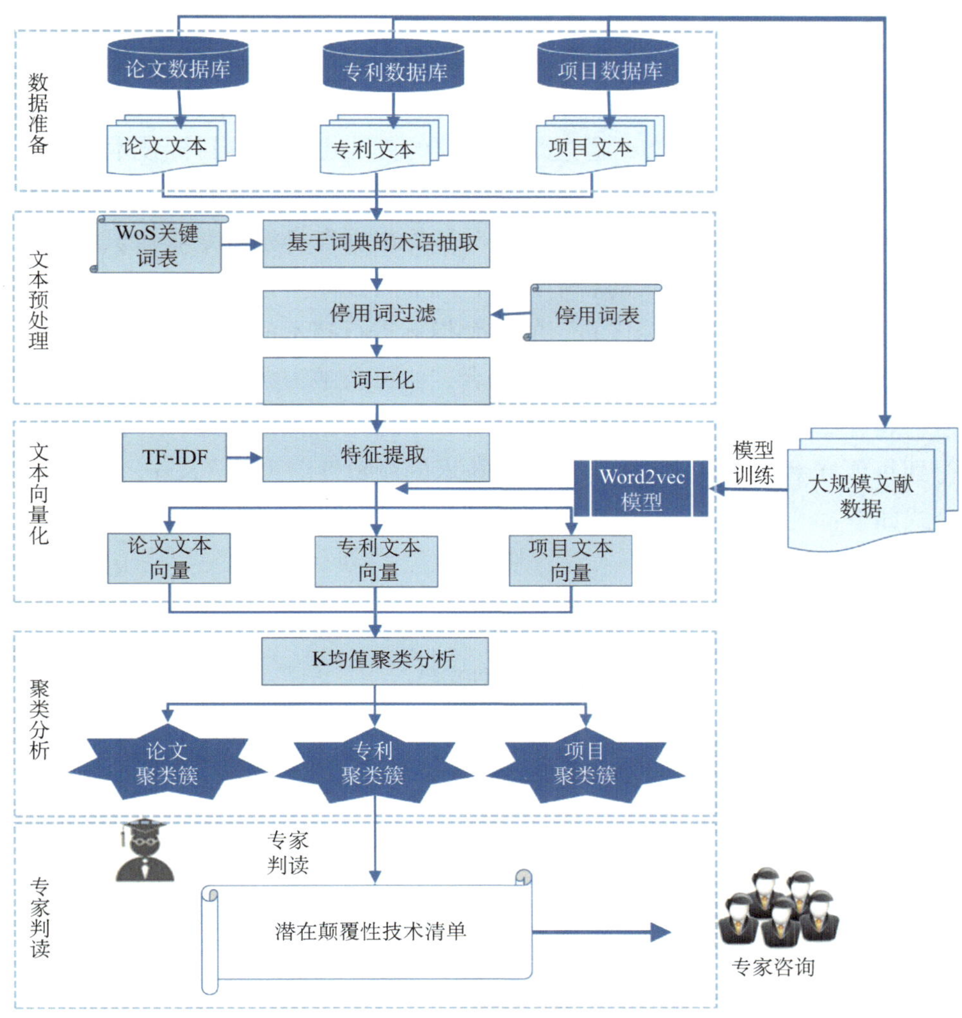

图 1-3　基于科技信息文本挖掘的潜在颠覆性技术清单生成实施框架

优聚类个数[1]，分别形成高质量论文聚类簇、高价值专利聚类簇和科研项目聚类簇。

（5）专家判读。由能源情报专家结合领域知识，逐个对聚类簇进行解读、归并、提炼、总结，并结合权威智库机构已发布的颠覆性技术研究结果，判读形成能源领域的潜在颠覆性技术清单。

1.1.2 基于科技专家主观评分的技术颠覆性潜力评价

基于科技专家主观评分的技术颠覆性潜力评价是在潜在颠覆性技术清单的基础上，由科技专家基于“技术颠覆性潜力评价三维指标体系”（表1-1），根据领域专业认知，通过量化评分的方式主观评判目标技术的颠覆性潜力。

科技专家在进行颠覆性潜力评价时，先根据自身领域专业知识从清单中遴选出属于颠覆性技术的若干技术，然后再逐个对这些技术按照“技术颠覆性潜力评价三维指标体系”的每个指标进行技术颠覆性潜力评分。课题组在回收技术专家评分结果后，综合“认可技术为颠覆性技术的专家数量”和“专家对技术颠覆性潜力评估分数”两个指标，通过归一化，计算得到每项技术的颠覆性潜力值（Score）的计算公式如下：

$$\text{Score}=\text{Score1}+\text{Score2} \tag{1-2}$$

$$\text{Score1}=m/\max_1 \tag{1-3}$$

其中，m 是认可该技术为颠覆性技术的专家数量，$\max_1$ 是所有技术中被认可为颠覆性技术的专家数量最大值。

$$\text{Score2}=\sum_{i=1}^{n}\sum_{j=1}^{k}\text{Score}_{ij}/(n\times\max_2) \tag{1-4}$$

其中，i 是专家序号，n 是对该技术评分的专家个数，j 是指标序号，k 是评分指标个数，Score_{ij} 是第 i 个专家对该技术第 j 个指标的评分，$\max_2$ 是所

[1] Rousseeuw P J. Silhouettes: a graphical aid to the interpretation and validation of cluster analysis. Journal of Computational and Applied Mathematics, 1987, 20: 53-65.

有技术中专家对技术颠覆性潜力评估分数平均值的最大值。

表 1-1　技术颠覆性潜力评价三维指标体系

一级指标	二级指标	评判准则（得分区间：1～5）
科技指标	基础理论贡献性	该项技术的基础理论突破程度大小
	技术发展成熟性	该项技术的发展成熟程度高低
	技术应用广泛性	该项技术可应用范围大小（电力、化工、制造业、交通业、军事等）
	技术安全性	该项技术安全性能高低（资源对外依赖程度、技术内在安全程度等）
	技术性能提升性	该项技术相较领域内原有技术在关键性能指标上的改善程度大小
产业经济指标	产业市场前景	该项技术的产业市场前景（创造新产业/新业态/新服务的规模大小，或者颠覆原产业的可能性）
	受益群体规模	该项技术涉及的利益相关方规模大小（生产者、消费者、服务者等）
	民众生活影响	该项技术对民众生产生活方式的变革程度或影响力大小（生活成本降低、便利性提高、行为模式转变等）
外部环境指标	宏观政策	国家支持该项技术的发展力度大小（是否出台政策规划、实施科研项目、成立专门机构等）
	基础设施及配套制度	与该项技术相关的基础设施及配套制度的完善程度

1.2　能源领域颠覆性技术识别

能源是人类生存和文明发展不可缺少的生产要素和物质基础。当前全球能源生产与消费革命不断深化，能源系统持续向绿色、低碳、清洁、高效、智慧、多元方向转型，新产业新业态日益壮大。世界各国在能源转型过程中以科技创新为先导，以体制改革为抓手，致力于解决主体能源绿色低碳过渡、多能互补耦合利用、终端用能深度电气化、智慧能源网络建设等重大战略问题，构建清洁低碳、安全高效、智慧互联的现代能源体系。颠覆性技术作为有潜力改变游戏规则、颠覆传统认知、实现换道超车的革命性创新，将推动全球能源革命向更高层次、更大规模和更具影响的方向演化，带动新产业新业态不断萌生和发展。本书面向识别能源领域颠覆性技术的客观需求，采用上述基于科技信息文本挖掘和专家评分的颠覆性技术识别方法进行能源领域的颠覆性技术识别。以下对实证研究数据集、文本预处理、文本向量化、聚类结果、聚类解读、颠覆性潜力评价等过程详细进行介绍。

1.2.1 数据集

高质量论文数据来自 Web of Science（WoS）数据库的能源领域高被引论文（highly cited papers）[1]及热点论文（hot papers）[2]，高价值专利数据来自德温特创新（Derwent Innovation，DI）专利数据库 2009 ～ 2019 年能源领域五方专利[3]，科研项目数据来自美国能源部（DOE）先进能源研究计划署（ARPA-E）发布的能源领域颠覆性技术资助项目信息。

数据获取的检索策略、数据量等信息如表 1-2 所示。

表 1-2 实证研究数据集及来源

数据类型	数据来源	检索策略	数据总量	聚类数据量	数据语言	数据检索时间
论文	WoS 数据库	WC=Nuclear Science Technology OR WC=Energy Fuels，SCI-EXPANDED	965 126 篇	2009 ～ 2019 年基本科学指标数据库（ESI）高被引论文及近两年热点论文合计 6338 篇	英文	2019 年 8 月 19 日
专利	DI 专利数据库	CPC=((Y04) OR (Y02E))	702 499 项	2009 ～ 2019 年中美日韩欧五方专利量 7760 项	英文	2019 年 9 月 3 日
项目	美国 ARPA-E 官方网站	全部获取	845 项	剔除未发布详细信息后的项目数据量 809 项	英文	2019 年 12 月 19 日

1.2.2 文本预处理

开展术语识别所采用的关键词词典是来自 WoS 数据库的非单词关键词，合计 601 178 个；停用词词表通过人工构建，包括停用词 927 个；词干化工具采用的是 NLTK 自然语言处理包中集成的 SnowballStemmer[4]。

[1] 高被引论文是指 2009 ～ 2019 年发表的能源领域被引频次排名前 1% 的论文。
[2] 热点论文是指 2018 ～ 2019 年发表的，在检索日之前两个月被引用频次排名前 0.1% 的论文。
[3] 能源领域的优先权日在 2009 年 1 月 1 日至检索日之间的中美日韩欧五方专利。
[4] NLTK Project. NLTK（Natural Language Toolkit）. http://www.nltk.org/[2019-08-01].

1.2.3　文本向量化

针对不同的数据类型训练了不同的 Word2vec 模型。基于 965 126 篇能源领域论文的“论文名称 + 摘要”文本信息训练了用于能源领域论文向量化的 Word2vec 词向量模型；基于 702 499 项能源领域专利的“DWPI 标题 + 摘要”文本信息训练了用于能源专利向量化的 Word2vec 词向量模型；由于能源领域项目数据的文本数据量较少，且文本描述方式与专利数据较为类似，因此项目数据直接调用了基于能源专利数据训练的 Word2vec 模型。Word2vec 词向量模型训练的相关参数为：词向量维度 300 维，最小词频数 5 个，预测窗口大小为 10，采用 skip-gram 算法训练[1]。

考虑到文本长度不一致的问题，采用 TF-IDF 抽取每个待聚类文本的排名前 30 的关键词，基于这些关键词计算文本的表示向量。

1.2.4　聚类结果及分析

实证研究采用 K 均值聚类方法分别对 6338 篇高质量论文、7760 项高价值专利和 809 项优质科研项目数据进行聚类。聚类个数采用先由能源情报专家确定聚类个数区间、再利用轮廓系数（silhouette coefficient）确定最终聚类个数的方式选定。本研究中，能源情报专家结合数据体量和能源领域技术分布，分别确定了论文聚类数为 140 ～ 170 个、专利聚类数为 140 ～ 170 个、项目聚类数为 20 ～ 50 个的分布；通过对轮廓系数的计算，得到论文、专利和项目的聚类分析轮廓系数分布如图 1-4 ～图 1-6 所示；通过选择轮廓系数最大的聚类数作为最优聚类数，分别获得 152 个论文聚类簇、162 个专利聚类簇和 31 个项目聚类簇。

能源领域情报专家对 152 个论文聚类簇、162 个专利聚类簇和 31 个项目聚类簇进行判读、归并、提炼、总结，并综合已有颠覆性技术研究智库报告和专家咨询，最终获得了一份包含 45 项技术的能源领域潜在颠覆性技术清单，并按照技术所属行业归为五大类，如表 1-3 所示。

---

[1] Mikolov T, Chen K, Corrado G, et al. Efficient estimation of word representations in vector space. arXiv preprint arXiv: 1301.3781, 2013.

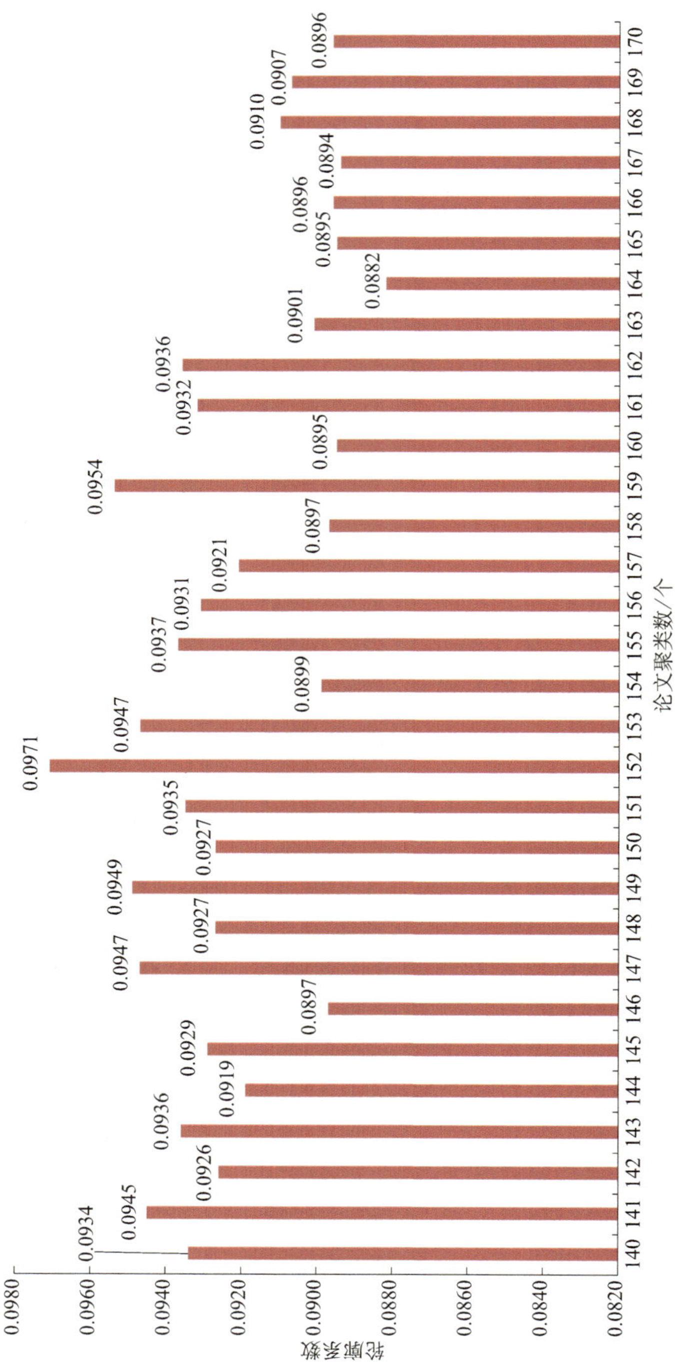

图 1-4　能源领域论文数据聚类分析的轮廓系数分布（论文聚类类数为 140 ~ 170 个）

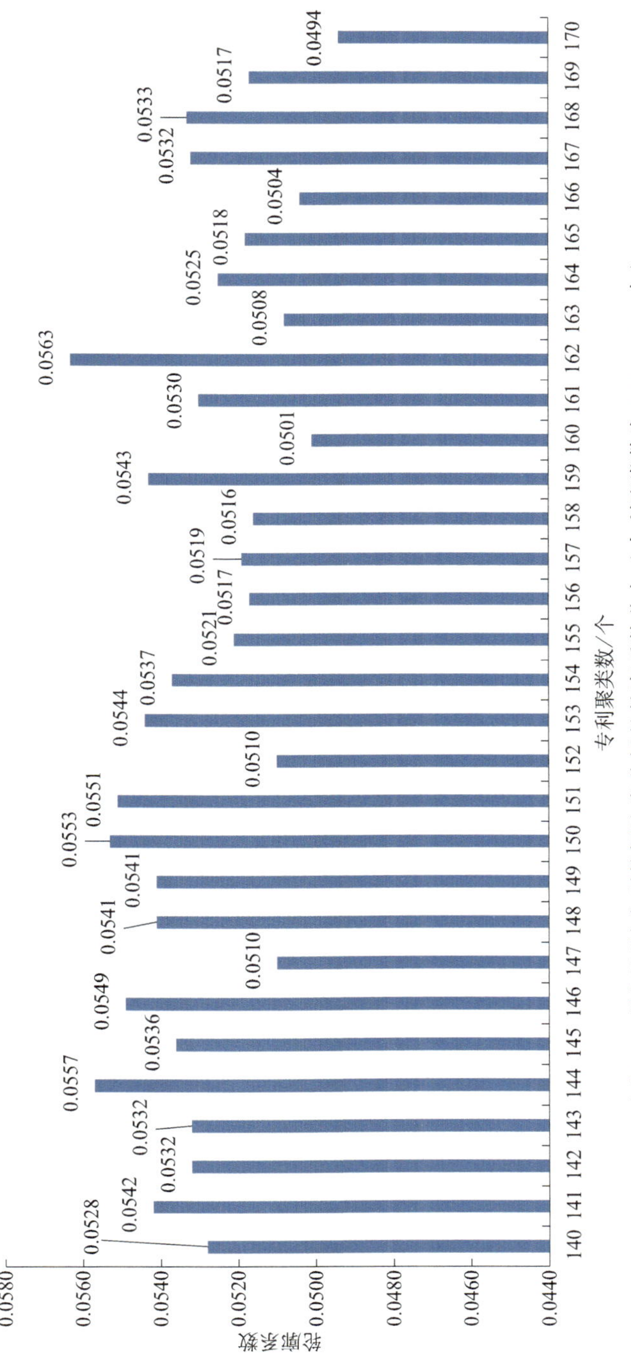

图 1-5　能源领域专利数据聚类分析的轮廓系数分布（专利聚类数为 140 ～ 170 个）

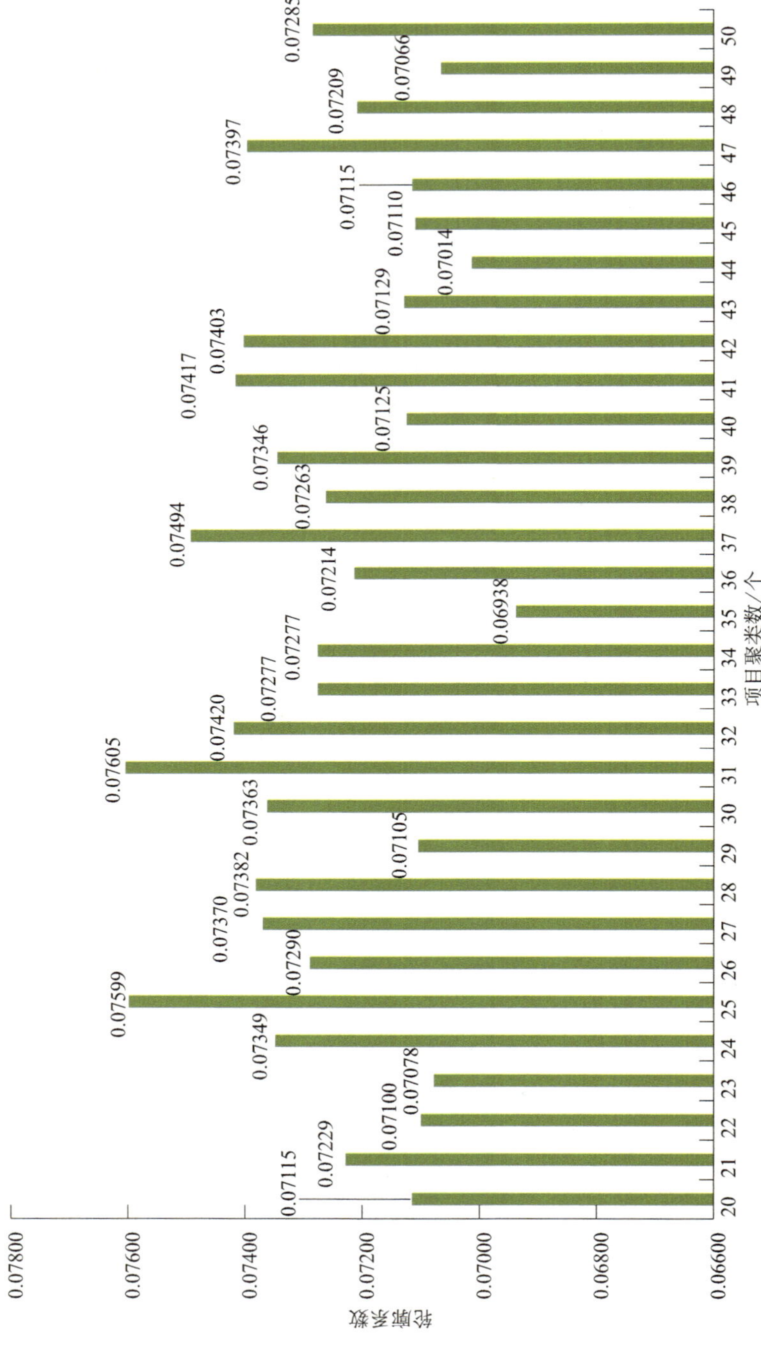

图 1-6 能源领域项目数据聚类分析的轮廓系数分布（项目聚类数 20 ～ 50 个）

表 1-3　能源领域潜在颠覆性技术清单

序号	能源领域潜在颠覆性技术主题备选	能源行业
1	1.1 非常规油气勘探开采技术	化石能源
2	1.2 碳基能源高效催化转化——甲烷直接选择活化与定向转化技术	
3	1.3 碳基能源高效催化转化——合成气直接转化技术	
4	1.4 碳基能源高效催化转化——CO_2 电催化还原转化技术	
5	1.5 先进低排放高效燃烧发电技术——增压富氧燃烧	
6	1.6 先进低排放高效燃烧发电技术——化学链燃烧	
7	1.7 先进低排放高效燃烧发电技术——超临界 CO_2 闭式布雷顿循环	
8	1.8 先进低排放高效燃烧发电技术——煤气化燃料电池联合循环发电（IGFC）	
9	1.9 CO_2 大规模捕集与封存技术	
10	2.1 第四代核裂变技术——快堆	核能
11	2.2 第四代核裂变技术——熔盐堆	
12	2.3 第四代核裂变技术——高温气冷堆	
13	2.4 第四代核裂变技术——超临界水冷堆	
14	2.5 第四代核裂变技术——加速器驱动先进核能系统	
15	2.6 第四代核裂变技术——小型模块化反应堆	
16	2.7 磁约束核聚变技术（托卡马克、仿星器、磁镜、球形马克等）	
17	2.8 惯性约束核聚变技术（激光、电子束、离子束等）	
18	2.9 Z- 箍缩驱动聚变裂变混合堆技术	
19	3.1 天然气水合物开发利用技术	新能源与可再生能源
20	3.2 钙钛矿太阳电池技术	
21	3.3 热光伏（thermophotovoltaics，TPV）技术	
22	3.4 光催化制燃料或高价值化学品（人工光合成）技术	
23	3.5 深远海超大型风电机组技术	
24	3.6 生物质热化学转化技术	
25	3.7 纤维素生物燃料技术	
26	3.8 藻类生物燃料技术	
27	3.9 生物质催化转化技术	
28	3.10 增强型地热发电技术	
29	3.11 绿色制氢技术（可再生能源电解水制氢、光催化制氢、生物质制氢、热化学循环制氢等）	

续表

序号	能源领域潜在颠覆性技术主题备选	能源行业
30	3.12 高效储氢技术（金属有机框架材料储氢、金属氢化物储氢、有机液体储氢等）	新能源与可再生能源
31	3.13 先进燃料电池技术（质子交换膜燃料电池、阴离子交换膜燃料电池、质子陶瓷燃料电池、固体氧化物燃料电池等）	
32	4.1 新型压缩空气储能技术	先进储能
33	4.2 热化学储热技术	
34	4.3 大容量超级电容器技术	
35	4.4 高温超导储能技术	
36	4.5 液流电池技术	
37	4.6 全固态锂电池技术	
38	4.7 锂硫电池技术	
39	4.8 金属－空气电池技术	
40	4.9 新概念化学电池技术（钠离子电池、镁基电池、液体金属电池等）	
41	5.1 高温超导电力装备技术	能源系统综合
42	5.2 新型大功率高压电力电子器件技术	
43	5.3 高比例可再生能源并网与消纳技术	
44	5.4 能源互联网技术	
45	5.5 多能互补综合能源系统技术	

1.2.5 技术颠覆性潜力专家评分

基于“技术颠覆性潜力评价三维指标体系”设计“能源领域技术颠覆性潜力专家调查问卷”，开展专家调查匿名采集评分数据，咨询对象包括：国家“十四五”能源领域科技创新规划工作组成员、中国科学院“十四五”规划能源领域专家组成员、中国科学院战略性先导科技专项（A类）“变革性洁净能源关键技术与示范”项目负责人、中国科学院武汉文献情报中心发布的《能源科技监测快报》订阅用户等能源领域科技专家群体，共回收匿名问卷63份。通过对科技专家评分进行计算，得到45项技术的颠覆性潜力评价结果。表1-4展示了颠覆性潜力排名前30的能源技术及其颠覆性潜力得分。

表 1-4　颠覆性潜力得分排名前 30 的能源技术

排名	能源行业	技术主题	颠覆性潜力	技术简称
1	新能源与可再生能源	3.11 绿色制氢技术（可再生能源电解水制氢、光催化制氢、生物质制氢、热化学循环制氢等）	1.84	绿色制氢
2	新能源与可再生能源	3.13 先进燃料电池技术（质子交换膜燃料电池、阴离子交换膜燃料电池、质子陶瓷燃料电池、固体氧化物燃料电池等）	1.70	先进燃料电池
3	能源系统综合	5.5 多能互补综合能源系统技术	1.57	多能互补综合能源系统
4	新能源与可再生能源	3.4 光催化制燃料或高价值化学品（人工光合成）技术	1.44	人工光合成
5	先进储能	4.6 全固态锂电池技术	1.40	全固态锂电池
6	先进储能	4.3 大容量超级电容器技术	1.36	大容量超级电容器
7	新能源与可再生能源	3.12 高效储氢技术（金属有机框架材料储氢、金属氢化物储氢、有机液体储氢等）	1.35	高效储氢
8	先进储能	4.9 新概念化学电池技术（钠离子电池、镁基电池、液体金属电池等）	1.30	新概念化学电池
9	能源系统综合	5.4 能源互联网技术	1.28	能源互联网
10	化石能源	1.4 碳基能源高效催化转化——CO_2 电催化还原转化技术	1.26	CO_2 电催化还原转化
11	能源系统综合	5.3 高比例可再生能源并网与消纳技术	1.25	高比例可再生能源并网与消纳
12	先进储能	4.4 高温超导储能技术	1.22	高温超导储能
13	新能源与可再生能源	3.2 钙钛矿太阳电池技术	1.19	钙钛矿太阳电池
14	化石能源	1.3 碳基能源高效催化转化——合成气直接转化技术	1.16	合成气直接转化
15	化石能源	1.9 CO_2 大规模捕集与封存技术	1.15	CO_2 大规模捕集与封存
16	核能	2.6 第四代核裂变技术——小型模块化反应堆	1.13	小型模块化反应堆
17	新能源与可再生能源	3.3 热光伏技术	1.12	热光伏
18	能源系统综合	5.2 新型大功率高压电力电子器件技术	1.10	新型大功率高压电力电子器件

续表

排名	能源行业	技术主题	颠覆性潜力	技术简称
19	先进储能	4.2 热化学储热技术	1.09	热化学储热
20	新能源与可再生能源	3.5 深远海超大型风电机组技术	1.08	深远海超大型风电机组
21	化石能源	1.2 碳基能源高效催化转化——甲烷直接选择活化与定向转化技术	1.07	甲烷直接选择活化与定向转化
22	新能源与可再生能源	3.6 生物质热化学转化技术	1.06	生物质热化学转化
23	核能	2.4 第四代核裂变技术——超临界水冷堆	1.05	超临界水冷堆
24	核能	2.7 磁约束核聚变技术（托卡马克、仿星器、磁镜、球形马克等）	1.05	磁约束核聚变
25	先进储能	4.8 金属 - 空气电池技术	1.05	金属 - 空气电池
26	核能	2.1 第四代核裂变技术——快堆	1.04	快堆
27	核能	2.8 惯性约束核聚变技术（激光、电子束、离子束等）	1.03	惯性约束核聚变
28	新能源与可再生能源	3.1 天然气水合物开发利用技术	1.01	天然气水合物开发利用
29	核能	2.3 第四代核裂变技术——高温气冷堆	1.01	高温气冷堆
30	核能	2.9 Z- 箍缩驱动聚变裂变混合堆技术	0.99	Z- 箍缩驱动聚变裂变混合堆

1.2.6 结果分析及可视化

为了便于观察各项技术的颠覆性潜力分布，基于 Score（颠覆性潜力值）、Score1（认可技术为颠覆性技术的专家数量）、Score2（专家对技术颠覆性潜力评估分数）三个指标绘制能源领域排名前 30 项的技术颠覆性潜力分布图（图 1-7）。横轴表示 Score1，纵轴表示 Score2，气泡大小代表 Score 值大小；并对图谱中的气泡按领域进行着色：蓝色代表氢能与燃料电池技术分支，包括绿色制氢技术、先进燃料电池技术、高效储氢技术 3 个技术方向；浅绿色代表太阳能高效转化利用技术分支，包括人工光合成技术、钙钛矿太阳电池技术、热光伏技术 3 个技术方向；橙色表示新型高能电化学储能技术分支，包括全固态锂电池技术、大容量超级电容器技术、新概念化学电池技术、金属 - 空气电池技术 4 个技术方向；绿色表示可控核聚变技术分支，包括磁约束核聚变技术、惯性约束核聚变技术 2 个技术方向；

图 1-7　能源领域 30 项技术颠覆性潜力分

淡紫色表示碳基能源高效催化转化技术分支，包括 CO_2 电催化还原转化技术、合成气直接转化技术、甲烷直接选择活化与定向转化技术 3 个技术方向；红色表示天然气水合物技术分支，包括天然气水合物开发利用技术方向；黄色表示多能互补综合能源系统分支，包括多能互补综合能源系统技术；未入选专题研究的技术用灰色标识。

1.2.7 聚焦能源领域典型颠覆性技术

当前能源技术创新进入高度活跃期，随着能源技术和一系列新兴技术（如纳米、生物、信息、新材料、人工智能等）的发展和深度融合，能源生产、转化、运输、存储、消费全产业链正发生深刻变革。我国作为负责任的大国，已正式作出“二氧化碳排放力争于 2030 年前达到峰值，努力争取 2060 年前实现碳中和”[1]的承诺。为脚踏实地实现这一雄心目标，我国必须革新传统能源技术发展路线，同时加快发展具有颠覆性潜力的新能源技术。

回顾历史，能源颠覆性技术的诞生和发展推动了历次工业革命的演进和人类文明的进步。展望未来，一批具有重大产业变革前景的技术将对新时代世界能源格局和经济发展产生颠覆性影响：①碳基能源高效催化转化技术的突破将实现低耗水、低排放和高碳原子利用效率的碳基资源转化和循环利用，变革低效高污染的传统能源和化工产业；②天然气水合物是未来全球能源发展的战略制高点，率先实现商业化开采的国家将在未来的国际能源市场中占据战略性地位；③可控核聚变技术被认为是满足人类能源需求的最终解决方案，一旦实现商用将彻底颠覆能源科技、经济、社会和生态格局；④太阳能高效转化利用、氢能与燃料电池、高能电化学储能等新能源和可再生能源颠覆性技术的发展，将打破化石能源旧有格局，推动新一轮能源革命跨越式发展。

基于我国能源资源禀赋、能源和工业结构现状以及推进能源生产消费革命的顶层设计要求，考虑到技术发展近中远期的不同影响，本书在前述颠覆性技术识别方法分析结果的基础上，结合长期对先进能源科技领域跟

---

[1] 习近平在第七十五届联合国大会一般性辩论上发表重要讲话 . http://www.gov.cn/xinwen/2020-09/22/content_5546168.htm[2020-09-22].

踪研究的积累以及科技专家咨询论证，最终遴选出 7 个技术领域的 17 项具有较高颠覆性潜力的技术主题（表 1-5）。第 2 章至第 8 章将分别围绕碳基能源高效催化转化技术、天然气水合物开发利用技术、可控核聚变技术、太阳能高效转化利用技术、氢能与燃料电池技术、新型高能电化学储能技术以及多能互补综合能源系统这 7 个典型颠覆性技术领域开展深度专题研究。

表 1-5　专题研究涉及的能源领域颠覆性技术主题

序号	颠覆性技术领域	颠覆性技术主题
1	碳基能源高效催化转化	① 甲烷直接活化与定向转化技术
		② 合成气直接转化技术
		③ CO_2 电催化还原转化技术
2	天然气水合物	④ 天然气水合物开发利用技术
3	可控核聚变	⑤ 磁约束核聚变技术
		⑥ 惯性约束核聚变技术
4	太阳能高效转化利用	⑦ 钙钛矿太阳电池技术
		⑧ 热光伏技术
		⑨ 人工光合成技术
5	氢能与燃料电池	⑩ 绿色制氢技术
		⑪ 高效储氢技术
		⑫ 先进燃料电池技术
6	新型高能电化学储能	⑬ 全固态锂电池技术
		⑭ 金属－空气电池技术
		⑮ 大容量超级电容器技术
		⑯ 新概念化学电池技术
7	多能互补综合能源系统	⑰ 多能互补综合能源系统技术

第 2 章　碳基能源高效催化转化技术

2.1　技术内涵及发展历程

2.1.1　技术内涵

碳基能源是指以碳氢化合物或其衍生物为主要成分的传统化石能源。以煤炭、石油、天然气为代表的碳基能源在世界能源消费结构中占据绝对主导地位，据国际能源署（IEA）预测，到 2040 年碳基能源在总能源中的占比将为 74%[1]。碳基能源同样是我国难以替代的主体能源，2020 年我国能源消费总量 4.98×10^9 t 标准煤，比 2019 年增长 2.2%；煤炭消费量增长 0.6%，原油消费量增长 3.3%，天然气消费量增长 7.2%；煤炭消费量占能源消费总量的 56.8% [2]。在碳达峰、碳中和的目标下，到 2030 年，我国碳基能源在一次能源中的比重将会在 75% 左右，其中煤炭比重仍将在 43% 左右 [3]。"碳达峰、碳中和" 不应是单纯的 "去煤化"，而应是煤炭生产和利用方式的转型。碳基能源的清洁高效转化利用仍将是我国在未来相当长一段时期内的重大战略需求，但其重心将逐渐转变为弱化煤油气的能源属性，强化其资源属性，利用高效催化转化颠覆性技术推动碳基能源和化工产业革命，突破导致大量资源浪费和污染物排放的传统能源转化利用模式，实现低耗水、低 CO_2 排放和高碳原子利用效率的碳基资源转化和循环利用。

---

[1] IEA. World Energy Outlook 2019. https://www.iea.org/reports/world-energy-outlook-2019[2019-11-30].

[2] 国家统计局 . 中华人民共和国 2019 年国民经济和社会发展统计公报 . http://www.stats.gov.cn/tjsj/zxfb/202002/t20200228_1728913.html[2020-08-30].

[3] 中国石油发布 2021 版《世界与中国能源展望》报告 . https://tech.gmw.cn/ny/2021-12/28/content_35412672.htm[2021-12-28].

1835 年，瑞典化学家 J. J. Berzelius 提出了“催化作用”的概念，随后催化化学逐渐发展形成一门重要的学科。催化是一种能改变化学反应速率而不影响化学平衡的作用。催化技术直接或间接贡献了世界 GDP 的 20% ～ 30%，催化被认为是现代化学工业的基石，最大宗的 50 种化工产品中有 30 种生产需要依赖催化作用，而在所有化工产品中该比例高达 85%[1]。在催化反应中，最为关键的是催化剂，根据国际纯粹与应用化学联合会（IUPAC）于 1981 年提出的定义，催化剂是一种能够加速化学反应速率而不改变反应的标准吉布斯（Gibbs）自由焓变化的物质，即它能改变化学反应速率而自身的质量和化学性质在反应前后不发生变化。涉及催化剂的反应称为催化反应，提高催化反应效率和开发新催化过程是实现碳基能源高效清洁利用和化学 / 化工生产绿色化的重要途径 [2]。

碳基能源高效催化转化的主要任务涉及甲烷转化、合成气高效转化、碳基小分子还原转化等重要过程的基础研究和应用开发，其中需要解决的关键科学问题是涉碳化学键的催化活化以及新的碳氢键和碳氧键的生成。

2.1.2　发展历程

第二次工业革命后，人类社会使用能源先后经历了煤炭（固体）、石油（液体）和天然气燃料三个主要时期。在经历煤炭和石油两个时期后，石油资源匮乏的趋势和供应危机日益明显，迫使人们寻找非石油路线制取液体燃料和烯烃等重要化工产品的新途径，而具有工业生产实际意义的工业催化剂的研究和开发是其中最核心的问题之一。以工业催化剂的发展历程为线索，碳基能源高效催化转化的研究大致经历了以下阶段 [3,4]（图 2-1）。

1. 基础化工催化工艺的开发期

催化学科的早期发展主要是经验性的，在早期的催化基础研究中产生了三个具有里程碑意义的重要概念。

---

[1] 催化与表界面化学学科前沿与发展战略研讨会专家组 . 国家自然科学基金委员会催化与表界面化学学科前沿与发展战略研讨报告 . 催化学报，2019，40(s1)：1-5.

[2] 辛勤，徐杰 . 现代催化化学 . 北京：科学出版社，2016.

[3] 张云良，李玉龙 . 工业催化剂制造与应用 . 北京：化学工业出版社，2018.

[4] 黄仲涛，耿建铭 . 工业催化 . 4 版 . 北京：化学工业出版社，2020.

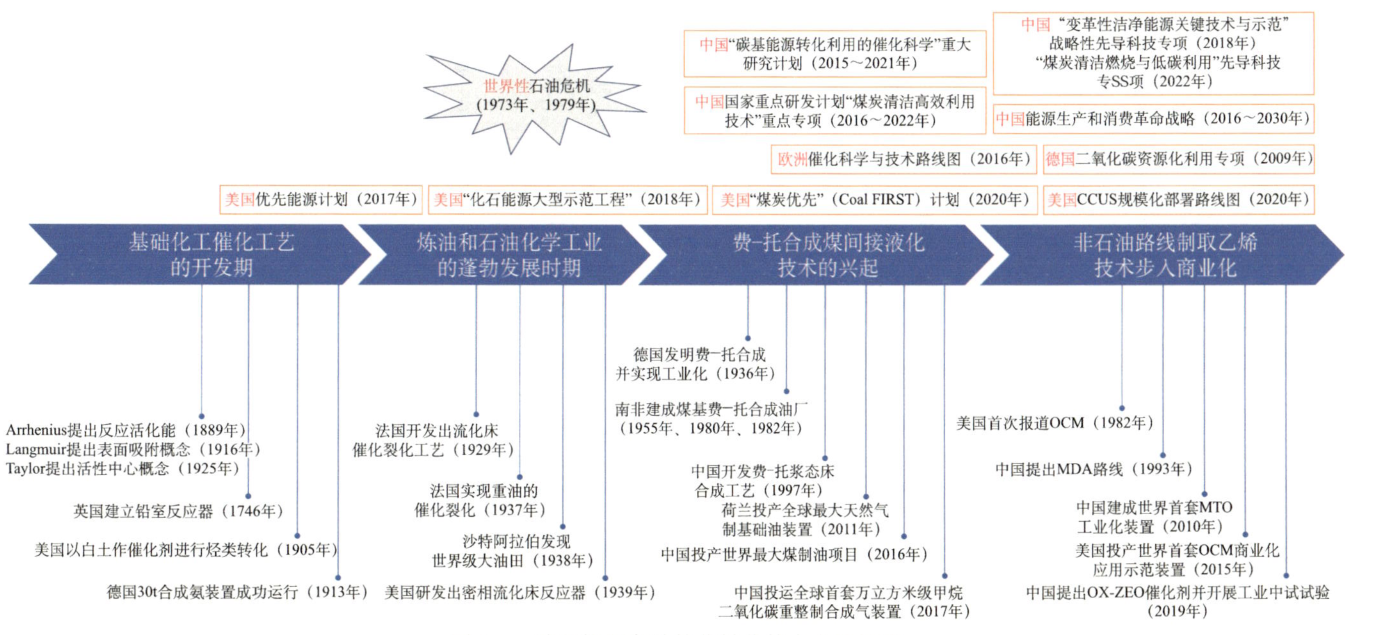

图 2-1　碳基能源高效催化转化技术发展历程

（1）S. A. Arrhenius 在 1889 年提出反应活化能概念；

（2）I. Langmuir 在 1916 年提出表面吸附概念；

（3）H. S. Taylor 在 1925 年提出活性中心概念。

20 世纪以前，工业催化剂一直处于“萌芽时期”。1746 年英国科学家建立了铅室反应器，其生产过程中由硝石产生的氧化氮实际上是一种气态的催化剂，这是利用催化技术从事工业规模生产的开端。在 19 世纪后半叶至 20 世纪的头 20 年，工业催化进入了基础化学工业催化工艺开发的高峰时期。1905 年美国化学家 Ipatieff 以白土作催化剂进行了烃类的转化，包括脱氢、异构化、叠合等，为后来的石油加工工业奠定了基础。

此间影响最为深远的催化工艺开发是合成氨的工业化。1913 年德国 30 t 合成氨装置成功运行，人们称这种合成氨法为哈伯－博施（Haber-Bosch）法，它是标志着工业上实现高压催化反应的第一个里程碑。

2. 炼油和石油化学工业的蓬勃发展时期

20 世纪 30 ～ 70 年代属于催化科学与技术快速发展时期。1929 年法国开发出最重要的石油炼制工艺——流化床催化裂化工艺，后经美国太阳石油公司将该工艺推向工业化，使炼油工业得以迅速发展。1936 年美国西海岸发现了石油、天然气，石油经催化加工可以得到动力燃料成品油，开始发展石油化学工业。1938 年，中东地区的沙特阿拉伯发现世界级大油田，一个以石油为基础的经济时代出现了。20 世纪 80 年代初期，美国和加拿大为解决两国边境酸雨问题提出了“美国洁净煤技术示范计划”，旨在减少污染和提高煤炭加工、使用效率。

1937 年，法国科学家 E. Houdry 采用 Al_2O_3/SiO_2 分子筛作为固体酸催化剂，实现了重油的催化裂化（HPC 公司在此基础上成立，后来发展成为大名鼎鼎的美孚公司）。1939 年，美国麻省理工学院（MIT）的 W. K. Lewis 和 E. R. Gilliland 提出了利用催化剂的沉降分离，建立一种密相流化床反应器的构想，并进行了实验，流化床催化裂化工艺成为现代石油化工工业的核心。

炼油工艺的催化裂化（FCC）和催化重整等加工过程，提供了大量的三烯（乙烯、丙烯、丁二烯）和三苯（苯、甲苯、二甲苯）等优质化工原料，再加上催化低聚和聚合技术的发明，为石油化工工业和高分子化工创造了发展空间。

3. 费 - 托合成煤间接液化技术的兴起

德国科学家 F. Fischer 和 H. Tropsch 于 20 世纪 20 年代发明了以合成气（CO 和 H_2 混合气体）为原料，在催化剂和适当反应条件下合成以汽油为主的液体燃料工艺过程——费 - 托合成（Fischer-Tropsch synthesis，F-T 合成）。最早公认的天然气制液体燃料（gas-to-liquids，GTL）是专指从天然气出发，经由合成气费 - 托法合成宽馏分液态烃，再经过进一步加工，生产液体燃料和油品的技术。以煤炭为原料，通过化学加工过程生产油品和化工产品的煤制油（coal-to-liquids，CTL）技术，包含煤直接液化和煤间接液化两条技术路线。其中，煤间接液化是由煤炭气化生产合成气，再经费 - 托合成催化反应合成液体燃料和化学品[1]。

德国在 1936 年实现了费 - 托合成工业化，但在第二次世界大战后因其经济性无法与石油化工竞争而终止。1955 年，南非建成了第一座由煤生产燃料油的费 - 托合成油工厂，率先实现了规模化生产。1973 年和 1979 年的两次世界性石油危机，导致世界原油价格跌宕起伏。基于战略技术储备的考虑，费 - 托合成技术引起了工业化国家的兴趣。1980 年和 1982 年，南非又相继建成投产了两座煤基合成油厂（SASOL-Ⅱ和 SASOL-Ⅲ）。20 世纪 80 年代后期，由于世界油价大幅下跌，导致费 - 托合成技术在其他国家的大规模工业化进程推迟。到了 20 世纪 90 年代，随着石油资源日趋短缺和劣质化，而同时煤炭和天然气探明储量不断增加，费 - 托合成技术再次引起广泛关注，得到了长足的发展。

我国的能源资源禀赋决定了煤炭作为我国的主体能源，在国家能源体系中占据极其重要的战略地位。间接液化（费 - 托合成）是煤等含碳资源经合成气转化高效制备清洁油品和高附加值化学品的重要途径。“十五”时期以来，我国在该领域的技术开发和产业化实践证明，间接液化也是切实可行的油气补充供应国家能源战略路线。目前，国内外仅有南非 Sasol 公

[1] 辛勤，徐杰 . 现代催化化学 . 北京：科学出版社，2016.

司、荷兰皇家壳牌石油公司以及中国科学院山西煤炭化学研究所 / 中科合成油技术有限公司成功开发并实现大规模商业化应用的间接液化成套技术。我国自主知识产权技术实现了全球单体规模最大的神华宁煤 400 万 t/a（2016 年）、伊泰杭锦旗 100 万 t/a（2017 年）和山西潞安 100 万 t/a（2017 年）等百万吨级工业化应用。目前常用的费 – 托合成催化剂，依活性组分的不同分为两大类：铁基催化剂和钴基催化剂。Sasol 公司在引进、集成美国和德国技术的基础上，60 年来陆续开发了低温铁基浆态床（南非，3 套 10 万 t/a 煤制油装置）、低温钴基浆态床（卡塔尔，1 套 150 万 t/a 天然气制油装置）和高温熔铁固定流化床（南非，合计 600 万 t/a 煤制油产能）等费 – 托合成技术。荷兰皇家壳牌石油公司开发了低温钴基固定床费 – 托合成技术（马来西亚 50 万 t/a 和卡塔尔 560 万 t/a 天然气制油装置各一套）。中国科学院山西煤炭化学研究所和中科合成油技术有限公司突破了铁基费 – 托合成催化剂规模化工业生产的工程化技术瓶颈，2015 年建成投运了 1.2 万 t/a 工业催化剂生产装置。

经过近一个世纪的发展，费 – 托合成已经成为煤和天然气等含碳资源经合成气转化为液体燃料的关键技术。

4. 非石油路线制取乙烯技术步入商业化

通过化学反应实现碳基分子化学键的重组而释放能量的形式一直是能源利用的主流，其中乙烯更是被视为一个国家化学工业发展水平的重要标志。目前正在探索或研究开发的非石油路线制取乙烯的方法主要有：以甲烷为原料，通过氧化偶联法或无氧条件下一步法制取乙烯；以生物乙醇为原料经催化脱水制取乙烯；以天然气、煤或生物质为原料经由合成气通过费 – 托合成（直接法）制取乙烯以及将 CO_2 还原为乙烯等。

利用合成气转化成气体和液体燃料、大宗化工产品和高附加值的精细化学品的工艺过程和技术是碳一（C_1）化工中的重要技术。20 世纪 70 年代以来，C_1 化工研究广泛，对合成气转化的研究引起了各国的极大重视。除了将合成气转化为液体燃料外，目前将其转化为基本化工原料的低碳烯烃也是发展方向之一。其中，以天然气或煤为主要原料生产合成气，合成气再转化成甲醇，然后甲醇制烯烃（MTO）的路线是实现这一发展方向的关键核心技术之一，也是影响世界石化工业发展的重要课题和难题。以前，烯烃多由石油裂解获得，发展以煤或天然气为主要原料制备低碳烯烃路线有着重要的战略意义。目前，世界上具备工业化和商业转让条件的甲醇制低碳烯烃的技术主要有三种：美国环球油品（UOP）公司和挪威海德鲁（Hydro）公司共同开发的 UOP/Hydro MTO 工艺、德国鲁奇公司开发的 Lurgi MTP 工艺以及中国科学院大连化学物理研究所开发的 DMTO 工艺。2010 年，我国利用 DMTO 技术建成了世界首套甲醇制烯烃工业化装置，截至 2019 年底，DMTO 技术已累计实现技术实施许可 26 套，建成投产的大型生产装置达 14 套，烯烃（乙烯 + 丙烯）产能为 791 万 t/a，市场占有率达 61.9%[1]。

在国家政策引导下，碳基能源高效催化转化技术在近十年得到了较快发展。我国的煤炭清洁高效利用技术走在了世界前列。

2.2 重点研究领域及主要发展趋势

2.2.1 重点研究领域

碳基能源高效催化转化研究需从基础研究入手，通过化学、物理、材料等多学科和多领域的交叉，提出新概念、发展新方法、创制新材料，实现催化过程和工艺的创新。不同于传统石油化工路线中打断大分子碳 - 碳键并重组的过程，煤及天然气资源化利用的关键技术涉及碳基小分子的活化、碳 - 碳键的偶联及碳链选择性增长控制。因此，要实现强化碳基能源资源化利用这一转变，需要颠覆原有碳基材料的生产路径，解决甲烷转化利用过程中的碳 - 氢键活化，合成气制低碳烯烃或芳烃的碳 - 碳键耦合过程以及 CO_2 利用过程中的打开碳 - 氧键和形成碳 - 碳键的过程等基础性问题。研究重点聚焦于三大技术主题：①甲烷直接活化与定向转化技术；②合成气直接转化技术；③ CO_2 电催化还原转化技术。

[1] 蒋永州，杨玉芳，尉秀峰，等. 甲醇制烯烃工艺及工业化进展. 天然气化工（C1 化学与化工），2020，45(1)：97-102.

2.2.1.1　甲烷直接活化与定向转化技术

作为天然气的主要成分，甲烷具有储量相对丰富和价格低廉的优势，在替代石油生产液体燃料和基础化学品领域，是学术界和产业界研究和发展的核心之一。迄今，甲烷的转化通常采用间接法，在高温下通过水蒸气重整将甲烷转化为合成气，再通过费 - 托合成获得基础化学品；或由合成气制备甲醇，再生产其他化学品。该转化路线能耗高，过程中排放大量 CO_2 等温室气体，不仅造成环境污染，而且碳原子的利用效率不到 50%。因此，科学家一直在努力探索甲烷直接转化利用的方法[1]。然而，具有四面体对称性的甲烷是自然界中最稳定的有机小分子，它的“选择性活化”和“定向转化”是一个世界性难题，被称为催化乃至化学领域的“圣杯”，甲烷选择性活化与定向转化技术的突破将显著改变当前化工行业的现状，研究甲烷的活化转化对解决天然气优化利用问题以及缓解人类能源危机具有重要的理论价值和战略意义。目前，甲烷的直接转化技术主要包括三条路线：甲烷临氧反应制烯烃、甲烷无氧芳构化，以及甲烷无氧活化直接制烯烃技术。

（1）甲烷临氧反应制烯烃。1982 年美国联合碳化物公司首次报道了甲烷临氧反应制烯烃技术，可实现甲烷氧化偶联（oxidative coupling of methane，OCM）制乙烯[2]。OCM 是指甲烷在氧气存在下直接转化为乙烯和水的化学过程。在 OCM 反应中，甲烷在催化剂表面活化，形成甲基自由基，气相偶合生成乙烷，脱氢后生成乙烯和水[3]。甲烷一步法制乙烯研究采用氧化耦合法，存在的技术难题是甲烷的“选择性活化”和“定向转化”这两个世界级难题。

自 20 世纪 80 年代以来，世界各国、各大石油公司（如 BP 公司、LG 公司）以及研究机构均竞相开展天然气（甲烷）一步法制乙烯工艺，对偶联的反应机理、催化剂及反应工艺进行了大量研究，但由于反应过程十分

[1] 中国科学院上海硅酸盐研究所 . 上海硅酸盐所在甲烷光催化转化研究方面取得新进展 . http://www.cas.cn/syky/201902/t20190225_4680130.shtml.

[2] Keller G E, Bhasin M M. Synthesis of ethylene via oxidative coupling of methane: I. Determination of active catalysts. Journal of Catalysis, 1982, 73(1): 9-19.

[3] 瞿国华 . 天然气氧化耦合 OCM 制乙烯工艺 . 乙烯工业，2017，29(2)：1-5，10-11.

困难，工艺一直未取得突破，达不到工业生产要求。科学家们相继发明了氧化偶联、部分氧化、卤化物氧化等多种技术，报道了成百上千种 OCM 催化剂。经过 30 多年研究，OCM 技术已发展到商业示范阶段。

（2）甲烷无氧芳构化。中国科学院大连化学物理研究所在 1993 年提出了“在无氧条件下”进行甲烷的碳–氢键活化，避免生成 CO_2 的甲烷无氧芳构化（methane non-oxidative aromatization）路线。该反应克服了甲烷深度氧化而造成芳烃选择性低的缺点，得到主要产物苯。“无氧活化”概念引起了全球科学家的兴趣，国际上一度有四五十个研究团队开展相关的研究。但由于采用酸性分子筛作为载体，反应生成大量的积炭导致催化剂的快速失活，催化剂的稳定性及再生成为制约甲烷无氧芳构化反应的技术难点，加之反应效率低等问题一直没能得到解决，极大地限制了甲烷无氧芳构化工业化的发展。

（3）甲烷无氧活化直接制烯烃。针对近一个世纪以来合成气直接转化过程一直未能突破的产物选择性问题，攻破甲烷直接转化的技术壁垒，关键在于反应化学和催化化学层面新科学知识的发现和积累，以及由此指导的催化剂创新。2014 年，中国科学院大连化学物理研究所发展了甲烷无氧活化直接制烯烃技术。该技术基于“纳米限域催化”的新概念，创造性地构建了硅化物晶格限域的单中心铁催化剂，实现了甲烷在无氧条件下选择性活化，一步高效生产乙烯、芳烃和氢气等高值化学品[1]。该研究成果被誉为是一项“即将改变世界”的新技术。

甲烷无氧活化直接制烯烃技术

与甲烷转化的传统路线相比，甲烷无氧活化直接制烯烃技术（图 2-2）彻底摒弃了高耗能的合成气制备过程，大大缩短了工艺路线，反应过程本身实现了 CO_2 的零排放，碳原子的利用效率达到 100%。国内外的多家能源和化学公司都对这一产业变革性技术表现出了极大的兴趣。鉴于该技术走向工业应用还需要解决化学、工艺

[1] Guo X, Fang G, Li G, et al. Direct, nonoxidative conversion of methane to ethylene, aromatics, and hydrogen. Science, 2014, 344(6184): 616-619.

和工程技术等方面的诸多问题，2016 年中国科学院大连化学物理研究所与中国石油天然气集团有限公司、沙特基础工业公司（SABIC）签署协议，合作研发甲烷无氧制烯烃和芳烃项目，旨在加速推进该技术从实验室走向产业化。

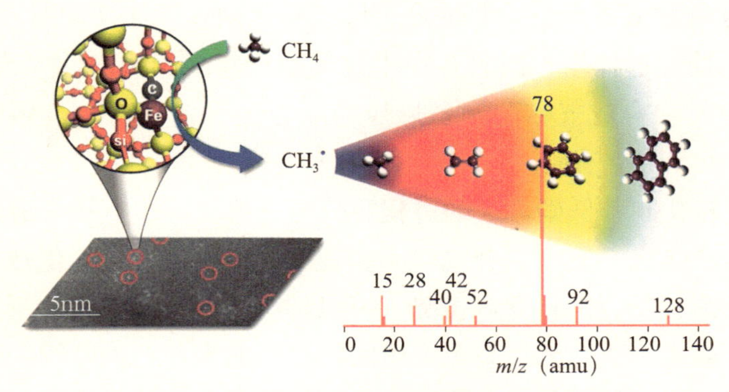

图 2-2　甲烷无氧活化直接制烯烃技术原理图 [1]

2.2.1.2　合成气直接转化技术

合成气是一种重要的化工原料，其高效利用是现代煤化工健康发展的重要基础。随着石油资源的日益减少，合成气作为连接煤炭、生物质和天然气等上游资源和烯烃、液体燃料、精细化工品和含氧化合物等下游产品的中间枢纽，既可直接转化为甲醇、油品、烯烃、芳烃、低碳醇等大宗化学品，也可通过甲醇或二甲醚进一步生产众多石化产品和精细化工品，合成气转化是非石油碳资源优化利用的核心过程[2]。合成气可以生产一系列化学品，但通常需要“多步走”，成本也会随之上升。合成气直接催化转化制备低碳烯烃是 C_1 化学与化工领域中一项极具挑战性的研究课题，具有流程短、能耗低等优势，已成为非石油路径生产烯烃的新途径。从合成气一步直接合成乙醇等含两个或两个以上碳原子的 C_{2+} 含氧化合物因催化活性、

[1] 石瑛 . 天然气直接转化制乙烯和高值化学品的新途径——中国科学院大连化物所甲烷高效转化相关研究获重大突破 . 中国基础科学，2014，16(3)：5-6，F0002.

[2] 郭海军，张海荣，王璨，等 . 合成气一步法直接转化制备低碳烯烃催化剂研究进展 . 新能源进展，2017，5(5)：358-364.

选择性较低，难度大，作为 C_1 化学领域另一挑战性的研究课题受到广泛关注。

1. 合成气直接转化制低碳烯烃

合成气转化制备低碳烯烃作为替代石油资源的重要技术路线，在材料领域一直扮演着重要角色。但是由于传统催化剂体系无法同时获得高 CO 转化率和高烯烃选择性，同时存在甲烷等副产物多、稳定性不足等问题，因此，如何发展合成气转化制备烯烃的新方法、新策略是该领域的重大挑战。

合成气转化制备低碳烯烃的过程可分为合成气一步直接合成烯烃和经醇醚间接合成烯烃。其中，合成气一步直接合成烯烃直接催化转化制备低碳烯烃具有流程短、能耗低等优势，可以解决传统煤化工转化反应中 CO_2 排放量大、耗水严重、能耗高等突出问题，已成为非石油路线生产低碳烯烃的新途径，具有很强的工业应用前景。目前研究的技术路线主要包括经由费－托合成反应直接制备低碳烯烃的技术路线，以及经由双功能催化剂直接制低碳烯烃的新催化技术路线，需要解决的关键问题是产物的选择性调控，即合成气的高选择性、定向转化，以提高催化过程总体效率[1][2]。

（1）费－托合成反应路径。合成气直接制低碳烯烃一直以来是费－托合成的重要研究方向之一，其主要难点在于如何有效控制产物分布，从而提高低碳烯烃的选择性。近年来，随着人们对资源高效利用和社会可持续发展越来越重视，突破传统费－托合成过程产物选择性分布的规律及低碳烯烃产品收率低等问题受到了学术界和产业界的广泛关注，大量的研究集中在对费－托合成过程的改进和优化，以及寻找新的方法和路线来突破传统费－托合成过程[3]。目前，费－托合成催化剂以 Fe、Co 等为主活性组分，Mn、K、Zn 等为助活性组分，金属氧化物、活性炭、分子筛等为载体，

[1] 郭海军，张海荣，王璨，等．合成气一步法直接转化制备低碳烯烃催化剂研究进展．新能源进展，2017，5(5)：358-364.

[2] 于飞，李正甲，安芸蕾，等．合成气催化转化直接制备低碳烯烃研究进展．燃料化学学报，2016，44(7)：801-814.

[3] 包信和．碳资源优化利用的催化科学 // 中国化学会．中国化学会第 30 届学术年会摘要集－第三十三分会：绿色化学．中国化学会，2016：88-89.

合成气转化率和低碳烯烃选择性较高。

近年来，针对 Fe 系催化剂的开发，研究人员主要是从催化助剂、惰性载体和催化剂制备方法等方面开展研究。在 Fe 系费 - 托合成催化剂的研发过程中，需要综合考虑 Fe 系催化剂应用于费 - 托合成反应的活性、选择性的调控机制和失活机理等方面的因素，以满足催化剂活性、低碳烯烃选择性和催化剂稳定性的同步提高。Co 系催化剂在费 - 托合成反应中也具有较好的性能，该类催化剂水煤气变换反应活性较低，副产物 CO_2 的产量较少，碳原子的利用效率较高。在未来几年内，对 Co 系催化剂应用于合成气制备高附加值产品的研究将迅速增长。

（2）双功能催化路线。由合成气先转化为甲醇，再经由甲醇脱水得到低碳烯烃的两步法工艺具有较高的低碳烯烃选择性和转化率，但工艺流程长、设备投资大、经济效益较低。近年来，科学家们一直致力于开发新催化剂和新技术路线。2016 年，中国科学院大连物理化学研究所采用一种新型的金属氧化物 - 分子筛（OX-ZEO）双功能纳米复合催化剂，巧妙地使 CO 分子的活化和中间体的链增长两个关键步骤的催化活性中心有效分离，实现了合成气直接转化高选择性地生成低碳烯烃，颠覆了 90 多年来煤化工一直沿袭的费 - 托合成反应路线，破解了传统催化反应中活性与选择性难以兼顾的“跷跷板”难题，可使煤化工水耗和能耗大幅降低，因此被业界誉为煤转化领域“里程碑式的重大突破”[1]。

OX-ZEO 双功能纳米复合催化剂[2]

OX-ZEO 催化剂设计概念的提出，实现了合成气高选择性一步反应生产低碳烯烃，为进一步发展我国煤制低碳烯烃战略新兴产业开辟了一条新的技术路线。该项重大科研成果入选 2016 年度中国科学十大进展，引起全世界化学界、能源界以及相关工业界的极大关注。

在此基础上，中国科学院大连物理化学研究所进一步拓展

[1] Jiao F, Li J J, Pan X L, et al. Selective conversion of syngas to light olefins. Science, 2016, 351(6277): 1065-1068.

[2] 中国科学院大连化学物理研究所 502 组 . 我所在合成气定向转化方面取得新进展 . http://www.dicp.ac.cn/xwdt/kyjz/201905/t20190527_5302386.html.

OX-ZEO的催化概念，探索了合成气一步法直接制乙烯（选择性高达83%）、制汽油组分段（77%）和制芳烃（74%）等新过程。2019年，该技术在合成气定向转化方面取得新进展，将合成气一步转化制备出高品质汽油馏分，为合成气直接制高品质汽油的发展提供了新的研究思路与重要的科学依据，也再次验证了OX-ZEO催化剂设计概念具有普适性，开拓了煤经合成气转化制化学品的新战略、新途径。

2019年9月，中国科学院大连物理化学研究所发布与陕西延长石油（集团）有限责任公司合作，在陕西榆林成功进行了OX-ZEO煤经合成气直接制低碳烯烃技术的工业中试试验，实现CO单程转化率超过50%，低碳烯烃（乙烯、丙烯和丁烯）选择性优于75%，是世界上首套基于该项创新成果的工业中试装置（图2-3）。此次试验进一步验证了该技术路线的先进性和可行性，加快了该技术的产业化进程，将为我国进一步降低对原油进口的依赖，实现煤炭清洁利用提供一条全新的技术路线。

图2-3 煤经合成气直接制低碳烯烃技术工业中试试验装置

2. 合成气直接转化制含氧化合物

C_{2+} 含氧化合物，即含两个或两个以上碳原子的含氧化物，如乙醇、乙酸、乙酸甲酯等，是重要的大宗化学品。目前主要通过生物发酵、乙烯水合或甲醇 / 二甲醚羰基化等方法合成。从合成气一步直接合成乙醇等 C_{2+} 含氧化合物因催化活性、选择性较低，难度大，作为 C_1 化学领域另一极具挑战性的研究课题受到人们的广泛关注。

长期以来，研究者大多使用修饰的 Rh 催化剂、改性费－托合成催化剂或改性甲醇合成催化剂来实施合成气直接转化制备 C_{2+} 含氧化合物，但其选择性普遍低于 60%，且产物中 C_{2+} 含氧化合物的组成复杂、分布宽。目前学术界对所涉及的反应活性中心的本质和反应网络的认识仍存在诸多争议，且催化剂的整体催化性能仍不足以使其同费－托合成和甲醇合成一样在短期内有实现工业化的可能。如何通过催化剂的设计和反应网络的调控进一步提高 $C_{2+}OH$ 的选择性和催化剂的稳定性是该领域的一大挑战。

2.2.1.3　CO_2 电催化还原转化技术

在化石资源加工转化成燃料和化学品以及后续燃料利用过程中会产生大量 CO_2，包括化工和发电等工业在内 CO_2 的集中排放，其总量占人类 CO_2 排放总量的 40% 以上。CO_2 作为碳基能源使用的末端形态，也是一种重要的基础碳源，必须解决好碳循环严重失衡问题，实现碳资源的高效转化及循环利用。如何将 CO_2 “变废为宝”，通过化学转化实现 CO_2 的资源化利用，降低其对环境的影响，同时获得高附加值的能源、材料及化工产品，越来越引起科学家的关注[1]。为此，2010年前后，我国学者提出了“绿色碳科学”的概念，其核心是碳的氧化还原反应，即通过化学循环或者生态循环的方式，把在化石能源加工利用时产生的 CO_2 再变为高附加值的化学品或其他液态燃料，尽可能实现碳循环平衡。然而，根据能量守恒定律，需要从外加的非碳能源获取能量才能良性完成这个循环。

---

[1] 陈倩倩，顾宇，唐志永，等．以二氧化碳规模化利用技术为核心的碳减排方案．中国科学院院刊，2019，34(4)：104-113.

目前，CO_2 的转化和利用技术主要包括热化学还原法（如催化加氢、催化重整）、光化学还原法、光电催化还原法以及电催化还原法等。其中，电催化还原 CO_2 可以直接或间接地利用太阳能等可再生能源实现 CO_2 的资源化转化，是一条实现碳元素的循环使用和能源存储的绿色途径，能有效解决全球能源危机和碳排放问题，对人类的可持续发展具有重要意义。电催化还原法能够通过控制电解条件调控反应过程和目标产物，转换效率高、单元反应比较简单，可实现 CO_2 的循环利用，合成精细化学品，是转化 CO_2 为有价值的化合物最有效的途径之一。同时，该过程与可再生能源或富余核能利用相结合，实现大规模电能存储，极具应用潜力，已成为相关领域一个重要的研究热点，对加速碳中和、解决能源危机与环境问题具有十分重要的意义[1][2]。

CO_2 的电催化还原过程可以通过使 CO_2 失去 2 个、4 个、6 个和 8 个电子（e^-）来完成，人们从 20 世纪 80 年代就开始了电催化还原 CO_2 研究，但受到实验条件和技术等限制进展缓慢。直到 2009 年以后，由于能源与环境等问题的加剧和新表征手段的发展应用，电催化还原 CO_2 再次成为人们关注和研究的焦点。

大量研究围绕高活性 / 选择性 CO_2 还原电催化剂的开发与设计进行，但还没有催化剂可用于工业应用。CO_2 催化还原技术实现大面积推广应用和形成产业化结构还存在许多制约因素，设计性能优异的催化剂以降低过电势，提高反应选择性和稳定性成为 CO_2 电催化还原研究的重点。目前，常用于构建 CO_2 还原电催化剂的元素包括贵金属元素 Au、Ag、Pd，非贵金属元素 Mn、Fe、Co、Ni、Cu、Zn、Sn、Bi，以及非金属元素 C 等。

[1] 钱鑫，邓丽芳，王鲁丰，等．二氧化碳电化学还原技术研究进展．材料导报，2019，33(S1)：102-107.

[2] 何鸣元．二氧化碳是人类必须善加利用的资源．http://news.sciencenet.cn/dz/dznews_photo.aspx?t=&id=33283[2019-09-26].

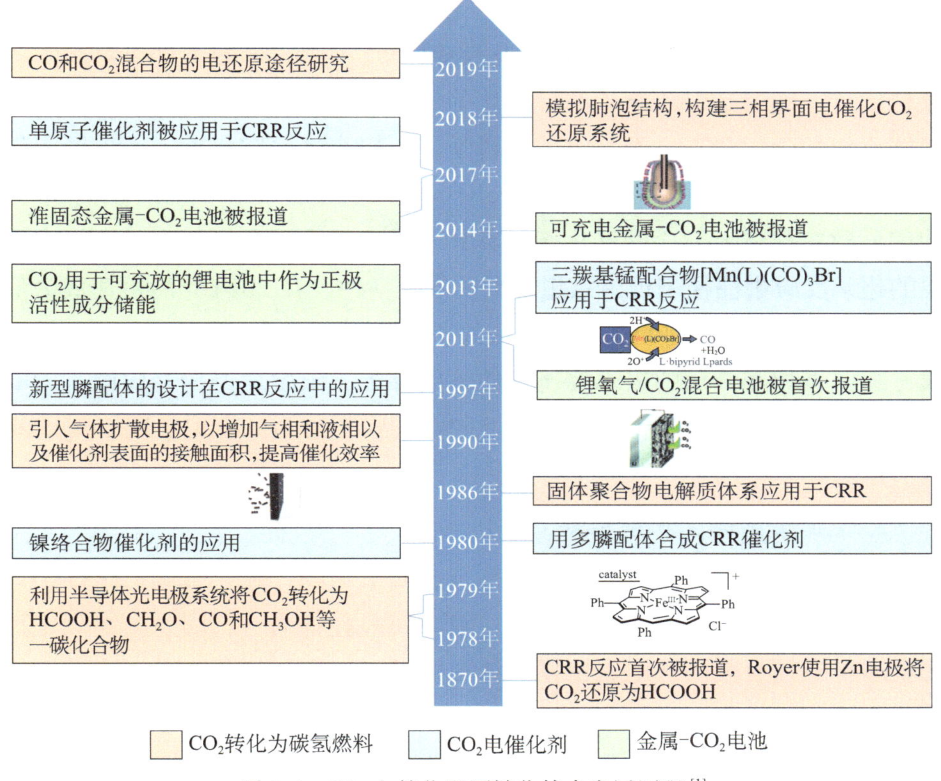

图 2-4　CO_2 电催化还原转化技术发展历程 [1]

1. 金属催化剂

常用的 CO_2 还原金属催化剂可以依据其特点和产物的不同分为四类 [2]：① Cu，是目前被证实的能够电催化还原 CO_2 生成烃类或其含氧衍生物的最有效催化剂；② Au、Ag、Zn、Pd、Ga 等，主要还原产物为 CO；③ Pb、Hg、In、Sn、Cd、Tl、Bi 等，主要还原产物为 HCOOH；④ Ni、Fe、Pt、Ti 等，该类电极几乎没有 CO_2 还原活性，电解后主要产物为 H_2。

[1] Liang F, Zhang K W, Zhang L, et al. Recent development of electrocatalytic CO_2 Reduction application to energy conversion. Small, 17(44), 2100323. https://doi.org/10.1002/smll.202100323.

[2] 于丰收，张鲁华 .Cu 基纳米材料电催化还原 CO_2 的结构 - 性能关系 . 化工学报，2021，72(4)：1-13.

负载型金属催化剂具有优良的催化性能，如高活性、高选择性或二者兼具，被广泛应用于许多重要的催化反应中[1]。研究者不断减小活性金属的颗粒尺寸，极限是以单原子的形式均匀分布在载体上，这不仅是负载型金属催化剂的理想状态，而且将催化科学带入更小的研究尺度——单原子催化。单原子催化剂（single-atom catalysts，SACs）是指金属以单原子形式均匀分散在载体上形成的催化剂，其具有最大的原子利用效率，在许多重要的化学反应中往往表现出意想不到的催化活性，在 2014 年后迅速成为催化领域的研究前沿，是目前催化领域的研究热点之一[2]。单原子催化剂是金属 - 载体强相互作用的极端特例，载体能够最大限度地调控金属原子的电子结构，从而影响反应中间体在活性中心的吸附行为，有望实现 CO_2 的高效活化及定向转化[3]。

2. 过渡金属衍生物催化剂

除了使用金属单原子作为催化剂，金属氧化物、硫化金属、碳掺杂催化剂等也能作为效果不错的催化剂。对金属氧化物而言，因为金属氧化物比金属单质拥有更高的电流密度和法拉第效率，金属氧化物表现出更好的催化活性。

由于原子分散的过渡金属单原子催化剂具有较大原子效率以及可调谐的配位环境和电子结构，近年来引起了广泛关注。尤其是以含有石墨烯的碳基质作为单原子催化剂主体时，由于其表面积大、电子传导性高、化学稳定性强，以及具有外来非金属掺杂的丰富缺陷构型，在电催化中备受关注。通过调整嵌入金属原子位点的电子结构可以改变配位环境，与仅在 CO_2 还原条件下催化析氢反应副反应的本体 Ni、Co 和 Fe 金属形成鲜明对比，其单原子对应物可以选择性地将 CO_2 还原成 CO[4]。

[1] Haruta M, Kobayashi T, Sano H, et al. Novel gold catalysts for the oxidation of carbon monoxide at a temperature far below 0℃. Chemistry Letters, 1987, 16(2): 405-408.

[2] 王丽琼，黄亮，梁峰，等. 单原子催化剂的制备、表征及催化性能. 催化学报，2017，38(9)：1528-1539.

[3] 续晶华，刘清港，杨小峰，等. 单原子催化剂在二氧化碳还原转化中的应用及展望. 中国科学：化学，2018，48(2)：108-113.

[4] 赖洁，杨楠，袁健发，等. 电化学催化还原二氧化碳研究进展. 新能源进展，2019，7(5)：429-435.

3. 非金属催化剂

非金属催化剂的研究集中在碳材料及N掺杂的碳材料，其中，纳米碳材料由于结构简单、易于操作且耐用，异相催化剂在实际条件中表现出更好的应用前景，是目前材料科学与催化领域的前沿方向之一。相对于传统金属催化剂，纳米碳材料催化剂具有高效环保和低能耗等优点，在能源催化领域表现出优异的催化性能和发展潜力[1]。

尤其在 CO_2 高选择性产甲醇电催化剂中，贵金属催化剂由于储量稀少、成本高昂，难于大规模应用，有必要设计和发展高选择性电化学还原 CO_2 至甲醇的非金属催化剂。

2.2.2　主要发展趋势

甲烷选择活化一直是催化领域的挑战性课题。甲烷高效转化的核心是产物选择性的控制，因此新催化材料和新催化概念的探索必须满足选择性活化甲烷的碳－氢键，避免过度脱氢形成积炭，避免过度氧化。活化甲烷的首个碳－氢键并避免其过度氧化是甲烷无氧直接转化工艺路线的关键。对于氧化偶联反应（OCM）技术和甲烷无氧直接转化技术，前者原子经济性较差、技术难度较小、工业化进程较快，仍需加大催化新材料、新工艺的工程化应用研究力度，争取早日实现工业化。

在合成气直接转化技术领域，针对双功能催化路线，为了保证甲醇或其他小分子醇中间物体在分子筛孔道内生成低碳烯烃，反应温度一般都需要在 400℃以上。另一功能组分（即用于活化 CO 的氧化物组分）也处在同样的高温反应条件下，这要求该组分具备较好的高温稳定性。同时，由于分子筛的稳定性有限，易发生积炭失活，如何通过分子筛孔道结构的设计抑制积炭发生，是该合成路线的一大挑战。然而费－托合成路线催化剂要求同时具备合适的活性位结构及利于强化传质的介观结构环境。同时，为深化认识费－托合成反应网络及催化机理，有必要开展更深入的构效关系研究，尤其是原位条件下构效演变规律研究，从而澄清催化剂表面碳－

[1] 陈泰国，高非，王强，等．二维材料电催化还原 CO_2 的研究进展．首都师范大学学报（自然科学版），2021，42(5)：1-15.

氧键活化及断裂、碳链增长及终止的机理，揭示其与传统费－托合成反应活性组分催化性能区别的本质原因，为新型费－托合成反应催化剂的设计提供理论依据。

电催化还原 CO_2 的研究目前仍存在许多技术问题，如缺少开发成本低、效率高、选择性高的催化剂等，目前还无法实现大规模生产能有效地将 CO_2 转化为多碳产品的电催化剂，CO_2 温和转化和直接利用实现商业化之路仍然任重道远。同时，对 CO_2 的初始活化、碳－碳键形成、表面结构（纳米和中尺度）、电解质效应（pH、缓冲强度、离子效应）和传质之间错综复杂的相互作用的系统了解仍然不足。因此，结合计算和原位光谱电化学技术，制订更严格的实验和标准化程序，对催化剂表面的电催化作用进行更深入的了解，开发多尺度的计算与建模方法，设计和调控催化剂材料的组成、结构与表界面，优化传质、催化剂稳定性和电解质 / 溶剂效应，来提升反应效率和选择性，是 CO_2 电催化还原亟须解决的关键科学问题[1]。

2.3　颠覆性影响及发展举措

2.3.1　技术颠覆性影响

当今世界能源利用格局中碳基能源仍然占主导地位，通过化学反应实现碳基含能分子化学键的重组或电子的重新排布而释放能量的形式一直是能源利用的主流。在相当长的一段时间内，煤炭、石油和天然气等碳基能源的燃烧放热依然会是人类获取能源的重要途径。

在以碳基能源为主的能源消费结构下，环境污染和生态文明建设之间的矛盾日益凸显：一方面社会愈发迫切地转向低碳能源系统；另一方面能源需求和碳排放却以近年来最快的速度增长。实现碳基能源的高效催化转化和清洁利用，弱化煤和天然气的能源属性，强化其资源属性，将它们作为碳基原料来生产燃料、低碳烯烃等高附加值化学品，是当前解决这些矛盾的重要途径之一。开发出一批具有实际应用价值的表界面催化新材料，

[1] Birdja Y Y, Pérez-Gallent E, Figueiredo M C, et al. Advances and challenges in understanding the electrocatalytic conversion of carbon dioxide to fuels. Nature Energy, 2019, 4(9): 732-745.

以及与之配套的工艺过程和重大装备，可为国民经济的结构调整和传统产业升级提供科学和技术支持。在碳中和进程中，碳基能源的高效催化转化和清洁利用将在较长时期内处于重要地位。

碳资源是能源化工的基础，既是能源来源及载体，也是化工产品的原料。碳基资源的利用面临转化效率及其过程的清洁化问题，传统石油化工行业能耗高、效率低、碳排放量大，开发应用碳基能源高效催化转化技术可使水耗和能耗大幅降低，能在一定程度解决生态环境破坏和能源资源瓶颈等问题。甲烷、合成气直接转化以及 CO_2 电催化制烯烃 / 芳烃技术等崭新的化工技术，将颠覆以石脑油为原料的传统乙烯 / 芳烃生产模式，改变现有石油产品结构，开辟一条重要的基础石化原料生产的新资源路线，对拓展石化原料来源、满足日益增长的石化产品需求将起到重要的保障作用。同时，这些技术在碳原子利用效率上具有相对优势，更有利于石化工业向绿色低碳方向转型发展，适宜在具有廉价、丰富碳基能源资源的国家和地区应用，相关技术的商业推广将显著改变当前化工行业的能源现状。

我国是烯烃需求大国，为缓解国内烯烃原料紧张问题，《石油和化学工业“十三五”发展指南》提出要加快现有乙烯装置的升级改造，其中煤制乙烯所占比例达到 20% 以上。随着煤制烯烃技术的发展，国内外企业已开发甲烷氧化偶联制乙烯、合成气直接制烯烃等工艺技术，并推进商业化。在国家产业政策的引导下，自主创新技术百花齐放，推动我国烯烃产业步入原料多元化的新时代，对我国降低原油进口依存度、提升国家石油供应安全均具有重大意义。

2.3.2 各国 / 地区发展态势与竞争布局

2.3.2.1 美国

2016 年，美国国家科学院、工程院和医学院（National Academies of Sciences, Engineering, and Medicine）发布报告《碳氢原料供应结构正在变革——催化面临的挑战和机遇》，讨论了页岩气革命使得美国化学工业从以原油为主要原料的石脑油转向天然气的新形势下催化面临的挑战，指出了催化新的发展机遇。与页岩气相比，大宗商品、中间产品和精细化学品代表着更高的经济价值，为了充分发挥成本优势并追求利益最大化，催化科技面临着将天然气和液化天然气直接转化为高附加值化学品并且低碳排放的挑战[1]。具体来说，在原料一侧，是甲烷、乙烷、丙烷等低碳烃类的催化转化；在产物一侧，是乙烯以及丙烯、丁二烯、苯等重要化工中间体的催化合成[2]。

美国 DOE 近年来在多项能源计划中资助 CO_2 资源化利用技术的研发。在 2013 年发布的《碳封存技术计划规划》中，DOE 指出碳使用和再利用技术领域的研究主要集中在以各种方式实现 CO_2 的资源化利用，包括用 CO_2 生产塑料、CO_2 的矿化以及将 CO_2 作为工业级化工原料三项关键技术。旨在保持 CO_2 排放量不增加的同时实现捕集 CO_2 的成本低于 10 美元 /t。在化工原料制备技术领域，计划在 2030 年开发出先进的催化剂和更高效的制造工艺，将 CO_2 转化为高价值化学品[3]。

2018 年，美国 DOE 化石能源办公室投资 1870 万美元，支持大规模 CO_2 转化技术、实验室规模 CO_2 转化以及选煤厂中等规模试验研究三大方向开展 CO_2 和煤为原料生产副产品的技术研发，以降低先进化石能源技术的风险和成本，并进一步促进该国化石资源的可持续利用。同年，在支持先进制造业从而提高美国制造商的竞争力及其能源效率的项目中，资助优化 CO_2 转化为甲烷的铜基催化剂的能源效率与选择性方向的研究。

2019 年，美国 DOE 计划在 5 年内资助 9700 万美元支持 7 个方向 33 个生物能源技术研发项目[4]。其中包括 CO_2 电催化还原方向，重点资助开发高性能电解槽将 CO_2 高效催化转化为碳基化学品、研发新型固态电解质用

[1] National Academies of Sciences, Engineering, and Medicine. The Changing Landscape of Hydrocarbon Feedstocks for Chemical Production: Implications for Catalysis: Proceedings of a Workshop. Washington, D.C.: National Academies Press, 2016. https://nap.nationalacademies.org/cart/download.cgi?record_id=23555.

[2] 边文越 . 美国研讨页岩气革命带来的催化发展挑战和机遇 . http://www.casisd.cn/zkcg/ydkb/kjqykb/2017/201701/201706/t20170630_4820353.html.

[3] U.S. Department of Energy. Carbon Storage Technology Program Plan. https://www.netl.doe.gov/sites/default/files/netl-file/Program-Plan-Carbon-Storage_0.pdf.

[4] Department of Energy Announces $97 Million for Bioenergy Research and Development. https://www.energy.gov/articles/department-energy-announces-97-million-bioenergy-research-and-development.

于电催化系统将 CO_2 催化转化为甲酸、开发兆瓦级质子交换膜电解槽用于 CO_2 催化转化。

2020 年，美国国家石油委员会（NPC）发布了受美国 DOE 委托完成的《迎接双重挑战：碳捕集、利用与封存规模化部署路线图》报告，提出了在 25 年内实现大规模部署碳捕集、利用与封存（CCUS）技术的发展路线。该报告指出，CCUS 技术是提供可负担、可靠的能源并同时解决气候变化风险双重挑战的关键技术之一，美国在 CCUS 领域处于全球领先地位，并具有推动 CCUS 广泛部署的强大能力，应通过启动、扩张和规模化应用三个阶段实现 CCUS 在美国的大规模部署。该报告提出了未来 25 年 CCUS 大规模部署的路线图，以及未来 10 年的研发资助建议。其中，在碳利用技术的电化学和光化学转化利用领域的主要研究包括：开发新型催化剂以提高选择性、活性和稳定性；具有高耐用性和离子电导率的聚合物膜；新型电解池设计和制造。电化学和光化学转化途径面临着相似的挑战，但在光收集、装置设计等方面有所不同。催化剂、膜系统和电解槽的规模扩大，以及高 CO_2 溶解度的新型电解质开发也是重要的研发领域，后者具有巨大的潜力将 CO_2 的捕集和转化结合到一个过程中。开发结合电化学和光化学系统以及热化学和生物化学转化途径的复合系统，对技术的变革发展非常重要[1]。

美国 DOE 化石能源办公室在 2020 年投入 1700 万美元支持 11 个先进碳利用研发项目，用于合成高价值有机产品（700 万美元）、生产固体碳产品无机材料（200 万美元）、将碳捕集与藻类生产结合（600 万美元）以及最大化提高混凝土和水泥 CO_2 吸收量（200 万美元），以开发和测试利用电力或其他工业排放的 CO_2 转化为高价值产品的技术[2]。其中，有 700 万美元用于资助 CO_2 电催化还原转化类项目，具体为以下 6 个方向。

（1）开发一种利用金属 / 双金属催化剂的新型等离子体催化技术，利用 CO_2 作为弱氧化剂，利用乙烷和丙烷制备乙烯和丙烯。资助金额 100 万

[1] National Petroleum Council. Meeting the Dual Challenge: A Roadmap to At-Scale Deployment of Carbon Capture, Use, and Storage. https://dualchallenge.npc.org.

[2] DOE Invests $17 Million to Advance Carbon Utilization Projects. https://www.energy.gov/articles/doe-invests-17-million-advance-carbon-utilization-projects.

美元。

（2）开发一种将电厂排放的 CO_2 转化为乙烯和醋酸盐的串联两步电化学工艺。资助金额 100 万美元。

（3）开发一种电化学催化系统将 CO_2 转化为甲酸等高价值化学品。资助金额 100 万美元。

（4）开发一种催化、脉冲电解技术，将 CO_2 转化为乙烯。资助金额 100 万美元。

（5）通过在甲醇阴极电解液中使用催化剂和非均质金属合金电极的电解过程，将烟气中的 CO_2 转化为四氢呋喃。资助金额 100 万美元。

（6）通过新型电化学工艺利用烟气中的 CO_2 生产碳纳米管。资助金额 200 万美元。

2.3.2.2 欧洲

自 2009 年开始，德国联邦教育和研究部（BMBF）开始实施 CO_2 资源化利用专项科研计划，在之后的 5 年内实施了 30 多个综合性的产学研合作科研项目，政府科研经费投入约 1 亿欧元，参与计划的企业投入 5000 万欧元。该计划主要研究从废气中分离 CO_2 气体并加以资源化利用的关键技术和工艺过程，目前已取得阶段性成果，在实现 CO_2 资源化利用关键技术及其工业化生产的道路上取得重要进展。德国巴斯夫公司牵头的研究项目“CO_2 作为高聚物原料”已成功开发出高效、低毒、非贵金属的催化剂，可将 CO_2 转化为具有广泛应用的碳酸脂类高分子材料 [1]。

2016 年，欧洲催化研究集群（European Cluster on Catalysis）发布《欧洲催化科学与技术路线图》[2]，旨在将催化提升为实现欧洲未来可持续发展社会的关键科学技术，识别优先研究领域和发展方向，促进欧洲催化基础研究和应用研究的发展，使欧洲在可持续化学领域占据世界领先地位。该

[1] 中华人民共和国科学技术部 . 德国二氧化碳资源化利用研发取得重要成果 . http://www.most.gov.cn/gnwkjdt/201302/t20130228_99872.htm.

[2] European Cluster on Catalysis. Science and Technology Roadmap on Catalysis for Europe: A Path to Croate a Sustainable Future. https://www.euchems.eu/wp-content/uploads/2016/07/160729-Science-and-Technology-Roadmap-on-Catalysis for Europe-2016. pdf.

路线图揭示了催化在能源和化工生产、清洁和可持续发展及催化剂复杂性研究方面面临的三大发展挑战，并识别出应对这些挑战的优先研究领域和未来 10 ～ 20 年研究目标：改进催化过程，实现利用页岩气和轻质烷烃生产化学品和交通燃料。

《欧洲催化科学与技术路线图》提出，在未来 10 ～ 20 年，将呈现集成生产模式，最大化有效利用各种能源和原材料，可针对不同原料、能源供给或不同产物实现快速转换，从而适应大量不同类型的原材料和变换的市场需求[1]。面向 2030 年，欧盟将优先发展 CO_2 催化转化技术[2]。

1. 化石燃料

优先研究领域：①页岩气的开采为石油化工发展带来新的机遇，相应带来一系列催化剂和催化过程需要研发，如脱氢或氧化脱氢制低碳烯烃、低碳烷烃的直接功能化反应、碳－碳偶联反应、碳一化学（不经过合成气或甲醇路线，甲烷直接转化）等；②发展高效耐用的催化剂用于重油的转化以及重质碳氢化合物的转化（油砂、煤等），稳定性、防止失活和防止中毒是这类催化剂研究的重要方面；③优化现有催化剂和催化过程，提高能源效率，提高催化选择性，减少 CO_2 排放，实现催化转化 CO_2 为化工产品。

未来 10 ～ 20 年研究目标：①集成柔性催化生产过程，可针对不同原料、能源供给或不同产物实现快速转换，从而适应大量不同类型的原材料和变换的市场需求；②改进催化过程，实现直接利用页岩气和轻质烷烃生产化学品和交通燃料；③开发更加高效、耐用、稳定的催化剂和催化过程用于重油和复杂原料的转化，提高对各种原料的适应性，提高粗产品品质；④开发催化体系，从而使现有炼油厂设备（或加以改造）可以兼容生物质原料和化石原料，进而可以生产生化 / 化石混合燃料；⑤开展催化剂活性成分替代研究，用储量丰富的普通金属替代贵金属和重过渡金属，减轻对

[1] European Cluster on Catalysis. Roadmap on Catalysis for Europe. https://www.euchems.eu/roadmap-on-catalysis-for-europe.

[2] BRUSSELS. SusChem Identifies Key Technology Priorities to Address EU and Global Challenges in Its New Strategic Research and Innovation Agenda. http://www.suschem.org/highlights/suschem-identifies-key-technology-priorities-to-address-eu-and-global-challenges-in-its-new-strategic-research-and-innovation-agenda.

环境和人类健康的危害。

2. CO_2 利用

未来 10 ～ 20 年研究目标：①可实现大规模应用的电解技术，采用成本低廉、储量丰富的金属做催化剂原料，用于将可再生电力转化为氢能；②开发光电化学设备，实现太阳能制氢效率超过 20%，超过光伏技术；③开发催化技术，将可再生电能和氢能储存在液体燃料中；④研发人工光合过程，将 CO_2 和 H_2 转化为化工产品和燃料；⑤建立世界范围的交易平台，可交易太阳能燃料、太阳能化工产品和可再生能源。

2.3.2.3 中国

与美国和欧洲等发达国家和地区相比，我国的能源结构和利用方式有非常明显的特点：一方面，长期以来煤炭在我国能源结构中的比例居高不下；另一方面，我国以 CO_2 为代表的温室气体排放居高不下，造成了很大的生态和环境压力。我国能源的这些特点和需求促使我国政府和科学家进行了大量投入和系统深入的研究，通过国家重点基础研究发展计划（973 计划）、国家高技术研究发展计划（863 计划）、国家科技重大专项、国家重点研发计划、科技创新 2030—重大项目以及国家自然科学基金的各类项目和计划进行了重点投入，在人才队伍建设、研究设施和平台建设，以及科研成果产出等方面取得了出色的进展和成效。

国家发展和改革委员会、国家能源局于 2017 年印发了《能源生产和消费革命战略（2016—2030）》。该文件提出了未来发展目标，到 2020 年，全面启动能源革命体系布局，推动化石能源清洁化，根本扭转能源消费粗放增长方式，实施政策导向与约束并重。2021 ～ 2030 年，可再生能源、天然气和核能利用持续增长，高碳化石能源利用大幅减少。2021 年，我国在气候雄心峰会上宣布，到 2030 年，中国单位国内生产总值 CO_2 排放将比 2005 年下降 65% 以上，非化石能源占一次能源消费比重将达到 25% 左右，即化石能源占一次能源消费比重将降到 75% 左右。[1]。

国家自然科学基金委员会已持续 7 年（2015 ～ 2021 年）资助“碳基

[1] 国家发展改革委 国家能源局关于印发《能源生产和消费革命战略（2016—2030）》的通知 . https://www.ndrc.gov.cn/xxgk/zcfb/tz/201704/t20170425_962953.html.

能源转化利用的催化科学”重大研究计划，通过化学、化工、数理、材料等多学科交叉融合，面向碳基能源高效利用的国家重大战略需求，针对催化表界面化学所涉及的关键科学问题开展系统深入的研究，大力提升我国在这一领域的竞争力和国际地位。并通过该计划的实施，培养由化学、物理、生物、材料、信息等相关学科交叉、互相渗透而又协调统一的研究队伍和研究群体。该项目的核心科学问题包括：催化剂固体表界面局域原子和电子结构的精准设计与构建；碳基载能分子在表界面的选择活化和可控重构 / 定向转化；催化剂固体表界面特性与环境和外场的相互作用机制及调控规律等。2021 年重点资助研究方向进一步聚焦碳基能源转化利用的关键催化科学问题，针对合成气直接转化、CO_2 和甲烷催化转化等过程，加强理论研究并与实验相结合，注重发展和利用原位表征新技术和新方法[1]。

2017 年，国家能源局发布的《煤炭深加工产业示范“十三五”规划》成为首个国家层面的煤炭深加工产业规划，也是“十三五”开局 14 个能源专项规划中唯一经由国务院批准的规划。该规划指出，要重点开展煤制油、煤制天然气、低阶煤分质利用、煤制化学品、煤炭和石油综合利用等 5 类模式以及通用技术装备的升级示范[2]。同年，国家发展和改革委员会、工业和信息化部联合发布了《现代煤化工产业创新发展布局方案》。该方案提出深入开展产业技术升级示范，重点开展煤制烯烃、煤制油升级示范，提升资源利用、环境保护水平；有序开展煤制天然气、煤制乙二醇产业化示范，逐步完善工艺技术装备及系统配置；稳步开展煤制芳烃工程化示范，加快推进科研成果转化应用[3]。这两个国家级文件的发布，为我国煤炭深加工、现代煤化工产业的创新发展，以及未来煤炭高效清洁利用、拓展石油化工原料来源指明了方向和道路。在“十三五”现代煤化工产业规模的基础上，2021 年，中国石油和化学工业联合会发布《现代煤化工“十四五”

[1] 国家自然科学基金委员会 .“碳基能源转化利用的催化科学”重大研究计划 2021 年项目指南 . https://www.nsfc.gov.cn/publish/portal0/tab442/info81624.htm.

[2] 国家能源局 . 关于印发《煤炭深加工产业示范“十三五”规划》的通知 . http://zfxxgk.nea.gov.cn/auto83/201703/t20170303_2606.htm?keywords=.

[3] 中国政府网 . 两部委关于印发《现代煤化工产业创新发展布局方案》的通知 . http:// www.gov.cn/xinwen/2017-03/27/content_5181130.htm[2017-03-27].

发展指南》，指出在今后 5 年要形成 3000 万 t/a 煤制油、150 亿 m^3/a 煤制气、1000 万 t/a 煤制乙二醇、100 万 t/a 煤制芳烃、2000 万 t/a 煤（甲醇）制烯烃的产业规模；同时，要求现代煤化工产业的技术创新要突破 10 项重大关键共性技术，完成 5 ～ 8 项重大技术成果产业化，建成一批示范工程，建设一批高水平协同创新平台；示范工程和工业化项目的设备国产化率不低于 85%[1]。

2018 年，面向我国能源可持续发展的重大需求，中国科学院启动“变革性洁净能源关键技术与示范”A 类战略性先导科技专项，从“清洁低碳、安全高效”国家能源体系顶层设计的角度，提出了通过技术创新实现煤炭的清洁、高效利用和高值转化，以及与核能和可再生能源的优化互补融合的系统解决方案，提供从战略层面解决我国能源结构问题的理想途径。该专项主要研究：①高效清洁燃烧；②清洁能源多能互补与规模应用；③低碳化多能战略融合；④洁净能源领域发展战略研究等。计划到 2023 年前，争取油气资源替代能力超过 1 亿 t 当量，燃煤污染物排放降低 40% ～ 50%，实现 100% 可再生能源应用示范和低碳化多能融合战略实施，为构建我国清洁低碳、安全高效的能源体系提供技术支撑。

2022 年，为深入贯彻落实党中央、国务院关于“碳达峰、碳中和”的重大决策部署，中国科学院发布了“中国科学院科技支撑碳达峰碳中和战略行动计划”，化石能源高效利用是该行动计划重点任务之一。根据中央领导的指示要求，为完整准确全面贯彻新发展理念，立足“富煤贫油少气”的基本国情做好“双碳”工作，中国科学院紧急部署“煤炭清洁燃烧与低碳利用”A 类战略性先导科技专项，力争产出一批有重大影响的创新成果，在支撑“双碳”战略和保障国家能源安全等方面发挥骨干引领作用[2]。

2021 年，国家自然科学基金委员会化学科学部发布了《催化与表界面化学学科“十四五”发展规划》，其发展目标是：发展表界面的理论与计算方法，注重基于大数据与人工智能的新范式研究；创制新仪器，发展超

[1] 中国石油和化学工业联合会 . 现代煤化工“十四五”发展指南 . 石油化工技术与经济 . 2021，04.

[2] 中科院召开“煤炭清洁燃烧与低碳利用”A 类战略性先导科技专项启动会 . https://www.cas.cn/zkyzs/2022/05/344/zyxw/202205/t20220510_4834093.shtml[2022-05-10].

高时空分辨的新的表面表征技术和方法，注重研究工况条件下和介质环境中的表界面过程；在绿色碳科学研究中，侧重碳基能源的优化利用、氢能与可再生电能的产生与存储、CO_2 的减排和资源化利用；强化仿生和功能软界面体系的研究。“十四五”期间将优先资助面向国际前沿和基础、国家需求和人民生命健康等领域。面向国际前沿和基础优先资助：①超高时间 - 空间分辨和多模态表征技术；②工况与介质条件下的表征技术；③跨时间和空间尺度的表面理论与计算方法；④研究表界面和催化反应的理论方法；⑤电化学基础理论与研究方法；⑥物质科学的表界面基础；⑦催化材料的设计与构筑；⑧复杂电化学体系非均匀、非连续界面；⑨新型胶体体系和微纳尺度的软界面；⑩仿生与功能可控的软界面分子组装。面向国家需求与生命健康优先资助：①化石资源优化利用的表界面物理化学与催化基础；② CO_2 资源化利用；③生物质等可再生资源转化利用的催化基础；④可再生能源和资源转化相关的催化基础；⑤功能软物质界面的应用；⑥电化学能量转换与存储中的表界面基础；⑦电化学合成与制造中的表界面基础。

科学技术部自 2016 年起持续资助“煤炭清洁高效利用技术”，在 2022 年“十四五”国家重点研发计划“煤炭清洁高效利用技术”重点专项中，将重点资助以下煤炭清洁转化技术：①煤直接制纳米金刚石材料技术；②合成气转化制可降解材料非贵金属加氢催化剂的开发；③温和条件下煤炭定向裂解制备高端精细化学品技术；④低 CO_2 排放的新型煤间接液化成套技术；⑤大规模新型煤直接液化技术；⑥合成气直接转化制长链 α- 烯烃关键技术；⑦煤转化过程中挥发性有机化合物（volatile organic compounds，VOCs）低温高效转化去除技术；⑧煤基先进功能碳材料制备关键技术。

党的十八大以来，党中央高度重视煤炭清洁高效利用，“十四五”时期，我国经济转向高质量发展阶段，加快煤炭清洁高效利用是支撑能源转型、确保国家能源安全和实现“双碳”目标的必然选择和坚强基石。2022 年 1 月，国务院印发《“十四五”节能减排综合工作方案》，提出实施煤炭清洁高效利用工程。6 月，国家发展和改革委员会等部门发布《煤炭清洁高效利用重点领域标杆水平和基准水平（2022 年版）》的通知，指出对标实现“碳达峰、碳中和”目标任务，推动煤炭清洁高效利用，促进煤炭消费转型升级[1]。

2.3.2.4 各国布局比较

为了减少对石油资源的过度依赖以及降低能耗、减少温室气体排放等，各国陆续开展以主要成分为甲烷的天然气制烯烃的研究，实施主体主要为政府、大学科研机构，以及一些主要的石化公司包括美国雪佛龙石油公司、美国埃克森美孚公司、美国通用电气公司（GE）、美国霍尼韦尔公司、荷兰皇家壳牌石油公司、英国石油公司、德国巴斯夫公司、沙特阿拉伯基础工业公司以及我国的中国石油天然气集团有限公司、陕西延长石油（集团）有限责任公司等[2]。对于甲烷活化与转化的研究，我国和其他国家是“并跑”的，有些方面甚至是“领跑”的。

我国在合成气（也就是煤的优化利用）研究领域，处于世界前列。未来在工业化方面，我国仍会走在前面。合成气直接转化本身是一个非常基础的问题，国外有很多研究机构也在做，但没有像我国一样形成一个大的研究梯队。中国科学院大连化学物理研究所、中国科学院山西煤炭化学研究所、中国科学院上海高等研究院、厦门大学、复旦大学等多个研究团队，正在这个方向上分工合作，着力推进。一些国外大公司虽然未来希望可以用到这些技术，但是真正对该领域的研究并不是特别重视。总体来说，在整个研究体系中，从基础理论到实际应用，我国有走在世界前面的，有并行的，也有“跟跑”的，总体来说是走在世界前列的[3]。

CO_2 电催化还原的研究为利用可再生能源、合成燃料和化学原料提供了一种非常具有吸引力的方法。如何将催化剂设计与催化机理完美结合，并推动相关技术走向工业发展是研究重点。CO_2 电催化还原在以下两方面

[1] 推动煤炭清洁高效利用 . https://baijiahao.baidu.com/s?id=1741178590087621589&wfr=spider&for=pc[2022-08-15].

[2] 钱伯章 . 美国天然气一步制乙烯的研究现状 . http://www.shiyouzhishi.com/content/?414.html.

[3] 肖鸣，安瑞，王瑞 . 对话包信和：碳基能源的产业变革呼唤基础理论和技术创新 . 科学通报，2018，63(26)：2673-2675.

被赋予重要期望：一方面可以在未来有效缓解碳排放的问题；另一方面也为化学能源领域和燃料转化领域提供长期有效的途径。当下，为了提高 CO_2 的转化效率，提高 C_1 和 C_2 产品的选择性，新型催化剂不断涌现 [1]。对于 CO_2 的研究，我国较为零散，还未成体系，可认为是和国际同行并行，甚至处于“跟跑”阶段。

2.4　我国碳基能源高效催化转化技术发展建议

2.4.1　机遇与挑战

我国已经成为现代煤化工最大生产国，但传统煤的利用（特别是转化利用）还存在大量耗水、大量排放 CO_2、产品粗放以及能源利用水平低下等问题，一些核心技术装备仍受制于人。在工业应用方面，我国的催化基础科学研究和工业催化反应需求存在差距，缺乏针对具有重大工业应用需求的化工产品原创自主知识产权的催化合成路线开发，以及高效、高稳定性的催化剂体系构筑 [2]。我国碳基能源高效催化转化主要面临以下挑战。

（1）催化基础研究和新型催化剂的研发。研究甲烷直接转化、合成气直接转化以及 CO_2 电催化的反应机理。

（2）解决单原子催化剂活性位点解析的难题，以实现单原子催化剂的大规模实际应用。

（3）催化过程创新，改善催化剂活性和产物选择性，提高催化转化过程的经济性。研发单原子高分散催化剂，实现高选择性制低碳烯烃和芳烃。

（4）催化剂工业化应用攻关，系统的整体工程化优化和工业运行经验积累。研发催化活性高和寿命长的电催化剂，加快实现 CO_2 电催化还原的工业应用。

（5）争取国家资金投入与政策支持，集中突破催化剂等核心技术，解决化学工艺和工程技术问题。

---

[1] Nat. Catal.：基于电化学催化二氧化碳获得循环利用材料的设计 . http://www.cailiaoniu.com/188994.html.

[2] 催化与表界面化学学科前沿与发展战略研讨会专家组 . 国家自然科学基金委员会催化与表界面化学学科前沿与发展战略研讨报告 . 催化学报，2019，40(s1)：1-5.

（6）技术与生态环境协调发展，降低技术实现对原料输送、水资源和地理环境等条件的要求。

2.4.2 发展建议

1. 加强基础研究，提升源头创新能力

碳基能源高效催化转化技术发展，需要针对表界面催化研究中的重要基础科学问题，建立相关理论体系，加强催化科学与其他学科的交叉融合，探索催化作用的化学本质和反应机理，着力从源头上解决我国碳基能源利用的关键科学问题，在催化表界面理论研究，如“限域催化”理论、“单原子催化”理论等研究形成有影响的中国学派；在具有我国特色的天然气优化利用、合成气高效转化和 CO_2 还原等领域提出新理念和新过程，为碳基能源高效催化转化提供新的理论指导及应用基础。开辟煤炭高效清洁利用新途径，加大对反应机理、催化剂、反应工艺以及工程开发全流程的研发力度。

2. 在国家政策中明确碳基能源清洁高效利用发展的战略定位

近年来，以煤为原料、以甲醇为原料和以石脑油为原料的裂解乙烯装置数量越来越多、规模越来越大，应加强国家级的统筹规划，有序推进非石油路线制备乙烯的规模化生产。结合我国在催化表界面研究领域的优势，构建适合我国清洁能源发展战略的政策支撑体系，保障和促进催化基础研究和技术创新，推动相关产业融合发展。

3. 推进重大技术研究和重大技术装备开发

以技术的产业化为导向和驱动，形成技术的过程分析和标准化，并配套产业化进行成套工艺技术的优化集成和工程化实施。切实把示范项目作为实现技术国产化、知识产权自主化和市场竞争力的标杆，带动产业升级。大力延伸煤制烯烃、CO_2 资源化利用的产业链条，增加附加值，将碳基能源优势转化为经济优势、产业优势和竞争优势。

4. 国际合作瞄准世界科技前沿，全面融入全球创新网络

深化基础研究国际合作，与国际同行联合开展碳－氢键和碳－氧键高

效活化与定向催化转化等科学前沿问题研究；加强国内外研究机构与石化企业的合作及关键技术开发力度，开展从基础研究、实验室研究，到中试应用、工业化放大全链条的创新合作，推动煤化工产业向多产品、高端化、高附加值方向发展；在世界煤炭生产和消费重心的国家开展煤炭清洁开发利用领域合作，促进煤炭产业发展。

5. 加强催化科学与其他学科的交叉融合，大力培养学科交叉创新型人才

在现有材料与催化的对接、理论工具与催化的对接以及工程与催化的对接基础上，进一步融合各学科的优势，促进碳基能源的高效催化转化从基础理论创新、催化新材料研发到反应工艺开发全过程的基础研究与应用研究融通创新发展，最终实现科技成果转化。培养出一支具备交叉学科研究、计算机模拟和数值计算能力，精于理论和实验科学研究的高水平、结构合理的研究队伍，持续提升我国在碳基能源高效催化转化技术领域的竞争力和国际地位。

第 3 章　天然气水合物开发利用技术

3.1　技术内涵及发展历程

3.1.1　技术内涵

天然气水合物（natural gas hydrate）是一种亟待开发的新能源，具有分布范围广、储量规模大、能量密度高、燃烧热值高以及清洁环保等特点，很有潜力成为重要的战略接替能源。天然气水合物的商业化开发利用将会对推动能源生产和消费革命以及促进社会经济发展等方面产生重要而深远的影响。

天然气水合物是在一定条件下由轻烃、CO_2 及 H_2S 等小分子气体与水相互作用过程中形成的白色固态结晶物质（因遇火可燃烧，俗称可燃冰），是一种非化学计量型晶体化合物，也被称作笼形水合物、气体水合物。自然界存在的天然气水合物中天然气的主要成分为甲烷（含量 >90%），所以又常被称为甲烷水合物（methane hydrates）[1]。从晶体结构上说，甲烷水合物就是甲烷与水的笼形结构物，所含的甲烷数量受晶体结构中甲烷分子与水分子关系的控制。理论上，一个饱和的甲烷水合物分子结构内，甲烷与水分子的摩尔比为 1∶6；在标准状况下，甲烷气体与甲烷水合物的体积比为 164∶1，也就是说，单位体积的甲烷水合物分解可产生 164 单位体积的甲烷气体。

天然气水合物的晶体结构有 3 种（Ⅰ型、Ⅱ型和 H 型）（图 3-1），它们是由水分子组成的五角十二面体配合以其他多面体组合而成，其中Ⅰ型结构最为常见。从结晶结构上讲，天然气水合物可以看作是冰的异形体，

[1] USGS. Gas Hydrate in Nature. https://pubs.usgs.gov/fs/2017/3080/fs20173080.pdf[2020-08-30].

或是“压缩的天然气”。

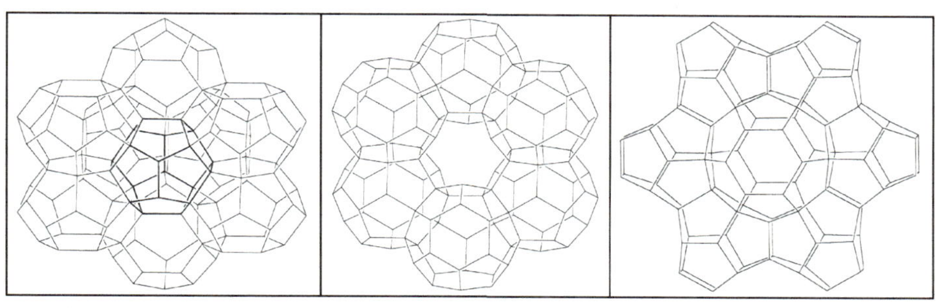

（a）水合物晶体结构Ⅰ型　（b）水合物晶体结构Ⅱ型　（c）水合物晶体结构H型

图 3-1　天然气水合物 3 种晶体结构 [1]

天然气水合物能生成和稳定存在于低温和较高压力的环境中。在常压条件下它只在 0℃以下稳定，但在 30 atm[2] 时它能存在于 0℃以上。在自然界，天然气水合物通常赋存于三类地质环境中：一是极地和高纬度寒冷地区和高山地区的永冻区；二是深水海底沉积层；三是宇宙星球中 [3]。

天然气水合物的潜在资源量巨大。据美国地质调查局 2017 年的资料显示，在全球至少 116 个地区发现了天然气水合物，包括陆地 38 处（永冻区）、海域 78 处。A. V. Milkov [4] 以北美大西洋陆缘近海的天然气水合物资源作参考，推算出全球水合物中甲烷总量为 $1\times10^{15}\sim5\times10^{15}$ m^3（或 10 万亿 t 的碳当量）；R. Boswell 等 [5] 综合前人资料并经数字模拟，认为蕴藏于海底水合物中的甲烷总量约为 2.83×10^{15} m^3。从资源前景来看，具有开采价值的“资源级”天然气水合物的资源量中，仅海洋型就约为 2.80×10^{14} m^3 [1]，即使这一最保守的估算值仍然约是全球天然气总储量

[1] Kirchner M T, Boese R, Billups W E, et al. Gas hydrate single-crystal structure analyses. Journal of the American Chemical Society, 2004, 126: 9407-9412.

[2] 1 atm=1.013 25 × 10^5 Pa。

[3] 刘玉山，祝有海，吴必豪．天然气水合物：21 世纪的新能源．北京：海洋出版社，2017.

[4] Milkov A V. Global estimates of hydrate-bound gas in marine sediments: how much is really out there? Earth-Science Reviews, 2004, 66: 183-197.

[5] Boswell R, Collett T S. Current perspectives on gas hydrate resources. Energy & Environmental Science, 2011, 4: 1206-1215.

（1.85×10^{14} m^3）的 1.5 倍，是全世界每年天然气消费总量的 100 倍。

3.1.2 发展历程

从 1810 年英国人 H. Davy 在实验室首次发现气体水合物和 1888 年 P. U. Villard 人工合成天然气（甲烷）水合物后，人类就再没有停止过对气体水合物的研究和探索。在 200 余年的时间里，全世界对天然气水合物的研究大致经历了以下四个阶段（图 3-2）。

1. 早期探索阶段（1810 年至 20 世纪 30 年代初）

第一阶段是从 1810 年 H. Davy 合成氯气水合物和次年对气体水合物正式命名并著书立说到 20 世纪 30 年代初。在这 120 多年中，对气体水合物的研究仅停留在实验室内，且争议颇多。自美国 E. G. Hammerschmidt 于 1934 年发表了关于气体水合物造成输气管道堵塞的有关数据后，人们开始注意到气体水合物在工业生产中的重要性，从消除负面影响方面加深了对气体水合物及其性质的研究。研究主题主要为工业条件下气体水合物的预报和清除、气体水合物生成阻化剂的研究和应用。此时，人们对气体水合物的认识停留在关注研究其组成、结构、相平衡和生成条件的早期探索阶段。

2. 理论研究阶段（20 世纪 40 ～ 70 年代）

自然界产出的气体水合物是由于西西伯利亚气田油井异常而被人类发现和认识的。1961 年苏联科学家首次在西西伯利亚麦索亚哈油气田的永久冻土层中发现了天然气水合物。1965 年苏联科学家推测在极地和海底也可能存在天然气水合物。1970 年，美国和加拿大工业界对阿拉斯加和加拿大北部陆坡高浓度含砂永冻层进行了初步的测试，认为其商业开采潜力有限[1]。1974 年，R. Stoll 等科学家在分析海底地震反射剖面图时发现与天然气水合物存在有关的地球物理标志——似海底反射层（bottom simulating reflector，BSR）。1977 年，B. E. Tucholke 提出天然气水合物稳定带（gas

[1] Boswell R, Yamamoto K, Lee S-R, et al. Future Energy: Improved, Sustainable and Clean Options for Our Planet. ed 2nd. Amsterdam: Elsevier, 2014: 159-178.

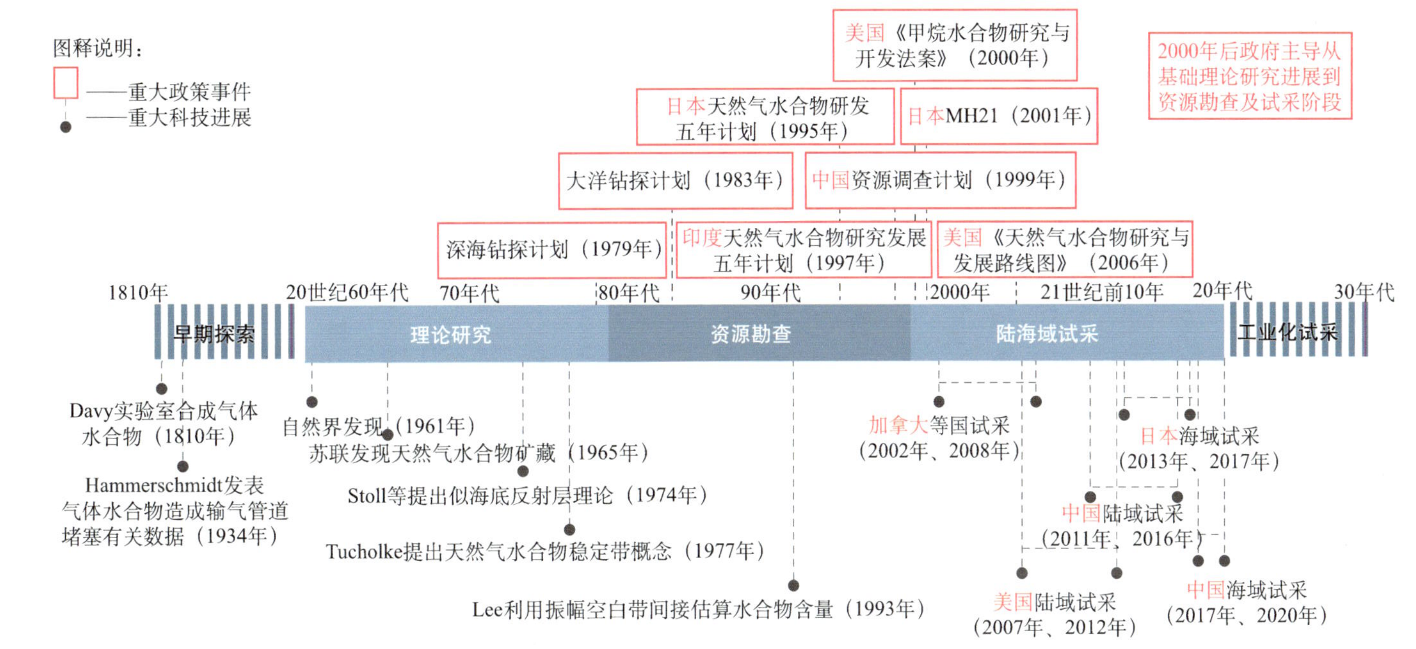

图 3-2　天然气水合物开发利用技术发展历程

hydrates stability zone，GHSZ）概念[1]。自此，逐步建立和完善天然气水合物勘探理论研究基础，为随后的资源勘查阶段提供了有效的科学判识指标。

3. 资源勘查阶段（20 世纪 80 ～ 90 年代）

海洋天然气水合物早期资源勘查主要是围绕一系列国际调查计划进行的。1979 年，深海钻探计划（Deep Sea Drilling Program，DSDP）证实了海底天然气水合物矿藏，在执行深海钻探（DSDP66）航次中在中美海沟墨西哥近海钻孔岩心中采到了天然气水合物实物样品，这是世界上首次确认海底天然气水合物的存在。此后科学界才普遍认为，在世界各大洋的深处可能蕴藏着巨大的天然气水合物矿藏。1983 年，大洋钻探计划（Ocean Drilling Program，ODP）开始实施，其中第 164 期计划就是致力于增进人们对天然气水合物及其沉积物本质特性的认识[2]。1993 年，M. W. Lee 利用振幅空白带计算水合物稳定带厚度，间接估算水合物的含量[3]。1993年，第一届国际天然气水合物会议（ICGH-1）在美国新帕尔茨举行，促进了各国的学术交流。此后，世界各国达成共识，认为天然气水合物将可能成为 21 世纪可替代能源。各国也纷纷推出天然气水合物研究和发展计划。1995 年，日本国际贸易和工业部在日本国家石油公司下成立了甲烷水合物开发促进委员会，开始实施甲烷水合物研发五年行动计划；1997 年，印度实施天然气水合物研究发展五年计划；1999 年，我国也开始天然气水合物调查。这一阶段开展的深海钻探计划和大洋钻探计划对早期的天然气水合物钻探工作做出了重要贡献，标志着全球水合物勘查工作进入全面发展阶段。

4. 陆海域试采阶段（2000 年至今）

进入 21 世纪，政府主导推动天然气水合物研究迈入了陆海域试采的新阶段，继日本和印度之后，美国、加拿大、韩国、挪威等国家相继推出了国家天然气水合物发展计划，加速了全球天然气水合物研究与发展的步伐。

---

[1] Tucholke B E, Brian G M，Ewing J I. Gas hydrate horizons detected in seismic profile data from the western North Atlantic. AAPG Bulletin, 1977, 61: 698-707.

[2] Charles P，吴新年 . 大洋钻探计划的气水合物目标 . 天然气地球科学，1998(Z1)：87-90.

[3] Lee M W, Hutchinson D R, Dillon W P, et al. Method of estimating the amount of in situ, gas hydrates in deep marine sediments. Marine & Petroleum Geology, 1993, 10(5): 493-506.

2000 年，美国颁布首部天然气水合物相关《甲烷水合物研究与开发法案》。2001 年，日本启动“甲烷水合物资源研发计划”（MH21）。2005 年，韩国开始实施国家天然气水合物开发十年计划（2005 ～ 2014 年）。2006 年，美国发布《天然气水合物研究与发展路线图》，并在 2013 年和 2019 年对路线图进行了更新。

2001 年以后，各国陆续开展天然气水合物陆海域试采项目，并取得了突破性进展。美国、加拿大、日本等国在 2002 年和 2008 年对加拿大马更些三角洲的马利克（Mallik）冻土区水合物成功进行了两次开采试验，验证了天然气水合物开采的可行性。美国于 2004 年在阿拉斯加实施钻探了第一口天然气水合物调查研究井；2007 年又在阿拉斯加北坡钻探了艾尔伯特 1 号天然气水合物探井；2012 年在阿拉斯加运用置换法成功完成了天然气水合物试采工程[1]。紧接着，日本分别在 2013 年和 2017 年进行了两次天然气水合物试采。2009 年，中国在青海木里永冻区钻获天然气水合物实物样品，这也是世界上首次在中纬度高原地区发现天然气水合物。自 2011 年起，中国全面启动了青南藏北、祁连山和东北冻土区的天然气水合物调查、试采及其配套科研工作，先后于 2011 年和 2016 年成功实施陆域天然气水合物试采工程。2017 年，中国首次在南海北部成功实施了海域天然气水合物试采工程。2020 年 3 月，我国海域天然气水合物第二轮试验性试采取得成功，实现了从“探索性试采”向“试验性试采”的重大跨越，向天然气水合物产业化迈出了关键一步。

3.2 重点研究领域及主要发展趋势

3.2.1 重点领域研究进展

天然气水合物开发利用技术主要是发展天然气水合物的勘探、资源评价、开采、环境保护、甲烷分离等技术和装备，形成经济、环保、高效的开发利用体系，实现天然气水合物的产业化规模利用，主要集中在以下四

[1] 左汝强，李艺 . 美国阿拉斯加北坡永冻带天然气水合物研究和成功试采 . 探矿工程（岩土钻掘工程），2017，44(10)：1-17.

个领域[1]~[3]：第一是天然气水合物综合勘探技术；第二是天然气水合物资源评估技术方法研究；第三是天然气水合物开采技术与工艺，包括储层改造与保护技术；第四是与天然气水合物开发有关的环境与地质灾害预防等技术，包括甲烷原位监测与渗漏模型、原位监测系统以及水合物开采模拟技术等。

1. 综合勘探技术

综合勘探技术的应用是为了查明天然气水合物矿藏分布范围及性质，其中地球物理勘探主要有地震、电磁、测井等[4]；地球化学调查包括孔隙水、气体组成、气体同位素分析等；钻探有测井、岩心样品采集和分析等[5]。目前勘探技术的研发重点是结合各种地球物理勘探技术的优势开发具有综合识别能力的勘探技术，通过运移通道 - 构造沉降速率 - 古地貌异常等和地球物理解释与反演［速度、振幅随偏移距变化（AVO）］等手段，建立水体 - 海底 - 稳定域 - 储层 - 通道 - 气源综合有效识别技术。天然气水合物综合勘探关键技术分为以下四类[6]。

（1）天然气水合物地震采集、处理与解释：地震数据采集、地震数据处理成像、多波勘探研究，具体包括地震采集形式、针对性地处理流程持续改进、似海底反射层精确成像、水合物地震波速度、全波形高精度速度反演等。

（2）天然气水合物岩石物理分析、测井研究与储层建模：天然气水合物储层的岩石物理分析、测井技术的研究、三维精确建模等发展较快，原

[1] 周守为，李清平，吕鑫，等. 天然气水合物开发研究方向的思考与建议. 中国海上油气，2019，31(4)：1-8.

[2] 吴传芝，赵克斌，孙长青，等. 天然气水合物基本性质与主要研究方向. 非常规油气，2018，5(4)：92-99.

[3] 吴其林，侯志平，史文英，等. 天然气水合物地球物理勘探技术研究进展. 广东石油化工学院学报，2018，28(6)：5-10.

[4] 裴发根，方慧，裴亮，等. 天然气水合物电磁勘探研究进展. 地球物理学进展，2020，35(2)：775-785.

[5] 张炜，邵明娟，姜重昕，等. 世界天然气水合物钻探历程与试采进展. 海洋地质与第四纪地质，2018，38(5)：1-13.

[6] 吴其林，侯志平，史文英，等. 天然气水合物地球物理勘探技术研究进展. 广东石油化工学院学报，2018，28(6)：5-10.

位同步层析成像数据处理更是帮助科研人员快速认识地下水合物饱和度随储层内部孔隙变化的有效手段。

（3）天然气水合物 AVO 正演模拟和地震反演技术研究：AVO 正演模拟和地震反演技术研究主要有 AVO 正演模拟、道积分反演、波阻抗反演和弹性波阻抗反演等技术。

（4）电磁勘探技术[1]：电磁探测物性基础，海洋电磁勘探包括海洋可控源电磁法（CSEM）、海洋大地电磁测深、海洋直流电阻率法等；陆域冻土区天然气水合物电磁法探测主要分为常规电磁法和低频探测雷达，其中常规电磁法包括高密度电磁法、可控源音频大地电磁法（CSAMT）、瞬变场电磁法（TEM）和音频大地电磁法（AMT）。

2. 资源评估技术方法

天然气水合物作为最新的特殊矿种，如何明确评价其全球资源量，对衡量其是否可以作为未来的新型替代能源至关重要。国际上通常按照天然气水合物赋存的位置将其分成极地冻土和海洋（底）水合物，同时按传统油气的概念依照勘探程度分成原地资源量、探明资源量和可采资源量，但天然气水合物藏没有圈闭，因此无法准确计算其探明和可采储量，当前国际上主要关注的是其资源量。天然气水合物资源量评估方法主要包括面积法、体积法、概率统计法、物质平衡法、盆地模拟法等[2]。

近年来，研究人员对天然气水合物的资源评价不再笼统地计算其甲烷资源量，而是基于不同的水合物类型，研究重点集中于天然气水合物资源金字塔顶端[3]——几种最有潜在经济开采价值的水合物类型，如冻土区砂岩储层中的水合物、海洋环境中砂岩储层中的水合物、海洋环境中泥质裂缝中的水合物等。新的资源评估方法包括地球物理方法、地球化学方法、生物成因气评估方法、有机质热分解气评估方法、天然气水合物赋存状态评估方法以及直接取样方法等。预测现今和未来经济可采资源量（ERR）

[1] 裴发根，方慧，裴亮，等．天然气水合物电磁勘探研究进展．地球物理学进展，2020，35(2)：775-785.

[2] 于兴河，付超，华柑霖，等．未来接替能源——天然气水合物面临的挑战与前景．古地理学报，2019，21（1）：107-126.

[3] Boswell R, Collett T. The gas hydrates resource pyramid. Fire in the Ice, 2006, 6(3): 5-7.

将是未来天然气水合物资源评估工作的重点。

3. 开采技术与工艺

天然气水合物的成藏过程是温度、压力平衡的动态结果，区别于其他常规和非常规油气藏，属于一种动态的能源类型，开采状态下其平衡条件极易被破坏。目前常用开采思路均为打破水合物温、压平衡状态，使其发生相变后由“固态”分解为“气态”，从而达到顺利开采的目的。传统开采方法主要包括降压、热激和化学试剂注入法三种；新型开采方法主要包括置换开采法、固态流化法以及组合开采法[1]。

从目前已完成或正在开展的国内外天然气水合物试采项目来看，陆域开采方法涉及加热法、降压法和 CO_2 置换法；海域开采主要以降压法为主[2]。目前，固态流化法、置换开采法以及相应的防砂模式是天然气水合物开采技术的研究热点（表 3-1）。

表 3-1 天然气水合物不同类型的开发方式[3]

水合物类型	开发方法	辅助方法	防砂模式
成岩水合物	降压法	辅以加热、注剂及 CO_2 置换等	结合砾石充填防砂
基本成岩（出砂严重）	降压法	辅以加热、注剂及 CO_2 置换等	结合预膨胀 GeoFORM 防砂系统
非成岩水合物（无泥砂盖层，裸露海底）	固态流化法	海底采掘 + 降压	水下分离 + 回填
非成岩水合物（有泥砂盖层）	固态流化法	井下铰吸破碎 + 降压	水下分离 + 回填

（1）固态流化法。全球约 85% 的海洋天然气水合物主要储存在海底浅表层松散的弱胶结泥岩中，开采过程中储层稳定性差，因而难以通过加热法、降压法和 CO_2 置换法等方法进行开采。固态流化法是中国工程院院士

[1] 刘鑫，潘振，王荧光，等，天然气水合物勘探和开采方法研究进展．当代化工，2013，42(7)：958-960.

[2] 吴传芝，赵克斌，孙长青，等．天然气水合物基本性质与主要研究方向．非常规油气，2018，5(4)：92-99.

[3] 周守为，李清平，吕鑫，等．天然气水合物开发研究方向的思考与建议．中国海上油气，2019，18(2)：19-31.

周守为提出的一种适用于海底浅表层弱胶结水合物的开采方法，于 2017 年在我国南海北部荔湾 3 站位实施成功，是目前最有望实现对此类水合物资源安全绿色开采的有效方法[1]。该方法是通过矿场开采装置，直接采集固态天然气水合物，然后将采集到的固态天然气水合物集合到某一地区进行下一步分解。该方法首先通过矿场开采装置将天然气水合物原地粉碎分解为气液固三相混合物，形成混合泥浆，然后将这种混合泥浆通过竖直管道输送到分解单元进行处理，获取天然气水合物中的天然气。目前，深海非成岩天然气水合物固态流化开采方法还面临以下问题：大规模海底采掘对海底生态的影响未知；规模采掘天然气水合物后，虽有部分泥砂回填，但上覆泥砂层对海底环境的影响未知[2]。

（2）置换开采法。置换开采法是通过注入 CO_2，CO_2 和水作用生成 CO_2 水合物，破坏天然气水合物矿藏的相稳定平衡条件，促进天然气水合物分解成天然气和水，从而把天然气置换出去。近几年来，天然气水合物置换开采研究集中在 CO_2 或 CO_2/N_2 置换甲烷开采。目前 CO_2 置换开采法的研究主要集中在热力学、动力学、影响因素、吸附材料以及置换法与其他技术组合研究等方面。国内外主要通过相平衡和化学平衡研究置换法的热力学可行性，进而判断 CO_2 能否置换天然气水合物中的甲烷[3]。置换法的动力学研究方法主要包括拉曼光谱、红外光谱、核磁共振成像、分子动力学模拟等。在研究提高置换法置换速率和效率方面，主要考虑气体组分、注入 CO_2 的相态等多种因素。在吸附材料方面，主要考虑兼具 CO_2 和甲烷吸附性能材料的应用，包括多孔有机聚合物、沸石、金属有机骨架（MOF）、碳质吸附剂、介孔 SiO_2 以及气凝胶等。在置换组合研究方面，目前主要集中在 CO_2 置换法与注热力学抑制剂工艺相结合，以加速甲烷水

[1] 周守为，陈伟，李清平，等．深水浅层非成岩天然气水合物固态流化试采技术研究及进展．中国海上油气，2017，29(4)：1-8.

[2] 周守为，李清平，吕鑫，等．天然气水合物开发研究方向的思考与建议．中国海上油气，2019，18(2)：19-31.

[3] 刘伟，崔升，王哲，等．置换法开采天然气水合物用吸附材料研究进展．现代化工，2019，39(11)：53-57.

合物分解过程[1]。

（3）解堵工艺措施。水合物独特的热力学特性和开采过程中的相变行为使得水合物在管道开采过程中由于温度升高或压力降低而分解发生相变，形成天然气、水、储层砂石三相混合物堵塞管道。由于热力学不稳定性，三相混合物易在工程管道中重新形成新的水合物而导致产气量降低、管道堵塞。因此，也要开展相应的解堵工艺措施研究。针对海域天然气水合物降压开采，需要重点发展一些关键技术，如井位优选、降压控制、出砂管理、预防和处理流沙、完井与储层改造、人工举升、管道流动保障及开采多参数监测等[2]。

4. 环境与地质灾害预防技术

天然气水合物分解产生高通量气体上涌可能形成麻坑、泥火山、气烟囱等地质构造，而大规模气体逸散还可能形成海底滑坡、海床塌陷等地质灾害，同时影响海洋生态系统，加剧全球气候变暖。因此，天然气水合物在未来开采中所面临的环境挑战和自然灾害也是目前天然气水合物研究的重点内容之一[3]。要实现天然气水合物的可持续开采，最重要的是解决海底滑坡以及由天然气水合物分解引发的生态灾害等环境问题。目前解决这一大挑战的主要研究方法包括甲烷原位监测和渗漏模型、水合物原位监测系统以及水合物开采模拟等技术。

（1）甲烷原位监测和渗漏模型。天然气水合物分解会改变原来海底地层的物性和力学性质并产生超静孔压，进而引起地层和海洋工程结构基础不稳定、甲烷泄漏等地质与环境灾害，对海洋工程与人类赖以生存的环境构成潜在严重威胁[4]。原位监测技术可用于天然气水合物目标区筛查/资源量评估，以及天然气水合物开发过程中的海水环境监测。国际上商业化海

[1] Khlebnikov V N, Antonov S V, Mishin A S, 等. 一种新型 CO_2 置换 CH_4 水合物的开采方法. 天然气工业，2016，36(7)：40-47.

[2] 刘昌岭，李彦龙，孙建业，等. 天然气水合物试采：从实验模拟到场地实施. 海洋地质与第四纪地质，2017，37(5)：12-26.

[3] 于兴河，付超，华柑霖，等. 未来接替能源——天然气水合物面临的挑战与前景. 古地理学报，2019，21(1)：107-126.

[4] 鲁晓兵，张旭辉，王淑云. 天然气水合物开采相关的安全性研究进展. 中国科学：物理学力学天文学，2019，49：034602.

水甲烷探测传感器从技术原理上主要分为三种类型[1][2]：半透膜电化学、光学技术、生物传感技术。目前，天然气水合物区甲烷渗漏方面的研究方面，有关硫酸盐－甲烷界面（SMI）、甲烷厌氧氧化－硫酸盐还原（AOM-SR）反应及相关自生矿物等的研究都取得了较大进展；也有不少学者在研究时用到了数值模拟方法，如有机质早期成岩模型、甲烷缺氧氧化模型等[3]。

（2）水合物原位监测系统。目前，只有日本和中国进行了海底天然气水合物短期生产测试，并于试采前后进行了原位监测。美国、韩国及欧洲国家虽未进行生产测试，但也对原位监测进行了相关研究。美国和日本的海底水合物原位监测系统较为全面。美国在墨西哥湾天然气水合物赋存区进行了多次原位监测，其海床监测系统主要由水平监测线阵、垂直监测线阵、海底边界层监测线阵、海床探针、气烟囱监测阵列等组成[4]。日本甲烷水合物钻探项目第二阶段为在南海海槽实施水合物试采，进行海洋环境监测评估环境影响，运用了全方位空间、多型仪器综合的监测方法技术，主要包括海底甲烷泄漏监测系统、海底变形监测系统、储层稳定性监测系统以及光纤技术精确原位温度测量系统等[5]。我国自主创新，构建了一套海洋环境风险监测及防控技术体系，形成了比较完整的大气、水体、海底、井下地层“四位一体”的海洋环境生态监测评价系统，在天然气水合物试采过程中实时监测了全部试采生产过程中不同环节的环境及生态变化情况[6]。

（3）天然气水合物开采模拟。自 20 世纪 90 年代开始，各国科学家结合理论研究和生产实践，开发了与天然气水合物形成、抑制和分解相关的

---

[1] 孙春岩，王栋琳，张仕强，等．深海甲烷电化学原位长期监测技术及其在海洋环境调查和天然气水合物勘探中的意义．物探与化探，2019，43(1)：1-16.

[2] 张仕强．海洋溶解甲烷原位探测技术改进完善和底水长期监测试验．中国地质大学（北京）硕士学位论文，2018.

[3] 赵广涛，徐翠玲，张晓东，等．海底沉积物－水界面溶解甲烷渗漏通量原位观测研究进展．中国海洋大学学报（自然科学版），2014，44(12)：73-81.

[4] 朱超祁，张民生，刘晓磊，等．海底天然气水合物开采导致的地质灾害及其监测技术．灾害学，2017，32(3)：51-56.

[5] 左汝强，李艺．日本南海海槽天然气水合物取样调查与成功试采．矿探工程（岩土钻掘工程），2017，44(12)：1-20.

[6] 叶建良，秦绪文，谢文卫，等．中国南海天然气水合物第二次试采主要进展．中国地质，2020，47(3)：557-568.

新方法和新技术。天然气水合物模拟研究方向也在不断扩展，通过利用分子动力学形成和分解模拟计算水合物从成核、生长、形成到分解各个时期重要的地质和水合物地球化学参数，进而获得重要的信息，包括解离机制、热力学行为和水合物动力学，以解决简单模型固有的局限性[1]。

近年来，国内外众多学者提出了诸多天然气水合物开采模型，按不同分类方法可以分为数值模型和解析模型，按分解过程分为相平衡模型和动力学模型，按开采方式可分为降压、热激以及化学试剂模型等。目前，天然气水合物的开采模拟研究主要集中在美国、日本、韩国、印度和中国等，这些国家分别建立了模拟开采实验装置，并围绕天然气水合物的物性测试和开采模拟实验展开研究。

从目前天然气水合物试采模拟技术调研来看，降压模拟技术会在未来一段时间成为研究的重点。加强室内模拟和理论建模分析，结合发展和完善多参数原位（在线）监测系统，能够为天然气水合物试采提供有效预警，不断解决试采中的新问题，不断完善试采的各项关键技术。

3.2.2 主要发展趋势展望

1. 技术挑战

尽管全球的天然气水合物钻探和试采已分别开展了 20 余年和近 10 年，但天然气水合物的商业开采依然是世界性技术难题。目前天然气水合物发展还面临着很多挑战，主要包括以下四个方面：第一，技术上还存在有效性和安全性的问题；第二，要实现天然气水合物商业化生产还面临着降低综合成本和提高采收的挑战；第三，开采可能会带来的环境问题，如 CO_2 的排放、甲烷气体的泄漏等；第四，大规模生产过程中可能会造成的地质灾害问题[2]。

联合国环境规划署（UNEP）探讨了不同沉积环境天然气水合物开采

[1] Kondori J, Zendehboudi S, Hossain S M. A review on simulation of methane production from gas hydrate reservoirs：molecular dynamics prospective. Journal of Petroleum Science and Engineering, 2017, 159: 754-772.

[2] 王淑玲，孙张涛 . 全球天然气水合物勘查试采研究现状及发展趋势 . 海洋地质前沿，2018，34(7)：24-32.

的技术挑战和相关环境问题[1]。目前永冻区天然气水合物开采最有前景的是陆上多年冻土层之下的天然气水合物沉积。阿拉斯加北坡（美国）、马更些 - 波弗特 / 北极岛（加拿大）和西伯利亚（俄罗斯），这些地区都已经发现技术上可开采的天然气水合物资源，而且马利克地区的现场示范项目已经证实现有生产技术的可行性，但目前尚面临无商业化市场和缺乏基础设施等难题。这些不同沉积环境中天然气水合物开采面临的技术挑战主要包括防砂 / 控流措施、改变储层温压后的地层完整性问题、地下水的处理以及流量保证措施等（表 3-2）。

海洋环境天然气水合物开采最有前景的是浅层含砂沉积环境中的天然气水合物沉积。墨西哥湾、日本南海海槽、中国南海神狐等地区现已经证实存在技术可采资源，并进行了多次海上生产测试，但面临的技术挑战也很多，特别是对环境的破坏，如大规模商业化开采可能会导致海平面的不稳定、破坏浅层生态系统，以及破坏地质环境等（表 3-3）。

2. 主要发展趋势

从 20 世纪 90 年代起，随着世界各国天然气水合物研发计划的开展，天然气水合物技术的发展经历了从最初的基础理论探索到资源勘探、成藏理论、模拟实验，再到测试与试采的发展历程（图 3-3）。

第一阶段（ICGH-1 ～ ICGH-3）：20 世纪 90 年代，以美国为首的发达国家开始密切关注天然气水合物，系统了解天然气水合物开发的整个技术流程以及未来发展可能面临的挑战[2]。

第二阶段（ICGH-4 ～ ICGH-6）：21 世纪初，包括美国、加拿大、挪威、英国等国家都陆续发布天然气水合物研发计划，通过勘探及实验进一步加强天然气水合物赋存条件、物理与化学性质的研究，并开始探索与开采相关的地质灾害、环境问题等应对方案。

第三阶段（ICGH-7 ～ ICGH-10）：2011 年以后，研究重点深入细

[1] United Nations Environment Programme. Frozen Heat: A Global Outlook on Methane Gas Hydrates. https://sustainabledevelopment.un.org/content/documents/1993GasHydrates_Vol2_screen.pdf[2020-08-30].

[2] 王媛 . 天然气水合物钻探取心保真技术研究 . 中国石油大学硕士学位论文，2009.

表 3-2　永冻区天然气水合物沉积的开采挑战与相关环境问题[1]

储层类型	储层环境	开采成熟度	站点和基本考虑	钻井、完井和生产	环境响应
永冻区陆上含砂沉积环境	**多年冻土层之下** 存在孔隙空间； 温度：0～12℃； 地点：阿拉斯加北坡（美国）、马更些－波弗特/北极岛（加拿大）和西伯利亚（俄罗斯） **多年冻土层之内** 多年冻土层内的水合物在地震剖面上很难与冰区分且储层温度低于 0℃，不易开发，这里不做讨论	发现技术上可开采的资源（阿拉斯加北坡和加拿大北极地区）； 在马更些三角洲的马利克现场完成示范项目后，已验证了现有的生产技术，但是，目前尚无市场和基础设施	北美有良好的站点； 预计和近地表基础设施有关的环境和地质灾害问题与常规油气开采类似	常规钻井实践和防砂/控流措施； 主要通过降压（井下泵）进行离解； 与储层低温和水合物降解时保持地层完整性有关的挑战； 地下水处理策略； 流量保证措施以减少天然气生产过程中二次气体水合物形成的风险； 可能需要水平井	最有前景的天然气水合物沉积是埋在地下多年冻土层以下数百米处，预计地表相互作用可以忽略不计； 通过控制井眼压力的能力来控制反应； 密封完整性有望达到足够的水平，因为积聚物可能会转化为既存的游离气圈闭
永冻区陆上其他沉积环境	多年冻土内部和下方 细粒地层，低渗透性的沉积物中的孔隙和裂缝填充方式； 地点：中国祁连山；也可能在其他多年冻土环境中使用，但目前尚未记录	未确定技术上可开采的资源； 天然气水合物的饱和度和储层程度未知	未考虑	未考虑	未考虑
永冻区多变的海洋沉积环境	北极架（西伯利亚波弗特海）下疑似存在厚的近海多年冻土层，由于海侵形成陆地沉积，与上述情况类似，在永久冻土内部和下方可能存在天然气水合物	未识别技术上可开采的资源； 天然气水合物饱和度和储层程度未知	未考虑	未考虑	未考虑

[1] United Nations Environment Programme. Frozen Heat：A Global Outlook on Methane Gas Hydrates. https://sustainabledevelopment.un.org/content/documents/1993GasHydrates_Vol2_screen.pdf [2020-08-30].

表 3-3　海洋天然气水合物开采面临的挑战与相关环境问题 [1]

储层类型	储层环境	开采成熟度	站点调查和基础考虑	钻井、完井和生产	环境响应
海洋浅层含砂沉积环境	**浅层** 低于海平面以下 250 m； 大于 500 m（水深）； 存在孔隙空间	发现了技术上可开采的资源（墨西哥湾、日本南海海槽和中国南海神狐）； 2013 年和 2017 年进行海上生产测试（日本南海海槽）； 2017 年和 2020 年进行海上生产测试（中国南海神狐）	灾害划分和工程设计的常规方法； 浅层环境可能会增加海平面不稳定和浅层生态系统破坏的风险； 可能会遇到与地质环境有关的独特挑战，例如在构造活跃大陆边缘，地震活动频发且沉积物普遍变形	常规钻井实践和防砂 / 流量保证措施； 由于储层浅且地层强度弱，可能难以进行水平钻井； 由于地层薄弱，需要非常规的表面导体和套管设计； 主要通过降压来解离（井下泵）； 气体水合物分解时由于储层温度低和地层流动性而带来的运营挑战； 可能需要采取废水处理策略； 由于缺乏沉积物强度和固结，密封完整性可能成为问题	浅层储层深度和产出区间以上的薄弱泥砂强度对油田开发提出了独特的挑战； 在类似情况下，世界范围内的常规经验是有限的，但是工程设计方法已经完善
海洋深海砂质沉积环境	**深层** 海底以下大于 250 m； 1000 m（水深）； 存在孔隙空间； 站点：AC818、WR313、GC955（墨西哥湾）、Beta（日本南海海槽）、UBGH2-2_2、UBGH2-6（韩国郁陵盆地）	同上	灾害定界和工程设计的常规方法，现有方法的可用性随储层深度的增加而增加	常规钻井实践和防砂 / 流量保证措施； 由于储层浅且地层强度弱，可能难以进行水平钻井； 主要通过降压来解离（井下泵）； 可能需要采取废水处理策略	在类似情况下，世界范围内的常规经验是有限的，但是工程设计方法已经完善

[1] United Nations Environment Programme. Frozen Heat：A Global Outlook on Methane Gas Hydrates. https://sustainabledevelopment.un.org/content/documents/1993GasHydrates_Vol2_screen.pdf [2020-08-30].

续表

储层类型	储层环境	开采成熟度	站点调查和基础考虑	钻井、完井和生产	环境响应
海洋泥质沉积环境	**分散存在** 广泛存在； 体积含量高但资源密度低； 站点：布莱克海台（美国）	工业上的常规做法是避免由于资源密度低而开发； 迄今为止的建模显示尚无明确可行的生产机制	在类似情况下，世界范围内的常规经验是有限的，但是工程设计方法是公认的； 不考虑填充裂缝	使用常规钻探方法，许多科学和探索性研究井已成功钻进这些沉积层； 这些矿床不太可能使用常规的行业完工 / 生产方法进行开发	未考虑
	裂缝填充 广泛存在； 量大但资源密度低； 地点：克里希纳－戈达瓦里盆地（印度）、郁陵盆地（韩国）、墨西哥湾（美国）	由于地质力学的不稳定性和流体流动的限制，尽管天然气水合物饱和度达到中等到高等，但依然避免开发			
海洋固体水合物	**海底** 大量存在（堆式）； 地点：墨西哥湾、波罗的海、黑海、白令海、巴克利峡谷（加拿大）、挪威格陵兰海和巴伦支海。 **泉口** 大规模、分散式和裂缝充填； 地点：白令海、挪威格陵兰海	工业上的常规做法是避免开发，因为它们具有异常的岩土特性以及与独特的生物群落的联系	未考虑	未考虑	非传统的提取方法可能对海底生物群落造成破坏并导致海底沉降

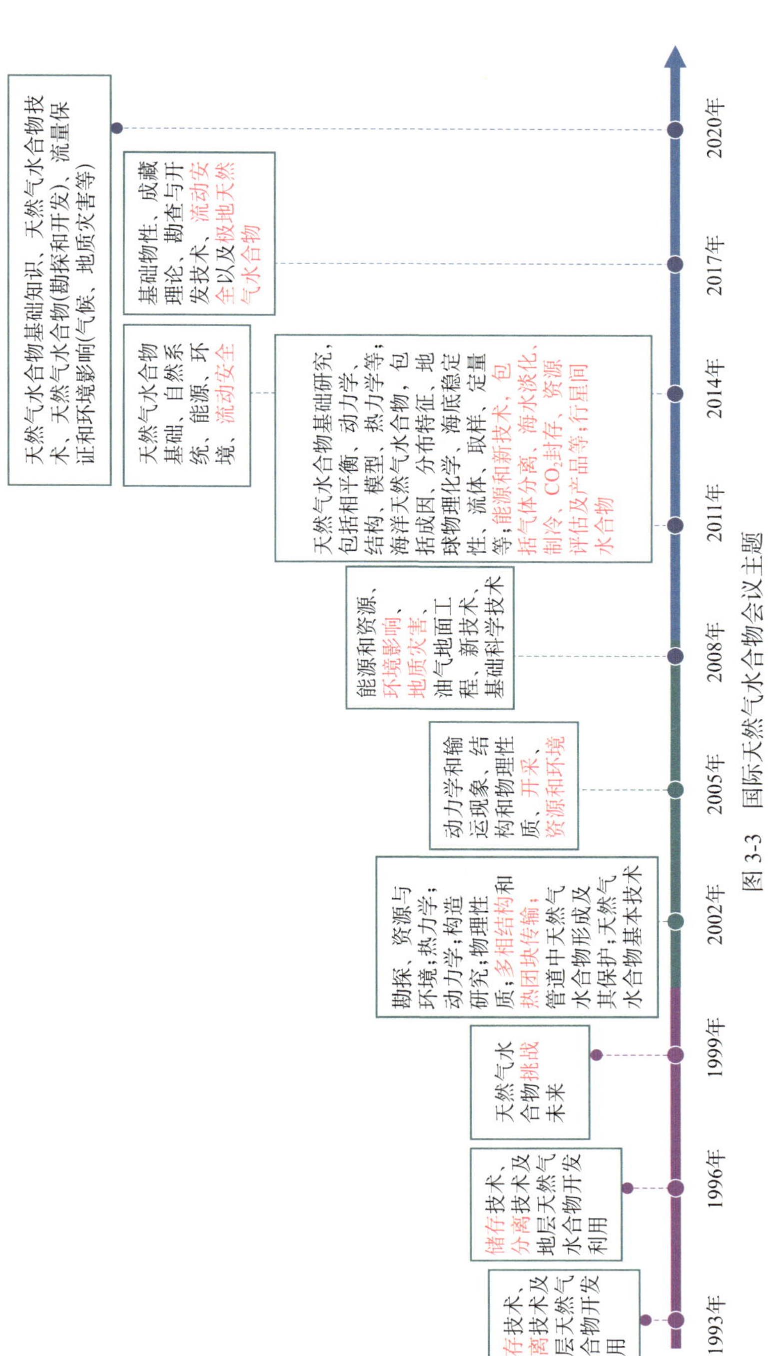

图 3-3 国际天然气水合物会议主题

化，侧重于天然气水合物基础研究（包括相平衡、动力学、结构、模型、热力学等）和海洋天然气水合物的勘探与开采（包括成因、分布特征、地球物理化学、海底稳定性、流体、取样、定量等）；近几年开始特别关注与天然气水合物开采有关的环境问题，包括开发相关监测与模拟技术。

天然气水合物发展趋势主要是以实现工业化试采和进一步的商业化开采为主，前提是做到技术上切实可行和经济上有利可图。

从技术上来讲，必须在勘探、开采、运输过程中应用安全可靠的技术，使之运行连续、稳定。技术趋势方面以围绕商业化开采有关的技术为主，包括开采技术的不断优化和升级，相关生态环境问题的预防和处理，特别是关于安全开采全周期的环境监测、开采流量安全控制等。

从经济上来讲，开采的目的在于安全、合理、高效、广泛地利用能源，必须考虑经济价值。商业开发的核心是收益，要考虑成本与产出。因此，需要解决如何提高产能，解决连续生产和降低综合成本这一瓶颈。

3.3 颠覆性影响及发展举措

3.3.1 技术颠覆性影响

目前，包括美国、日本、韩国、印度等在内的很多国家都将天然气水合物视为未来最重要的新能源之一。我国也将天然气水合物定义为未来全球能源发展的战略制高点[1]。未来 5 ～ 10 年是天然气水合物实现商业化开采的关键期，也是决定天然气水合物能否成为颠覆性能源技术的关键期，率先实现商业化开采的国家将有可能在未来的国际能源市场中占据战略性地位。过去十几年，非常规石油天然气资源开采技术取得了显著进步，页岩油气的成功开采对区域能源供应产生了重大影响。可以预见，随着技术和基础设施的进步，天然气水合物最终也将实现经济开采利用，将在拓展能源科技认知、增强能源安全保障、提高社会经济效益等方面产生深远

[1] 中共中央，国务院 . 中共中央 国务院对海域天然气水合物试采成功的贺电 . http://www.gov.cn/xinwen/2017-05/18/content_5194966.htm[2017-05-18].

影响[1]。

（1）拓展能源科技认知。天然气水合物的研究和开发可以为常规石油和天然气钻井相关的自然地质灾害、深水和北极能源发展对经济的重要影响等问题提供新的认识。基于对天然气水合物基本性质、试采以及进一步实现开采的持续性研究，所产出的天然气水合物沉积物的物理 / 化学性质以及与开采有关的科学知识，特别是与天然气水合物有关的风险和影响（如海底滑塌等地质灾害）以及其在长期全球碳循环中的作用和短期对气候变化的反应等知识，都会是对常规油气技术认知的有力扩充。

（2）增强能源安全保障。天然气水合物分布广泛且储量巨大，对缺乏常规能源资源的国家极具吸引力。其实现商业化开发利用有望提高许多国家一次能源供应的多样性和本国自主供应的能源份额，降低能源进口依赖度，带来能源安全保障。在全球范围内，能源自给自足程度的提高可以缓解由于竞争外部能源而产生的潜在风险。

（3）提高社会经济效益。天然气水合物的开发利用可以提高社会经济发展和人民的生活水平，特别是在发展中国家，增加本国的天然气水合物开采有望改善本国的基础设施，满足本国居民的能源需求。除此之外，天然气水合物的商业化开采可以产生更多新的和更大规模的经济活动、就业、税收以及其他社会效应，而且还可以丰富能源供应，降低能源消费价格，并减小能源价格的波动。

与此同时，天然气水合物开发利用可能也会带来一些新的挑战，主要是对环境生态的影响和可能会引起的地质灾害。天然气水合物开采与利用过程中的很多环节都有可能会造成甲烷的泄漏，如钻采、管道运输和分配等。目前关于这方面的研究还比较少，尚不清楚影响有多大。由于海底天然气水合物储层大多没有完整的圈闭构造和致密盖层，其开发可能会带来更大的海底滑坡等地质灾害风险。此外，天然气水合物开采与利用不当还可能加剧全球温室效应、恶化海洋生态环境，对环境造成一系列影响。

---

[1] United Nations Environment Programme. Frozen Heat A Global Outlook on Methane Gas Hydrates. https://sustainabledevelopment.un.org/content/documents/1993GasHydrates_Vol2_screen.pdf.

3.3.2 各国发展态势与竞争布局

3.3.2.1 技术领先国家

1. 美国

美国“国家天然气水合物研发计划”（National Methane Hydrate R&D Program）始于2000年，由美国能源部牵头组织，美国联邦机构、高校、国家实验室、工业界和国际参与者共同实施。该计划的主要目标是促进对天然气水合物的科学认识，包括对天然气水合物资源潜力和气候变化影响的充分理解。为了实现这一目标，该计划设计了三条发展路径：一是通过科学钻探和取样项目来探明天然气水合物潜在的可采资源量；二是结合现场测试、数值模拟和可控的实验室试验来发展技术，从而安全、有效地发现、表征和开采天然气；三是更好地理解天然气水合物在自然环境中的作用，包括对环境变化的任何响应。

2001～2010年，美国联邦政府对该计划年均投入超过1500万美元，对美国阿拉斯加北坡和墨西哥湾开展了大规模的地质与地球物理调查、资源潜力评价、钻探调查等。近年来，对该计划的投入有所减少——虽然2016年的投入达到了1980万美元，但2011～2016年的年均投入只有约1000万美元，而2017年的联邦投入可能只有250万美元。美国能源部2020财年联邦预算申请中用于该计划的经费由2019财年的350万美元增至870万美元[1]。但是，美国依然十分重视基础科学研究以及重大国际水合物计划和项目的参与，如计划开展墨西哥湾的多站位钻探与取芯、与日本合作开展阿拉斯加长期陆上试采（计划为期数月至一年）、全面参与印度的长期近海试采、完成与韩国的第二轮合作研究等。

[1] 中国矿业报网．美国能源部明确天然气水合物研发计划未来重点．http://www.zgkyb.com/dzdc/20190708_57997.htm.

美国《天然气水合物研究与发展路线图：2020—2035》[1]

美国能源部甲烷水合物咨询委员会于 2019 年 7 月发布了《天然气水合物研究与发展路线图：2020—2035》（*Gas Hydrates Research and Development Roadmap: 2020-2035*），这是继 2006 年和 2013 年后，发布的第三版“天然气水合物研究与发展路线图”。相比 2013 年的路线图，最新版本路线图将天然气水合物研发周期从 2015 ～ 2030 年调整到 2020 ～ 2035 年。该路线图概述了美国“国家天然气水合物研发计划”的研究重点和战略。研究领域包括：通过长期开采试验证实从天然气水合物中持续开采甲烷气体的技术可行性；获取适当的生产数据以支持商业可行性分析；评估美国海域含天然气水合物储层质量；保持美国在全球天然气水合物技术领域的领导地位。

该路线图（图 3-4）的总体目标如下。

（1）到 2022 年：在北极阿拉斯加北坡盆地完成天然气水合物长期储层响应测试。

（2）到 2035 年：通过证明天然气生产的可持续性和经济可行性，降低天然气水合物开采的商业风险，并确保开采井的完整性。

重点研究领域

1. 通过钻井和取芯对墨西哥湾储层进行表征（2020 ～ 2035 年）

墨西哥湾储层特征研究的最终目的是准确评估墨西哥湾天然气水合物的聚集程度和性质以及含水合物储层的生产潜力。为实现对墨西哥湾含天然气水合物储层特征的研究，主要有以下三个目标。

目标 1：利用近距离观测井和岩心数据了解储层非均质性、分层、盖层和天然气水合物分布。

目标 2：描述和预测天然气水合物储层在生产过程中的行为，并通过长时间的生产测试验证油藏数值模拟。

[1] The Methane Hydrate Advisory Committee. Gas Hydrates Research and Development Roadmap: 2020-2035. https://www.energy.gov/sites/prod/files/2019/07/f65/Gas%20 Hydrates%20Roadmap_MHAC.pdf.

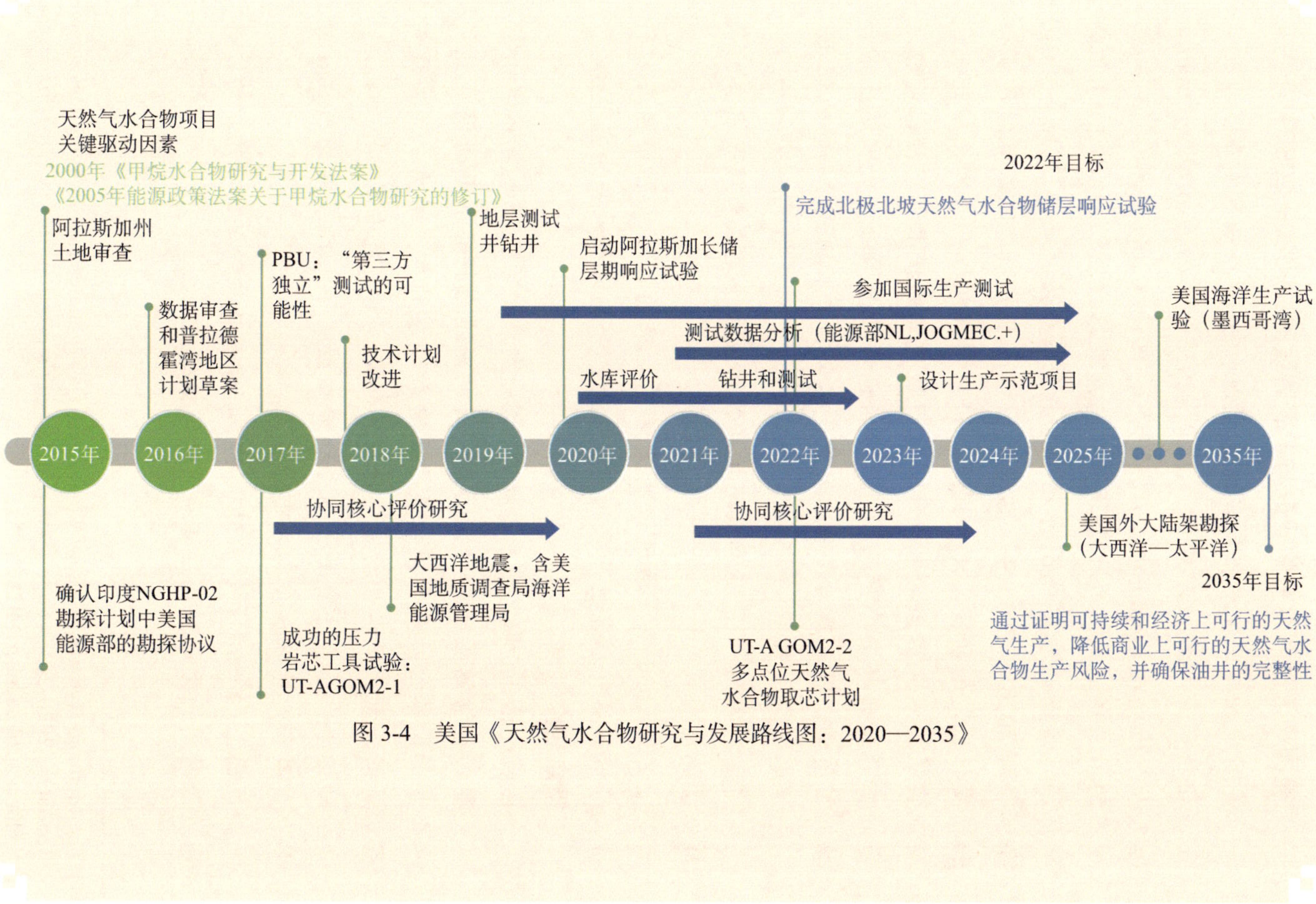

图 3-4　美国《天然气水合物研究与发展路线图：2020—2035》

目标 3：建立对地质力学行为与天然气水合物饱和度之间关系的基本认识。

2. 天然气水合物产能测试和示范（2020 ～ 2035 年）

该项目的目的是收集适当和充分的数据，以大大降低地下永冻砂岩储层中天然气水合物开采的商业风险。天然气水合物产能测试和示范（2020 ～ 2035 年）主要有以下两个目标。

目标 1：首次开展长期储层响应测试，以帮助确定是否能够长期可持续产生粗粒度的多年冻土相关水合物成藏。

目标 2：开展第二次长期储层响应测试，以证实模拟和半商业化生产率能够支持天然气水合物开采的商业可行性。

3. 美国近海水域的天然气水合物潜力（2020 ～ 2035 年）

为了评估美国边缘海天然气水合物的分布范围和储层可行性，需要采用全系统方法对海洋天然气水合物系统中的变量设置约束。这一方法在大洋钻探计划对全球天然气水合物系统的钻探中已被证实可行。不过，研究结果表明，海底天然气水合物的积累存在明显的变化，包括理想的无天然气水合物的储层环境。这一内容主要有以下五个目标。

目标 1：完成现有的、全系统的方法，重点对阿拉斯加北坡和墨西哥湾开展研究。

目标 2：通过地球物理勘查 / 钻井 / 取芯，识别非墨西哥湾和阿拉斯加北坡边缘的重要天然气水合物系统。

目标 3：提高对不同构造环境下天然气水合物系统的形成过程和演化史以及在什么时间尺度上形成和演化的认识，辨别它们是否可再生。

目标 4：不同构造储层天然气水合物形成和损失的约束机制（全球甲烷碳循环）。

目标 5：能源部继续发挥协调作用，参与其他机构在资源评估、碳循环研究以及美国边缘和国外海底测绘的工作。

2. 日本

日本极为重视天然气水合物的资源调查和开发利用研究，其技术实力处于国际领先水平。日本经济产业省（METI）于 2001 年启动了“甲烷水合物资源研发计划”，目的是通过开展地球物理勘探，研究天然气水合物物理性质，识别赋存地层、地质产状及分布，最后通过钻探来评价日本海岸天然气水合物开发潜力以及作为非常规资源开发的可行性。该计划共分为以下三个阶段。

第一阶段（2001 ～ 2008 年）：开展针对勘探、基本特性和实验室调查的基础研究与开发，选择天然气水合物资源区并估算其资源量，通过陆上试验证实生产方法。

第二阶段（2009 ～ 2015 年）：开展针对生产和环境影响评价的基础研究与开发，通过近海试采证实生产方法。

第三阶段（2016 ～ 2018 年）：开发用于商业生产的技术，从经济和环境的角度开展详细的评价。

前两个阶段的重要里程碑式事件包括：2013 年 3 月，在全球首次实现了近海天然气水合物试采，但由于出砂问题被迫中断；2014 年 10 月，日本 11 家石油和天然气开发企业共同投资建立了日本甲烷水合物调查株式会社（JMH），以天然气水合物商业化开发为目标，以实现近海试采实施和信息共享为任务。第三个阶段以完善商业化开发技术基础为目标，重点实施第二次近海试采和长期陆上试采。围绕该项工作计划，日本石油、天然气和金属矿产资源机构（JOGMEC）以及 JMH 于 2016 年不同时间分别发布了关于天然气水合物富集带储层评价工作、第二次近海试采风险和可操作性研究工作，以及天然气水合物开发对海洋生态系统影响评价的基础研究工作的招标。此外，JOGMEC 计划在美国阿拉斯加北坡开展长期（一年或更长的时间）的陆上天然气水合物试采，以支持未来在日本南海海槽东部的近海试采，于 2016 年 2 月发布了关于美国阿拉斯加北坡天然气水合物长期试采的系统开发方案编制及相关工作的招标。

日本“甲烷水合物资源研发计划”第三个阶段的主要任务是勘探、建模、测试场地、发展技术和评估健康 - 安全环境五个方面，主要进展是在

2017 年 4 ～ 6 月进行了第二次海上试采（表 3-4）。

表 3-4 日本“甲烷水合物资源研发计划”第三个阶段研究进展 [1]

储层类型	主要进展
砂层型天然气水合物	· 2016 年 4 ～ 5 月，在海上试验区进行了初步钻探，为第二次海上试采做准备。2017 年 4 ～ 6 月进行了海上试采。 · 试采结束后，结合国际发展状况，基于试采成果引导技术发展，开展一项由私营企业主导的商业化项目
浅层天然气水合物	· 2016 年 9 月宣布了 2013 ～ 2015 年度主要在日本海域进行的资源量调查结果。 · 日本政府将继续开展有关采收技术和调查的调研活动，旨在检查浅层天然气水合物的分布、沉积物的显著表层特征和地下特征

除水合物试采外，日本还特别重视勘查与资源量评价流程的建立、储层评价流程的建立、室内试验与数值模拟试验的开展及方法的改进、环境影响（海底沉降、甲烷气体渗漏等）和经济领域的评价以及国际相关活动的参与等。例如，2015 年 1 月，日本海洋钻探株式会社（JDC）承接了印度“国家天然气水合物计划”第二航次的商业订单。

日本《海洋能源和矿产资源开发计划》[2]

日本经济产业省于 2019 年 2 月正式发布了《海洋能源和矿产资源开发计划》，其围绕 2018 ～ 2022 财年日本国内海洋能源（天然气水合物、石油等）和矿产资源（海底热液矿床、富钴结壳等）的勘查开发，描述了对砂层型天然气水合物（图 3-5）和浅层天然气水合物的开发部署（图 3-6），目的是推进对可能用于未来产业化生产的技术开发，实现 2023 ～ 2027 财年开始以民营企业为主导的产业化项目。

针对砂层型天然气水合物，开展长期的生产技术研发和陆域试采、日本周边海域的勘查以及海洋环境调查等；针对表层型天然气

[1] FY2016 Annual Report on Energy (Energy White Paper). http://www.meti.go.jp/english/report/downloadfiles/2017_outline.pdf [2020-08-30].

[2] 経済産業省 . 海洋エネルギー・鉱物資源開発計画 . https://www.meti.go.jp/press/2018/02/20190215004/20190215004-1.pdf[2019-02-15].

水合物，开展采收技术调研成果的评估、采收和生产技术的研发与海底条件调查，以及海洋环境调查等。

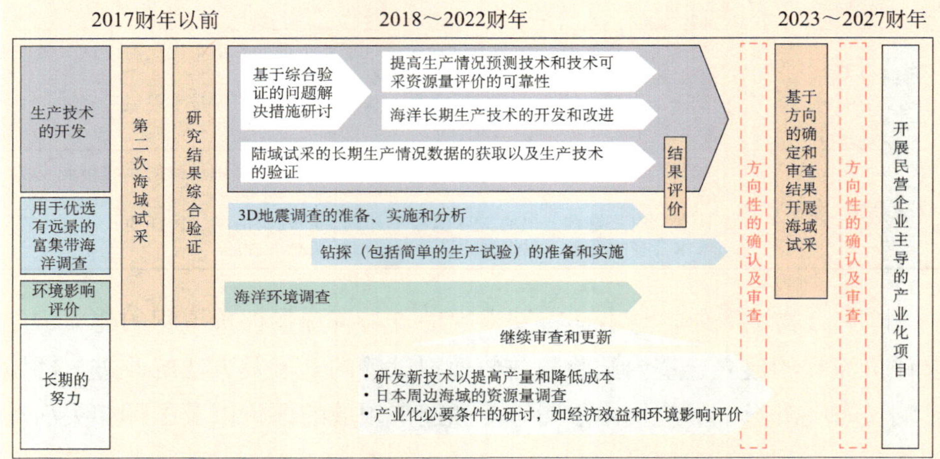

图 3-5　日本砂层型天然气水合物开发部署[1]

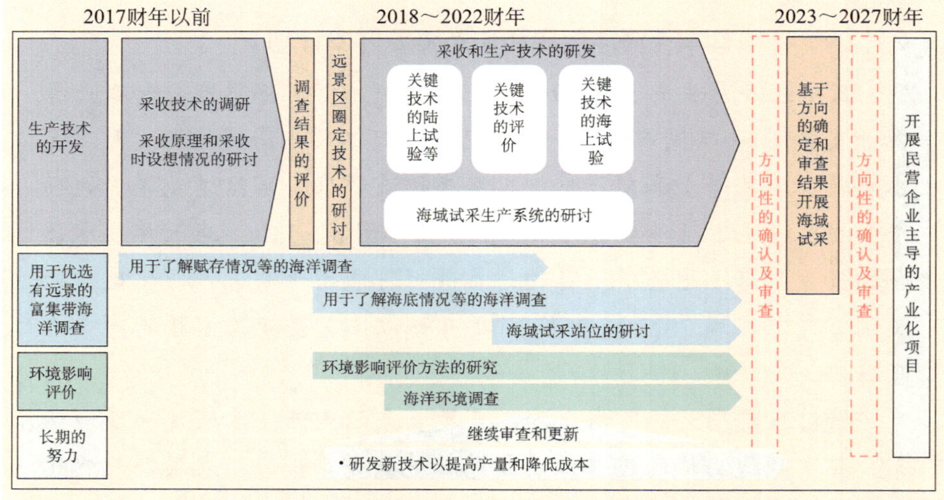

图 3-6　日本表层型天然气水合物开发部署[2]

[1]、[2] 地调局文献中心．日本天然气水合物产业化思考及启示，2019. 国际地学动态——非常规能源（2019 年合订本）.

3. 中国

我国天然气水合物的调查研究比发达国家晚了约 30 年，但发展迅速。至今大致经历了三个阶段：基础理论研究阶段（1985 ～ 1998 年）、资源勘查与取样阶段（1999 ～ 2010 年）和项目试采阶段（2011 年至今）。

从 20 世纪 80 年代中期开始，中国科学院、中国地质科学院等单位就开始追踪和收集天然气水合物相关信息和资料。1995 年，中国大洋矿产资源研究开发协会设立了国内第一个天然气水合物领域的调研课题——“西太平洋气体水合物找矿前景与方法的调研”。随后，地质矿产部[1]于 1997 年设立了“中国海域天然气水合物勘测研究调研”课题，863 计划 820 主题也于 1998 年设立了“海底气体水合物资源勘查的关键技术”课题，中国地质科学院矿产资源研究所、广州海洋地质调查局、中国科学院地质与地球物理研究所等单位对中国近海天然气水合物的成矿条件、调查方法、远景预测等方面进行了预研究[2]。

1999 年，中国地质调查局启动了“西沙海槽天然气水合物资源前期调查”项目。2002 年初，国务院正式批准设立了“我国海域天然气资源调查与评价”专项。中国从 2006 年开始就从国家层面推出了很多政策来支持天然气水合物工业化发展。从 2007 年到 2013 年期间，我国分别在南海海域和青藏高原多年冻土区获得天然气水合物样品，展现了我国巨大的天然气水合物资源潜力[3]。

通过 863 计划、中国海洋石油集团有限公司等项目支持，我国建立了世界先进的三维天然气水合物开采模拟实验系统、基础物性测试平台，探索了海底浅层水合物工程地质灾害风险评价方法。2017 年，中国首次在南海北部成功实施了海域天然气水合物试采工程，这标志着我国天然气水合物的开发进入实质性发展阶段。2020 年 2 ～ 3 月，中国海域天然气水合物

[1] 1998 年 3 月 10 日，根据《国务院机构改革方案》，地质矿产部、国家土地管理局、国家海洋局和国家测绘局共同组建中华人民共和国国土资源部。

[2] 张洪涛，张海启，祝有海．中国天然气水合物调查研究现状及其进展．中国地质，2007，34(6)：953-961.

[3] 付强，周守为，李清平．天然气水合物资源勘探与试采技术研究现状与发展战略．中国工程科学，2015，17(9)：123-132.

第二轮试采圆满成功，为实现我国天然气水合物产业化迈出了关键一步。

根据我国天然气水合物调查研究及技术储备状况，结合国外试开采进展，预计我国 2020 年以后能够实现工业开发技术与装备的突破，完成工业化起步，在 2030 年以后可能实现商业开发（图 3-7）[1]。

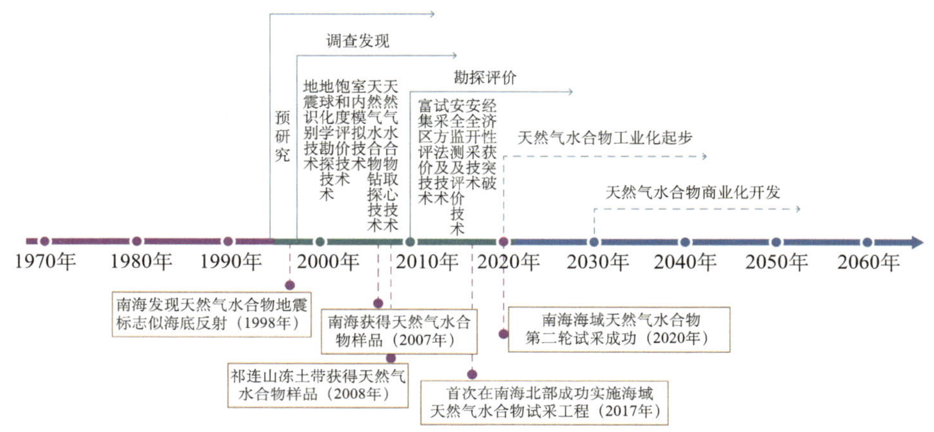

图 3-7　我国天然气水合物发展战略与技术路线 [1]

3.3.2.2　其他国家

1. 印度

印度石油和天然气部（Ministry of Petroleum and Natural Gas）于 1997 年启动了“国家天然气水合物计划”（National Gas Hydrate Program，NGHP）[2]。2000 年，印度石油和天然气部协同印度能源管理局（Directorate General of Hydrocarbons，DGH）对该计划进行了调整，科研活动包括以下几个阶段。

第一阶段：审查和选择钻井场地，确定天然气水合物前景区；

第二阶段：项目计划，实验室天然气水合物开采建模以及印度国家天然气水合物评价；

[1] 宋广喜，雷怀玉，王柏苍，等 . 国内外天然气水合物发展现状与思考 . 国际石油经济，2013，11：68-71.

[2] Oil Industry Development Board. http://www.oidb.gov.in/index1.aspx?langid=1&lev=4&lsid=404&pid=36&lid=349[2020-08-30].

第三阶段：天然气水合物开采测试，印度国内研发能力建设（表 3-5）。

表 3-5　印度“国家天然气水合物计划”发展规划

重点任务	初步阶段（1997 ～ 2000 年）	第一阶段（2006 年）	第二阶段（2014 ～ 2015 年）	第三阶段（2017 ～ 2018 年）
—	启动			
钻井、取样和录井		NGHP-01		
随钻测井取样和无线录井			NGHP-02	
试采阶段				NGHP-03

印度已经于 2006 年和 2015 年分别完成了“国家天然气水合物计划”的第一阶段和第二阶段，在克里希纳 - 戈达瓦里盆地（B 区和 C 区）圈定了可供未来天然气水合物试采考虑的理想站位，原本计划在 2017 ～ 2018 年开展为期 2 ～ 3 个月的试采，但截至 2022 年底还未见具体试采计划公布。

2. 韩国

韩国于 1996 年启动第一个天然气水合物项目，由韩国地球科学和矿产资源研究院（KIGAM）组织实施。2005 年启动的“韩国天然气水合物长期计划”（Long Term Plan for Gas Hydrate in Korea），由天然气水合物研发机构（GHDO）负责管理，受韩国产业通商资源部资助，主要研发工作由 KIGAM 负责实施，地震和钻探数据的采集工作由韩国国家石油公司（KNOC）负责实施。该计划主要分为三个阶段部署（表 3-6）。2007 年和 2010 年，韩国分别完成了郁陵盆地天然气水合物一期（UBGH1）和二期（UBGH2）钻探航次，选取了可供试采的站位。在确定韩国东海郁陵盆地天然气水合物的赋存情况、选择钻探站位并实施钻探航次、通过实验室工作和数值模拟开展天然气水合物的开发和生产研究、评估郁陵盆地天然气水合物的资源量、开展试采相关研究等方面开展了相关研发工作并取得了一定成果。其原计划 2015 年实施为期两个月的试采，后又重新计划并推迟至 2018 年以后。

表 3-6 韩国天然气水合物长期规划实施阶段

序号	内容	初步阶段（2000～2004年）	第一阶段（2005～2007年）	第二阶段（2008～2011年）	第三阶段（2012～2014年）
1	区域地震调查与基础研发	—			
2	调查与钻探Ⅰ（组分研究）		UBGH1		
3	调查与钻探Ⅱ（基本开采技术）			UBGH2	
4	测试开采与开采方法证实				UBGH3

3. 德国

德国于2000年在联邦教育及研究部（BMBF）“地学技术研究发展计划”（Geotechnology R&D Programme）框架下，启动了国家天然气水合物研究计划——“地球系统中的天然气水合物”（Gas Hydrates in the Geosystem），设立了“海洋浅部天然气水合物动力学”（OMEGA）、“天然气水合物形成分解长期观测研究”（IOTUS）、“天然气水合物综合地球物理特征和定量研究”（INGGAS）等项目。为了维持天然气水合物研究的动力，加速天然气水合物的研究步伐，深入认识天然气水合物的物理及化学性质，扩大已有的科学技术领域，2004～2007年德国在“地学技术研究发展计划”框架下开展第二个国家天然气水合物研究项目，即“地质-生物系统中的甲烷研究”（总经费约3000万欧元），设“黑海和墨西哥湾海底甲烷喷溢研究”（METRO）、“天然气水合物特征研究：结构、组成和物理特性”（INGO）、“天然气水合物中微生物的循环和代谢作用”（MUMM）、“海洋含天然气水合物沉积物中甲烷通量的控制因素及其气候效应”（coMET）等项目[1]。2007年由政府、研究机构以及几家私营企业成立了德国天然气水合物组织。2008年“海底天然气水合物储层”（Submarine Gas Hydrate Reservoirs,

[1] 吴能友，王宏斌，陆红锋，等，地质-生物系统中的甲烷研究——德国天然气水合物研究现状综述．海洋地质动态，2006，22(5)：1-7.

SUGAR）计划[1]启动，目的是开展从海洋天然气水合物中开采天然气以及在海洋沉积中封存 CO_2 的研究。这是一项由 20 多个中小型企业和研究机构合作开展的研发项目，项目由基尔亥姆霍兹海洋研究中心（GEOMAR）协调，分三个阶段实施（表 3-7）。目前，三个阶段的任务已完成，其中第三阶段的重点是黑海天然气水合物储层表征、应对相关的环境挑战以及制定适当的生产方案和监测策略。

表 3-7　德国“海底天然气水合物储层”计划

重点任务	第一阶段（2008 年 8 月至 2011 年 7 月）	第二阶段（2011 年 8 月至 2014 年 7 月）	第三阶段（2014 年 10 月至 2018 年 3 月）
计划分为 7 个子计划：水声、地球物理学、高压釜钻孔、数值模拟、储层模拟、实验室实验、天然气颗粒运输	SUGAR-01		
		SUGAR-02	
			SUGAR-03

4. 加拿大

加拿大天然气水合物项目集中体现了由政府和产业部门共同参与、决策的特点。加拿大专门成立了由政府及多部门专家组成的委员会，负责项目的管理、组织、实施和资金筹措，以及内外部协调等。加拿大地质调查局主要开展北极永冻区天然气水合物测试项目。目前的工作主要包括：一是分别在 1998 年、2002 年、2007 ～ 2008 年在马更些三角洲马利克地区开展了天然气水合物开采测试项目；二是海洋（太平洋和大洋洲边缘）以及北极（马更些三角洲 - 波弗特海陆架）的天然气水合物研究。研究重点是：限制勘查模型；量化天然气水合物物理属性；制定相应的开采方法，还包括与天然气水合物有关的地质灾害和气候变化影响研究等。

[1] Helmholtz Centre for Ocean Research Kiel. Submarine Gas Hydrate Reservoiros. http://www.sugar.projekt.de/.

5. 挪威

挪威的天然气水合物计划主要是由挪威国家石油公司（Statoil）负责开展的，其他研究天然气水合物的机构包括卑尔根大学（University of Bergen）、特罗姆瑟大学（University of Tromsø）、挪威地质调查局（Norwegian Geological Survey）和挪威岩土工程技术研究所（Norwegian Geotechnical Institute）。挪威国家石油公司开展的天然气水合物计划研究重点是：①勘探技术，包括全球天然气扫描、地质与地球物理研发；②钻探与开采技术，包括钻井过程中潜在的地质灾害风险、天然气水合物开采研发战略、流量保证以及挪威中部大陆边缘的天然气水合物标识。目前取得的成果包括产热源的证据、沿深层多边断层迁移、天然气水合物作为“破损”密封、通过冷泉口 / 洼地迁移到海底。

3.3.2.3 各国布局比较

上述国家天然气水合物的研发布局显示，多个国家已经将天然气水合物列入国家能源科技重点发展战略，并实施了相关国家级研发计划，对比可以看出以下几个方面。

1. 美国发展路线持续更新，日本政策引导变弱

在全球天然气水合物主要发展国家中，美国制定的天然气水合物研究与发展路线图最为详细。美国早在 2006 年就发布了《天然气水合物研究与发展路线图》，并分别在 2013 年和 2019 年进行了更新。日本没有出台详细的天然气水合物发展路线图，但是在 2014 年出台的《第四期能源基本计划》[1] 中提到，结合国际发展形势，日本希望在 2023 ～ 2027 年开始通过私人部门开展商业化的项目。日本原计划在试采项目结束后制定其天然气水合物发展路线图，但因两次海上试采项目中均遇到技术问题，这一日程也被迫推迟。

---

[1] Strategic Energy Plan. https://www.enecho.meti.go.jp/en/category/others/basic_plan/pdf/4th_strategic_energy_plan.pdf.

2. 中国、日本完成试采计划，其他国家均有所推迟

目前，包括美国、日本、德国、韩国等在内的很多国家都已经将天然气水合物发展列入国家能源科技发展规划中，并且都开展了天然气水合物国家研发计划。各国资源普查和勘查计划进展顺利，但是试采项目除了我国和日本按原计划完成以外，其他国家均有所延期，很多国家也陆续推迟了天然气水合物商业开采的计划。从各国国家天然气水合物研发计划的执行来看，大部分国家的天然气水合物项目是由政府部门引导开展的，其中美国、日本、加拿大和中国主要是联合地调单位共同开展，而韩国、印度和挪威主要是联合天然气公司共同开展。

3. 研发重点各有侧重，中国试采工程进展顺利

从目前的发展状况来看，世界主要天然气水合物发展国家都在朝着天然气水合物商业化开采和利用的方向而努力，尤其是近年来深海采油工艺技术的进步也使得海底天然气水合物的开采在技术上成为可能，开采成本上也会逐渐降低。从目前全球已开展的天然气水合物试采项目来看，美国侧重于环境问题研究，重点是天然气水合物泄漏所产生的环境影响、工程地质灾害和环境评价研究。日本侧重于模拟开采研究和沉积物机械特性的研究，希望能尽早实现海洋天然气水合物商业化开采。

总体而言，从美国、日本、中国、印度天然气水合物发展路线（图 3-8）来看，美国、中国、日本三国具有优势。不过，目前美国暂时放缓了海域天然气水合物试采的进程，计划 2025 年之前完成陆域天然气水合物试采工程；日本已经于 2013 年和 2017 年分别完成海域天然气水合物试采工程，但生产过程中遇到问题，目前的重点放在完善开采技术上，并从经济和环境角度开展详细评估；我国分别成功完成了两次陆域试采和两次海域试采工程，目前的重点是完善与海域天然气水合物相关的技术装备，为实现海域天然气水合物商业化开采做好准备。

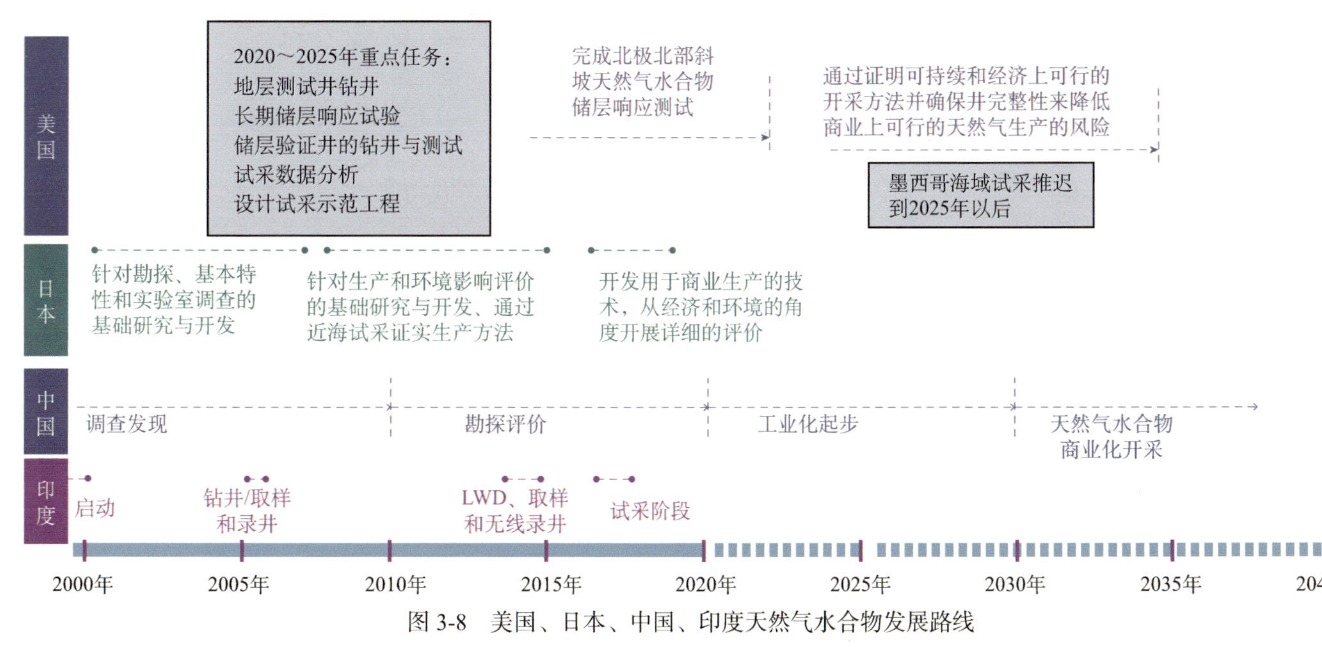

图3-8　美国、日本、中国、印度天然气水合物发展路线

3.4　我国天然气水合物开发利用技术发展建议

3.4.1　机遇与挑战

从我国天然气水合物资源调查评价结果来看，我国在天然气水合物资源储量方面优势明显，其远景资源量高达（900 ～ 1200）$\times 10^8$ t 油当量，相当于中国常规天然气资源量的 2 倍，其中海域（650 ～ 850）$\times 10^8$ t、陆域（250 ～ 350）$\times 10^8$ t。我国天然气水合物勘探开发起步晚于国外，但近年来在海域和永冻区天然气水合物研究方面取得了很大的成果。在海域方面，评价了海域资源潜力，圈定了资源有利区，确定了重点目标，实施钻获并获得了天然气水合物实物样品，在 2017 年和 2020 年于南海北部陆坡神狐海域成功试采天然气水合物，创造了“产气总量 86.14 万 m^3”“日均产气量 2.87 万 m^3”两项新的世界纪录；在永冻区，中国地质调查局于 2008 ～ 2011 年在祁连山木里地区开展了天然气水合物科学钻探工程，采集到了实物样品，并采用组合开采方式进行了小规模试采。重视并加速研发天然气水合物资源开采技术，对推进我国天然气水合物工业发展和保障能源安全具有重要意义。

同时也应看到，我国实现天然气水合物商业化开采任重道远，还需要解决天然气水合物在集成勘探、低成本可持续化开采以及兼顾环境保护等多方面的技术、环境和政策挑战。

1. 技术挑战

我国目前研发、验证和改进了用于表征含天然气水合物沉积层特性的电缆和随钻测井、常压和保压取心及岩心处理与物理和化学分析等技术装备，为深入认识地球物理调查圈定的含天然气水合物沉积层的特征以及准确评价其资源潜力提供了可靠数据[1]。但对天然气水合物储层地质属性及表征特性、赋存条件和成藏模式的认识，对经济可采资源量的精确计算，以及对有利勘探靶区的可靠预测等方面仍存在诸多问题。

天然气水合物开采主要借鉴油气田的开采方法，与长期、安全、稳定

[1] 张炜，邵明娟，姜重昕，等．世界天然气水合物钻探历程与试采进展．海洋地质与第四纪地质，2018，38(5)：1-13.

和高效的天然气产业化开发利用目标仍存在不小的差距。在钻完井、井口/井筒稳定性、汽水分离、防砂、流动保障、模拟、储层监测等方面均需要综合考虑水合物独特的热力学特性和开采过程中的相变行为来提高技术方法和工程装备的成熟度和可靠性。

目前，科学研究仅专注于天然气水合物本身分解后天然气所产生的温室效应、地质滑坡、环境影响的理论分析和模拟实验，还缺乏对由不同开发工程模式引起的安全环保风险研究及模拟实验。

2. 环境挑战

天然气水合物开发利用最令人担心的问题之一是环境问题。如果处理不好开采带来的环境问题，就可能会对海底地层结构、海水环境、海洋生态系统乃至全球气候造成危害，进而影响区域地缘政治与经济社会稳定[1]。我国南海东北部海域钻探区的水合物藏一般埋藏较浅，如果开采不当很容易引发海底垮塌，带来严重的地质灾害。我国永冻区的天然气水合物藏大多处在自然保护区范围内，如果开采不当不仅会造成冻土层的退化和高寒草甸的破坏，还可能导致塌方和地陷等地质灾害[2]，从而破坏自然环境。我国天然气水合物大部分分布在海域，开采海底天然气水合物相对于永冻区天然气水合物而言更容易发生地质灾害，推进海底天然气水合物商业化生产进程，亟须建立、加强和完善海底环境变化原位长期监测工作，包括开采前的环境基准监测、开采中的环境变化监测、开采后的环境恢复监测，并与室内试验、数值模拟相结合进行综合研究[3]。同时，世界各国均未完全实现监测数据的实时传输，也并未完全解决海底原位长期观测的电能供应问题，需要各国在海底天然气水合物开采工作中逐步解决。

3. 政策挑战

天然气水合物的研发是一项综合性的工作，涉及物理、化学、热力学、

[1] 王晓萌，孙瑞钧，程嘉熠，等. 海底天然气水合物开采的潜在环境风险及监督监测建议. 环境保护，2018，25(11)：40-44.

[2] 常华进. 青海永久冻土区天然气水合物开发的环境影响风险防治. 干旱区地理，2012，35(4)：639-645.

[3] 朱超祁，张民生，刘晓磊，等. 海底天然气水合物开采导致的地质灾害及其监测技术. 灾害学，2017，32 (3)：51-55.

地质、地球物理、油气工程等多个学科，涵盖陆地和海洋，政府引导制定国家级天然气水合物研发计划，统一协调天然气水合物的研发工作，有利于发挥政府、企业、研究机构以及高校各自的作用。目前，我国还没有制定天然气水合物研发计划及相应的发展路线图。当前国外已开展的试验性天然气水合物开采项目均有企业的参与，甚至由企业主导，我国企业在这方面的参与力度比较有限，政府需要在资金、政策、统筹和资源共享等方面给予全面的协助。

3.4.2　发展建议

尽管我国天然气水合物资源潜力巨大，但因地质条件和赋存形式的特殊以及潜在的安全和环境问题等，在短时间内很难产生良好的经济和社会效益，这就需要从多方面提供长期而稳定的支持。为此，我国应进一步重视天然气水合物技术和产业的发展，应在政策、技术、基础设施方面加大工作力度，提前做好部署和规划，加强专业技术人才培养和国际合作，保持我国在该领域的发展优势，努力把握天然气水合物资源开发主动权。

1. 制定持续长效的政策机制驱动天然气水合物开发利用

国务院于 2017 年批准将天然气水合物列为新矿种，结合我国天然气水合物勘探开发利用的实际情况，提出编制我国天然气水合物资源勘查开发中长期发展战略规划。建议政府能够尽快研究并制定资源勘查开发规划，建立技术标准规范体系，加强资源管理和政策支持，推动天然气水合物开发利用和产业有序发展。同时，也可以考虑将天然气水合物开发纳入战略新兴产业目录，会同有关部门在税收优惠、价格补贴等方面制定出台扶持政策，提升企业积极性，鼓励和引导企业有序进入天然气水合物勘查开发领域。

此外，成立有效的组织机构来规划、协调和管理各单位的研究工作，明确牵头组织部门和重点企业，制定整体发展规划，落实相关责任和监管，有关企业也要制定相关专项发展规划。充分发挥中央部门、地方政府、石油天然气企业、海洋工程装备企业，以及高校和科研院所等学术机构的优势，集中投资，各研究机构之间也要加强信息共享。

2. 加强天然气水合物基础研究和实施针对目标区域的核心技术攻关

在现有天然气水合物科研安排的基础上，进一步加大投入，集中力量开展长期研究，保证研究人员的稳定和研究工作的连续。国家层面主要组织开展基础理论、共性技术研究，摸清资源潜力，做好资源评价和选区工作。专业科研院所和有关企业应重点开展专项技术攻关和现场试验，逐步形成具有自主知识产权的成套技术，抢占技术制高点，为下一步规模开发做好储备。

目前，我国天然气水合物室内机理研究基本跟进国外先进水平，但在目标勘探、钻探取样和试采工程实施方面还存在差距。当前急需开展锁定海域天然气水合物目标区域以及通过目标区域详细勘探和钻探取样，针对目标区域的试采关键技术、装备研究以及试采工程实施核心技术攻关[1]。

3. 加强建立天然气水合物开发利用全技术链装备体系和标准规范体系

天然气水合物勘探开发是一项复杂的、高难度的系统工程，除利用现有的油气基础设施外，还需要研发和制造高科技基础设备。研发适应不同类型特点的试采、开采工艺和技术装备，建立适合我国资源特点、具有经济和环境效益的天然气水合物资源开采和利用全技术链装备体系。

同时，建立技术装备标准规范体系。制定天然气水合物资源储量分类标准、地质勘查规范、储量估算标准、确权登记规则、开发技术规范、矿业权评估，以及开发利用的管理办法、准则等，规范后续勘查开发利用活动。

4. 培养天然气水合物研究与发展事业相关人才储备

基于能源资源研究的共性，传统能源地质行业从业人员可以通过补充学习参与到天然气水合物的研究与发展事业中。但天然气水合物资源也有其特性，充分整合天然气水合物资源领域各方的优质资源，加强相关人才的继续培养对促进天然气水合物事业发展至关重要。

此外，我国很多高校已经开设了天然气水合物课程，在教育中增加天

[1] 付强，周守为，李清平．天然气水合物资源勘探与试采技术研究现状与发展战略．中国工程科学，2015，17(9)：123-132.

然气水合物的理论与实践教学任务，加强该领域专业人才的培养，并注重领域团队建设，以形成产学研一体化的良好发展前景。

5. 积极开展和参与天然气水合物国际研发合作计划

国际性合作可以为推进新兴科学概念以及新的天然气水合物专用现场测试技术创造机会，同时可以推进对各种地质环境中天然气水合物矿床的进一步认识。积极参与天然气水合物领域的国际性研发计划或项目，与相关政府机构、企业、学术机构等建立长期稳定的联系，一方面追踪和分享国外最新研究成果，另一方面加强学习和积累技术研发与项目管理等方面的先进经验。

通过共同合作可促进我国天然气水合物的勘探和开发，特别是加强与国际大型石油企业和技术服务公司的交流合作，进一步积累经验和技术，持续提高在天然气水合物资源开发方面的国际影响力。

第 4 章　可控核聚变技术

4.1　技术内涵及发展历程

4.1.1　技术内涵

核聚变是两个较轻的原子核（氘、氚）聚合为一个较重的原子核，并释放出能量的过程。宇宙中，恒星产生的能量即来自核聚变反应，以太阳为例，每秒钟大约有 6 亿 t 氢变成氦，质量亏损释放出巨大的能量。目前，人类已经实现了非可控核聚变（如氢弹爆炸），但要想作为一种持续稳定的能源，必须对核聚变的速度和规模进行控制，即可控核聚变。相关研究数据表明，1 L 海水中含约 30 mg 氘，通过核聚变反应可释放出的能量相当于 300 多 L 汽油。一座 100 万 kW 的核聚变电站，每年只需耗氘 304 kg。通过估算，天然存在于海水中的氘有 45 万亿 t，把海水中的氘通过核聚变转化为能源，按目前世界能源消耗水平，足以满足人类未来百亿年对能源的需求 [1]。

可控核聚变被认为是满足人类能源需求的最终解决方案，具备资源无限、清洁无污染、安全高效等特点，一旦实现商用将彻底颠覆能源科技、经济、社会和生态格局。可控核聚变的技术路线主要有两种——惯性约束核聚变和磁约束核聚变。前者是利用超高强度的激光在极短的时间内辐照靶板来产生核聚变；后者则是利用磁场可以很好地约束带电粒子这个特性，构造一个特殊的磁容器，建成核聚变反应堆，在其中将聚变材料加热至数亿摄氏度高温，实现核聚变反应 [2]。

[1] 武佳铭 . 可控核聚变的研究现状及发展趋势 . 探索与观察，2017，21：9-13.

[2] 王为民，李银凤，刘万琨 . 核能发电与核电厂水电热联产技术 . 北京：化学工业出版社，2009.

4.1.2 发展历程

人类对核能的探索研究已有百余年历史，发展至今大致可以分为四个阶段，包括：早期概念理论探索、发明各类核聚变装置开展核聚变实验、托卡马克装置取得重大突破掀起托卡马克热潮、开启国际合作推动实验堆建设。

1. 早期概念理论探索

人类对核能的研究可以追溯到 19 世纪末至 20 世纪初，这个时期科学家对核能概念和理论开展了艰辛探索。19 世纪末，英国物理学家汤姆孙发现了电子。1905 年，爱因斯坦提出了著名的质能转换公式 $E = mc^2$，指明了人类利用核能可以采取的两种方式，即核裂变和核聚变，为人类利用核能奠定了理论基础。1911 年，英国物理学家卢瑟福通过实验，确定氢原子核是一个正电荷单元，称为质子。1920 年，英国天文学家亚瑟・爱丁顿提出重力约束核聚变天体太阳理论，即包括太阳在内的恒星是由氢的核聚变提供动力的。

2. 发明各类核聚变装置开展核聚变实验

1932 年，澳大利亚物理学家马克・奥利芬特用加速器使氘核碰撞，首次实现了人工核聚变，由此拉开了人工核聚变实验的研究序幕。美苏两国在 20 世纪 50 年代初期各自秘密开启了可控核聚变研究。在此期间，两种核聚变装置相继应运而生，即斯必泽仿星器和汤姆孙箍缩装置，前者属于磁约束核聚变装置，后者属于惯性约束核聚变装置。到 20 世纪 60 年代，随着相关技术不断被解密，核聚变研究也从最初的少数几个核大国进行秘密研究发展到了世界范围内很多国家合作参与的研究阶段。在此期间，日本和欧盟纷纷成立相关机构来推进各自的可控核聚变研究。与此同时，随着高功率激光技术的发展，美国和中国科学家几乎同时提出了利用高功率激光驱动器轰击靶丸实现核聚变反应的手段，并称之为惯性约束核聚变[1]。利用高功率激光驱动核聚变不仅关系到核能生产，也是事关国防安全的重要研究课题，其中以美国劳伦斯利弗莫尔国家实验室国家点火装置（NIF）

[1] 谢兴龙．激光惯性约束核聚变历程回眸．安徽师范大学学报，2018，2(41)：104-108.

和罗切斯特大学的 OMEGA 装置为代表。

3. 托卡马克装置取得重大突破掀起托卡马克热潮

无论是惯性约束，还是磁约束核聚变，研发的难度都很高，技术各有特色，各有优缺点。实验研究初期，尽管科学家发明了各种类型的核聚变装置，但各类装置的高温等离子体普遍出现不稳定性现象，约束性能很差，等离子体温度也与可控核聚变的要求相差甚远，实验进展极为缓慢。直到 1968 年，苏联科学家阿齐莫维奇在现代改进约束的托卡马克装置（T-3）上取得了重大突破：高达 1 keV 的等离子体被约束了几毫秒。从此之后，以托卡马克装置开展的磁约束可控核聚变就逐渐成为国际核聚变研究的主要技术方向，在世界范围内掀起了托卡马克的研究热潮。20 世纪 70 ～ 80 年代，世界主要国家和地区纷纷开建托卡马克装置，欧洲和日本分别启动欧洲联合环（Joint European Torus，JET）和 JT-60 托卡马克装置，同期我国建造 CT-6 托卡马克装置，美国开建 TFTR、DⅢ-D 等装置。除了建造实验装置，各国家和地区还纷纷制定 / 提出了各自的可控核聚变长远发展战略规划，如我国提出“热堆—快堆—聚变堆”三步走发展战略，美国和欧洲分别推出核聚变发展路线图，引导核聚变研究。得益于政策的推动，可控核聚变研究走上了快车道。在各国科学家的不懈努力下，可控核聚变在托卡马克装置上取得了突破性进展。20 世纪 90 年代，欧盟 JET、美国 TFTR 和日本 JT-60 这三个大型托卡马克装置取得了重要研究成果：获得了 4.4 亿℃等离子体温度，大大超过了氘、氚点火反应需要的温度；脉冲核聚变输出功率超过 16 MW，核聚变输出功率与外部输入功率之比等效值超过 1.25，核聚变能的科学可行性得到验证，表明了托卡马克是最有可能首先实现核聚变能商业化的途径[1]。

4. 开启国际合作推动实验堆建设

由于可控核聚变技术难度极高，加上需要巨额的投资，各国认识到依靠国际合作是最佳方式。在此背景下，由美国、欧盟、中国等七个国家和

[1] 潘传红 . 国际热核实验反应堆（ITER）计划与未来核聚变能源 . 物理，2010，39(6)：375-378.

地区参与的国际热核聚变实验堆（ITER）计划于 2006 年正式启动，计划集成当今国际磁约束核聚变研究的主要科学和技术成果，建造可实现大规模核聚变反应的核聚变实验堆，研究解决大量技术难题。ITER 计划是目前全球规模最大、影响最深远的国际科研合作项目之一，是实现未来商业用核聚变能的关键一步。ITER 装置设计总聚变功率达到 500 MW，是一个电站规模的实验反应堆。它的作用和任务是证明氘、氚等离子体的受控点火和持续燃烧，验证聚变反应堆系统的工程可行性，综合测试聚变反应堆堆芯内部部件的安全性和可靠性，实现稳态运行，从而为建造聚变示范电站（DEMO）奠定坚实的科学基础和必要的技术基础。鉴于未来 DEMO 与 ITER 装置在用途、功能及规模上存在很大差异，包括欧盟、韩国、日本、中国在内的主要国家和地区也已制定 DEMO 的设计与建造时间表（图 4-1）。

4.2　重点研究领域及主要发展趋势

4.2.1　重点研究领域

可控核聚变主要是依托等离子体物理和技术及其高参数稳态运行研究推动核聚变堆设计、建设与示范运行，研究重点聚焦在磁约束核聚变、惯性约束核聚变两大技术主题上。两者的原理与过程虽存在差别，但在本质上都是控制氘、氚等轻元素聚合成重元素，因此既存在很多共性科学问题（如等离子体稳态燃烧、极端环境核材料），也存在特性技术研究领域。

1. 等离子体自持燃烧及稳态运行技术

等离子体自持燃烧及稳态运行技术不仅仅是托卡马克装置关注的核心问题，也是其他磁约束或者其他约束条件核聚变的关键问题。其困难在于非线性等离子体系统的运行形式很复杂，在描述方法、基本规律上对已有的理论知识提出了挑战，形成了一门活跃的前沿学科。等离子体的自持燃烧和稳态运行是核聚变装置研究的核心关键问题，其涉及的科学和工程问题十分广泛，包括但不限于 α 粒子的约束、α 粒子驱动的不稳定性、自持燃烧的剖面控制等问题。示范堆和商业堆实现的前提就是等离子体自持燃

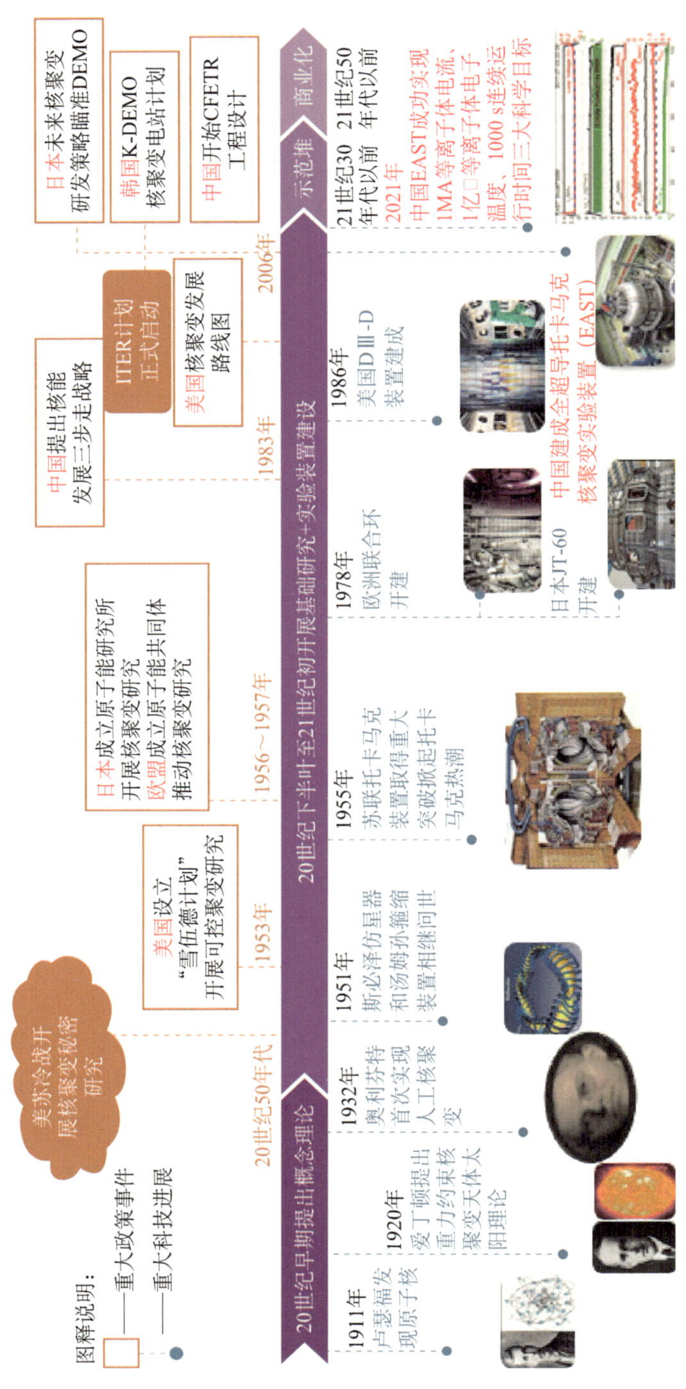

图 4-1 可控核聚变技术发展历程

烧和稳态运行，其他所有的技术（超导磁场、低温、真空等）都是围绕着这个关键问题进行支撑的[1]。核聚变装置需要通过加热和有效约束以获得高温核聚变等离子体达到发生核聚变反应的状态，以实现热平衡状态下核聚变反应，实现“燃烧”，获得核聚变功率，实现条件是等离子体的温度（T）、密度（n）和维持时间（τE）的乘积（常称为三重积）满足某临界值；并且核聚变功率增益因子 $Q \geqslant 1$，即核聚变产生的能量大于为创造实现核聚变条件而消耗的能量，才能实现无须外部加热的自持燃烧，即实现“点火”。能够实现核聚变能源自持燃烧的科学可行性已经得到证实；下一步需要实现长时间“燃烧”，获得核聚变能源不是短暂的核聚变功率，而是希望 Q 越大越好[2]。在 20 世纪末已经验证托卡马克装置能够实现等离子体自持燃烧进行电能生产，然而非线性带来的边界敏感性、输出不稳定性都需要对等离子体科学更加深入的研究。

2. 涉氚技术

氚既是核聚变堆燃料，又是重要的国防战略物资。由于其自然界稀缺性（仅在大气层发现微量氚）和生产的复杂性（中子轰击锂产生），价格高达每居里数千美元，这就要求核聚变堆中的氚不能损耗过大而导致自持反应失败。随着核聚变的发展，各国对涉氚技术的需求越来越迫切，托卡马克装置的重要议题之一就是氚的增殖、循环和再生技术[3]。ITER 实验包层模块（简称 ITER-TBM）的研究目标即验证氚增殖及氚的提取与纯化。目前，各国 ITER-TBM 的设计方案都是基于本国的核聚变能源开发战略和示范堆的定义来确定的，主要有以下 5 种方式：①氦冷 / 固态锂陶瓷氚增殖剂 / 铁素体钢马氏体钢结构材料；②氦锂双冷（或氦单冷）/ 液态锂铅增殖剂 / 铁素体钢马氏体钢结构材料；③水冷 / 固态锂陶瓷氚增殖剂 / 铁素体钢马氏体钢结构材料；④液态锂增殖剂自冷 / 钒基合金结构材料；⑤熔盐增殖剂自冷。根据国际核聚变技术的发展趋势，氦冷 / 固态锂陶瓷氚增殖剂 /

[1] 邱励俭 . 核聚变研究 50 年 . 核科学与工程，2001，21(1)：29-38.
[2] 苏罡 . 中国核能科技“三步走”发展战略的思考 . 科技导报，2016，34(15)：33-41.
[3] Pearson R J, Antoniazzi A B, Nuttall W J. Tritium supply and use: a key issue for the development of nuclear fusion energy. Fusion Engineering and Design, 2018, 136: 1140-1148.

铁素体钢马氏体钢结构材料和氦锂双冷（或氦单冷）/ 液态锂铅增殖剂 / 铁素体钢马氏体钢结构材料是示范堆包层首选的两种概念方案[1]。

3. 极端环境核材料技术

核材料技术已成为核聚变堆发展的瓶颈问题之一，其研究越来越受到重视。核材料的研发不仅需要考虑材料的传统性能，如力学、热学等，更关键的是需要考虑材料在高能粒子辐照（中子、等离子体等）极端恶劣环境下的表现[2]。但是，由于中子源的匮乏，目前很难对核材料在真实服役条件下的性能进行准确评价，国内外只有零星的关于中子辐照材料损伤的研究。大部分研究只能依靠不同能量的重离子辐照模拟中子辐照对材料的影响，或者进行分子动力学、蒙特卡罗技术等计算机模拟。核材料的研发和验证面临许多挑战，根据用途的不同，核聚变堆材料可分为面向等离子体材料、结构材料和功能材料。其中，面向等离子体材料在服役期间需要直接面对超高热流、低能高束流的氢氦等离子体辐照、高能中子辐照等极端环境，对材料的研发带来极大挑战。目前，暂无完全满足核聚变堆等离子体环境的第一壁材料，学术界先后开发出碳基材料、铍基材料、钨基材料用于第一壁或者偏滤器表面，其中钨和钨基材料是最有前途的面向等离子体材料，钨具有良好的热力学特性，但是其缺点是高脆性。针对这一问题，学术界提出通过合金化、细晶化、颗粒弥散强化、纤维增韧和层状增韧等手段提高其强韧性[3] [4]。

4. 遥操作技术

核聚变堆中高能中子的穿透性很强，能活化大部分原子并产生感生放射性，这会改变材料的各种性能而使其丧失应有的功能。对第一壁和包层组件必须进行周期性的清理和更换，而这些活化的组件产生的放射性物质

[1] 潘传红 . 国际热核实验反应堆 (ITER) 计划与未来核聚变能源 . 物理，2010，39(6)：375-378.

[2] 杨军，杨章灿，徐乐瑾，等 . 2017 年核能科技热点回眸 . 科技导报，2018，36(1)：31-45.

[3] Abernethy R G. Predicting the performance of tungsten in a fusion environment: a literature review. Materials Science and Technology, 2017, 33(4): 388-399.

[4] Yang X, Qiu W, Chen L, et al. Tungsten-potassium: a promising plasma-facing material. Tungsten, 2019, (1): 141-158.

对人体危害很大。不仅如此，铍和氚的操作都需要保证工作人员接触的毒性或辐照剂量在安全范围内。所以这类零件的处理从部件的组装阶段开始就必须采取远程操作的形式，以确保电站工作人员不直接接触到有毒粉尘或者放射性物质。氚污染的组件将在热室中维护，因而部件从真空室到热室的转运必须与大厅隔离以免放射性尘埃的扩散。因此，需要借助机械臂等遥操作手段来完成对这些部件的装配和维护，并完成对相应部件的拆卸、焊接、运输、去污、修复。核聚变堆的遥操作系统是一个涉及机器人、高等机构学、路径规划、虚拟现实、传感器等多种学科的复杂系统工程，是核聚变堆实验运行必不可少的关键子系统。尽管国外在上述各项技术上都取得了不小的进步，但仍离核聚变堆维护技术要求甚远。遥操作维护技术是影响核聚变堆发展的关键技术之一，遥操作机器人系统也是工程和理论研究中不可缺少的重要装备，还可以促进精密机械、机器人技术的发展，对推动工程技术的进步和基础科学的发展具有重要意义[1]。

5. 磁约束核聚变超导强磁场技术

随着核聚变堆磁体尺寸的不断增大，工作时间的不断加长，要保证核聚变堆的稳定连续工作，必须要有能够提供持续稳定强磁场的大型磁体。由常规导体制成的线圈通电后会产生电阻损耗，效率低，且难以产生足够强的稳定磁场，而超导线圈载流能力强，且不存在焦耳损耗，因而成为核聚变堆磁体的必然选择。稳态的超导磁体运行时基本损耗极小，这对实现稳态或准稳态的等离子约束至关重要。在超导托卡马克上实现稳态先进运行模式是当前的发展趋势，大型超导磁体技术是未来核聚变堆持续稳态运行的重要保障[2]。目前，托卡马克超导磁体多用低温超导（LTS）NbTi 和 Nb_3Sn 制作超导线圈。经过多年的发展，低温超导托卡马克磁体的制造技术已日趋成熟，建立了比较完善的基础实验数据库。然而，随着超导材料和技术的发展，高温超导（HTS）材料尤其是第二代 HTS 性能的提高，如

[1] 程汉龙 . CFETR 遥操作转运车的设计及其部件的分析优化 . 中国科学技术大学硕士学位论文，2014.

[2] 侯炳林，朱学武 . 超导在受控核聚变能磁体工程研究中的应用概述 . 科学技术与工程，2005，(6)：357-363.

更高的运行温度和更强的磁场等特性为低温制冷系统的技术难度、能源效率等提供了更为广阔的发展空间。HTS 在托卡马克磁体方面的应用，表现出一些优于 LTS 的特性。国际上已有研究表明，工作在较高温区的 HTS 将比 LTS 能经受更高的加热率，而不降低稳定性，这将使电缆的设计减少许多稳定化措施，能降低大型核聚变磁体的造价。随着 HTS 材料特性的提高，可以绕制更为紧凑和坚固的磁体；同时，更高的电流密度可以减小等离子体和线圈质心的距离，从而使等离子体成形电流大大降低。总之，随着 HTS 材料特别是第二代 HTS 材料及其应用技术的不断进步，高温超导体在大型托卡马克磁体设计和制造方面的优势将越来越显著。

6. 惯性约束核聚变驱动器技术

为有效地实现惯性约束核聚变，必须利用驱动源提供的极高能量脉冲压缩、加热热核材料（氘、氚）靶丸；如果靶的加热、压缩具有足够快的速度，则在靶解体之前发生点火、燃烧、释放核聚变能量和辐射。显然，先进的驱动技术是实现惯性约束核聚变的关键因素[1]。激光器是此项研究较理想的驱动源，因为它们能产生很高能量（功率）的短脉冲，并能用光学反射镜和透镜聚焦在靶上。随着更大型激光驱动器的建成，研究人员正在探索点火点附近的各种物理过程和实现点火的方式。大型激光驱动器也推动了高能密度物理研究和惯性约束核聚变的发展，这两者在最近的几十年中也取得了非常大的进展，主要研究领域包括：核材料特性研究、可压缩动力学研究、辐射流体动力学研究、惯性约束核聚变手段研究等。

4.2.2 主要发展趋势

当前可控核聚变科学技术正在向深度和广度两个方向发展。深度方向上，在涉及核心问题的等离子体物理领域，不断取得重要成果并提出新的问题。在托卡马克装置中，围绕等离子体加热温度和约束时间等涉及的等离子体稳定性、边界稳定性、杂质控制等专业领域不断向更深层次扩展，而核聚变等离子体中的中性粒子和能量反常输运问题的物理机制仍然在探

[1] 周丕璋. 惯性约束聚变 (ICF) 的驱动源技术. 核物理动态，1995，12(4)：37-40.

索或验证中。在惯性约束核聚变领域，同样存在亟须解决的一系列问题，包括等离子体物理和内爆动力学、强激光和等离子体相互作用的非线性特征等。更深入的研究集中在等离子体物理基础研究、非线性等离子体物理、非中性等离子体物理与强耦合等离子体物理等热点方向。同时高能成分等离子体物理、与磁约束核聚变未来建堆密切相关的近点火区和点火区等离子体物理、与惯性约束核聚变有关的激光等离子体基本物理问题的研究也极为活跃。

广度方向上，除了托卡马克和惯性约束装置，近几十年来不断有学者提出新的约束方式并做了相关研究[1]。其中仿星器、磁镜、反场箍缩、球型马克、超声波核聚变、微波加热核聚变等概念或者设想不断被提出并验证。核聚变途径多元化发展将是另一个显著趋势，图 4-2 展示了磁约束核聚变不同技术路线对应的特征。

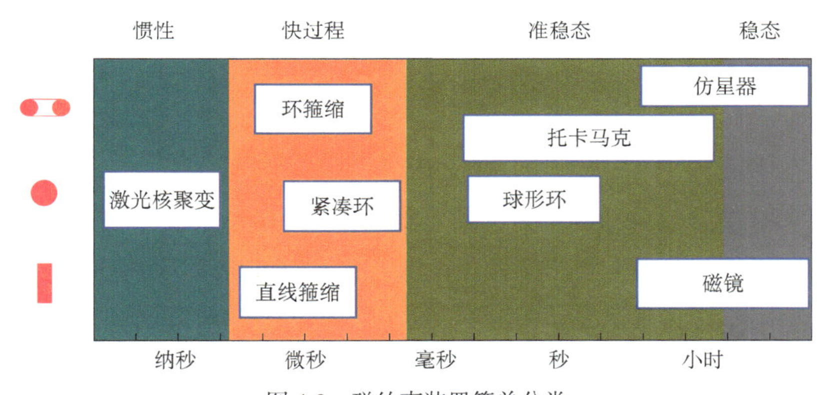

图 4-2　磁约束装置简单分类

注：横轴为约束时间，纵轴为位形，激光核聚变作为参考值[2]

展望未来，国际可控核聚变研究主要依托磁约束核聚变、惯性约束核聚变两条技术路线，发展趋势如下。

（1）磁约束核聚变：现阶段，磁约束核聚变正处在大力发展点火装置和氘、氚燃烧实验技术阶段，并逐步向反应堆工程实验阶段过渡。短期（2030 年以前）内可以实现持续稳定的高性能等离子体，ITER 将完成实验

[1] 邱励俭 . 核聚变研究 50 年 . 核科学与工程，2001，21(1)：29-38.
[2] 王龙 . 磁约束等离子体实验物理 . 北京：科学出版社，2018.

堆的建设和满功率运行；中长期（2050 年以前）将不断优化 ITER 并开展 DEMO 的工程设计和商业堆的预研和评估。届时，目前困扰可控核聚变的等离子体、涉氚、核材料、磁场、遥操作等关键技术将基本得到解决，将更加关注商业核聚变电站的安全性和资格认证研究，其他配套技术也将大幅度发展。

（2）惯性约束核聚变：现阶段，大功率激光器的发展促进了直接或者间接驱动的点火技术的发展，国内外的点火装置不断刷新着输出功率或点火时长等关键技术参数纪录。短期（2030 年以前）内，点火靶流体动力学和高能密度物理的研究热点和趋势不会改变；中长期（2050 年以前）而言，惯性约束核聚变相关的核爆模拟技术、靶丸技术、激光驱动等事关国防重要军工技术将有可能发生技术扩散，以世界核大国的点火装置（美国国家点火装置，我国神光－Ⅲ装置）为平台的惯性约束核聚变研究或许能够为可控核聚变的商业化应用提供技术支持。

4.3 颠覆性影响及发展举措

4.3.1 技术颠覆性影响

（1）有望引发科技变革，推动一系列技术突破。核聚变反应所需条件极为苛刻，作为一个大科学工程，核聚变研究的不断深入将反向驱动物理、化学、材料、工程等众多学科变革。此外，由于惯性约束核聚变相关研究，比如高功率脉冲技术、强激光技术、内爆研究、高温高密度等离子体性质、高能量密度物理研究等都与军事关系密切，因此惯性约束核聚变的研究工作必将推动相关军事科技的进步（如高能激光武器），从而颠覆现有的战争规则[1]。再则，可以将可控核聚变装置作为动力系统安装在宇宙飞船上，不再使用工质推进，而采用更先进的辐射推动，这样人类就可以实现星际航行[2]。

（2）有望颠覆能源格局，塑造新的能源地缘政治版图。就各种可用能

[1] National Ignition Facility Fires 300th Laser Target Shot of Fiscal Year 2015. https://www.energy.gov/nnsa/articles/national-ignition-facility-fires-300th-laser-target-shot-fiscal-year.

[2] The Fusion Driven Rocket：Nuclear Propulsion through Direct Conversion of Fusion Energy. https://www.nasa.gov/directorates/spacetech/niac/2012_Phase_Ⅱ_fusion_driven_rocket.

源来源的能量密度而言，核聚变反应的能量密度是最高的。当前核裂变电站主流堆型——轻水反应堆所用的浓缩铀（铀 -235 含量为 3.5%），每公斤所含的能量为 345.6 万 MJ，相当于标准煤的 118 倍；而氢元素核聚变反应的能量密度高达每公斤 9.45 亿 MJ，相当于只用不到 4 g 氢的核聚变，就能达到 1 kg 浓缩铀裂变放出的能量。一旦核聚变能源成功商用，全球能源系统必将发生根本性变革，对几乎所有国家产生影响，使得传统能源地缘政治格局重新洗牌，如中东的石油资源地位下降，而拥有核聚变能源技术国家的国际地位将会提升，使得核聚变相关稀缺性资源（可能是金属锂、氦 -3、钨等）成为新的大国角力点。

（3）有助于保护生态环境，创造环境效益。核聚变是一种清洁安全的能量来源，它的主要副产品是氦，氦是一种惰性、无毒的气体。一座 1 GW 的核聚变电站，每年只需消耗 100 kg 氘就可以产生大约 70 亿 kW · h 的电，而且没有温室气体或其他污染物排放。然而，产生同样电量的一个煤电厂需要消耗大约 150 万 t 的燃料，同时产生 400 万～ 500 万 t 的 CO_2。因此，核聚变能的普及应用将显著减少全球温室气体的排放，是应对气候变化的潜在解决手段。此外，核聚变反应堆不会像核裂变反应堆那样产生高放射性、长寿命的核废料。核聚变反应堆中组件的活化程度很低，足以让材料在 100 年内被回收或再利用[1]。

4.3.2　各国 / 地区发展态势与竞争布局

为了加速推进可控核聚变研究，世界主要核聚变研究国家和地区相继制定相关战略规划，成立相关研究机构，建造一系列的核聚变实验装置，开展核聚变前沿研究。

1. 美国

美国是核聚变研究的大国和强国。进入 21 世纪，美国制定了一系列能源发展战略和相关计划，都将核聚变能列为重点研究对象。美国能源部

[1] Euratom. What will Be the Environmental Impact of Fusion Energy? https://fusionforenergy.europa.eu/faq/.

2016年发布的《聚变能科学战略框架》[1]将主要研究范畴集中在燃烧等离子体下的基本行为、燃烧等离子体下的壁材料研究、面向燃烧等离子体的高功率注入以及等离子体诊断四个领域。该框架确定了五个重点研究领域：以验证整个核聚变设备建模为目标的大规模并行计算、与等离子体和核聚变科学有关的材料研究、对可能有害于环形核聚变等离子体约束的瞬变事件预测和控制的研究、重点解决前沿科学问题的等离子体科学管理探索以及核聚变能科学设施的定期升级。2018年，美国国家科学院发布《美国燃烧等离子体研究战略计划委员会的最终报告》[2]，建议美国应在未来20年，每年向核聚变研究领域拨付约2亿美元，一方面维持其与ITER的合作伙伴关系；另一方面启动一项国家计划，以到2050年左右建造自己的核聚变试验电厂。

美国核聚变研究机构与核聚变装置

为了保持在核聚变研究的国际领先地位，美国建立了很多聚焦于核聚变研究的实验室，代表性机构包括麻省理工学院核科学与工程系、普林斯顿大学等离子体物理实验室、劳伦斯利弗莫尔国家实验室和通用原子公司。通用原子公司于1986年2月建成DⅢ-D装置，这是目前仍在运行的美国最大的磁约束核聚变装置，也是世界上磁约束核聚变和非圆截面等离子体物理研究最先进的大型实验装置之一。DⅢ-D拥有大量测量高温等离子体特性的诊断设备，还具有等离子体成形和提供误差场反馈控制的独特性能，这些性能反过来又影响等离子体的粒子输运和稳定性。此外，DⅢ-D是世界核聚变项目中一些领域的主要贡献者，包括等离子体扰动、能量输运、边界物理、电子回旋等离子体加热和电流驱动。DⅢ-D托卡马克装置为世界核聚变发展做出了许多科学贡献，该装置是世界公认的取得成果最多的装置之一。例如，DⅢ-D开创了边缘台基的研究，验证

[1] DOE. U.S. Participation in the ITER Project. https://science.energy.gov/ ～ /media/fes/pdf/DOE_US_Participation_in_the_ITER_Project_May_2016_Final.pdf.

[2] NASEM. Final Report of the Committee on a Strategic Plan for U.S. Burning Plasma Research. http://www.firefusionpower.org/NAS_Burning%20Plasma_Final_Web.pdf.

了高约束等离子体台基参数主要受限于边界局域模（edge localized mode，ELM）。另外，DⅢ-D 最先使用非轴对称线圈控制边缘压强梯度，抑制 ELM。DⅢ-D 同时开创了电子回旋加热与电流驱动的物理与技术，验证了电流驱动理论，开发了用电子回旋电流驱动控制电流分布与不稳定性的物理与技术手段。DⅢ-D 还开展了改变偏滤器几何位型和辐射偏滤器进行粒子和热流控制的开创性研究。同时 DⅢ-D 的等离子体控制系统现已广泛用于世界众多的托卡马克装置上。

普林斯顿大学等离子体物理实验室建造的 NSTX 是球形托卡马克核聚变实验装置。该装置建在屏蔽良好的试验场内，它利用了原 TFTR 装置的很多设备，特别是为磁体、辅助系统和电流驱动系统提供可靠运行的电源系统。NSTX 的任务是建立潜在的实现实用聚变能方法的球形环位形，为磁约束各研究领域获得独到的科学知识做贡献，如电子能量输运、液态金属等离子体材料以及 ITER 燃烧等离子体的高能粒子约束等。2012 ～ 2015 年，该装置耗费了 9400 万美元进行升级，使主磁场强度达到原来的两倍，并增加了第二套中性束注入系统，用于加热等离子体，其温度能达到 1500 万℃。升级之后，装置命名为 NSTX-U。自 1999 年投入运行以来，NSTX 装置已取得了很多研究成果。NSTX 装置具有独特的参数环境，为与各种环径比的托卡马克装置和未来的燃烧等离子体实验相关的基础等离子体物理研究提供了大量的数据，可以阐明托卡马克物理学中环径比、比压、快离子以及其他相关性的作用机制。

麻省理工学院于 1993 年建成 Alcator C-Mod 托卡马克装置，该装置是当时世界上唯一达到 ITER 所设计磁场和等离子体密度并超出 ITER 设计要求运行的托卡马克装置。其产生了世界最高压强的托卡马克等离子体，也是唯一采用全金属壁以适应高功率密度的托卡马克装置。由于这些特性，Alcator C-Mod 托卡马克装置非常适合检验与 ITER 极为相关的等离子体状态。该装置具有高环向磁场，主要研究方向是偏滤器物理、等离子体约束、控制和射频波加热物理等。该装置在诸多领域为世界聚变研究做出了重要贡献。例如，发现了无外部动量注入下的芯部自发环向旋转；L-H 转换阈值特性研究解释了 L-H 阈值范围内梯度 B 的不对称性；开发了反映台基特性与量纲、无量纲等离子体参数之间相互关系的广泛数据库。2016 年 10 月，Alcator C-Mod 托卡马克装置创造了 2.05 atm 的等离子体，打破了该装置本身在 2005 年制造了 1.77 atm 的世界纪录；新纪录在该装置以往成绩的基础上提高了 16%，对应的温度达到 3500 万℃，约是太阳核心温度的 2 倍。然而，出于 ITER 计划的预算压力，在国会最后一笔为期 3 年的资助到期后，Alcator C-Mod 托卡马克装置在 2016 年底完成实验后已不再运行。

2. 欧盟

欧盟长期重视、支持可控核聚变研究，其核能研究的投资主要集中在核聚变能的研究和开发上。“地平线 2020”计划投入 6.79 亿欧元用于核聚变研究[1]。欧盟针对核聚变研究制定了详细的路线图，战略路线分为三个阶段[2]。① 2014 ～ 2020 年（“地平线 2020”计划）：建设 ITER，并对其进行扩建，确保 ITER 成功，为 DEMO 奠定基础。② 2021 ～ 2030 年：充分开发 ITER 以达到最高性能，并启动 DEMO 建设的准备工作。③ 2031 ～ 2050 年：完成 ITER 开发，建造并运行 DEMO。

欧盟核聚变研究机构与核聚变装置

欧洲原子能共同体自 1957 年成立以来，一直着手推动欧洲核聚变的发展，推动各成员国联合开展核聚变研究工作。在欧盟主要成

[1] European Commission. Why the EU Supports Fusion Research and Innovation. https://ec.europa.eu/info/research-and-innovation/research-area/energy-research-and-innovation/nuclear-fusion_en.

[2] EUEOfusion. European Research Roadmap to the Realisation of Fusion Energy. https://www.euro-fusion.org/fileadmin/user_upload/EUROfusion/Documents/2018_Research_roadmap_long_version_01.pdf.

员国中，法国、英国（于 2020 年 1 月 31 日脱欧）和德国的核聚变研究在整个欧盟核聚变规划中起着举足轻重的作用。

欧洲联合环装置是整个欧洲核聚变的标志性工作，始建于 1978 年，位于英国卡拉姆聚变研究中心（Culham Center for Fusion Energy，CCFE）。其概念和关键的特点大大不同于 20 世纪 70 年代和 80 年代初期设计的其他大型托卡马克的概念和特点。D 形环向场线圈和真空容器以及大体积强电流等离子体是 JET 装置的特点。JET 装置取得的科学技术成果极其丰硕：在等离子体约束方面，JET 装置验证了在小型托卡马克所获得的 L 和 H 模等离子体定标也适用于等离子体电流为几兆安和加热功率为几十兆瓦的大型装置；在磁流体动力学（MHD）不稳定性方面，JET 装置的实验加深了人们对许多物理问题的理解，例如，锯齿的快粒子稳定性控制（产生“巨大”锯齿）以及 α 粒子与阿尔芬波的相互作用；在 JET 装置上成功地验证了脱靶或者半脱靶（仅在分界面打击点附近有脱靶）辐射偏滤器概念，并且外推出脱靶可以将下一代托卡马克，如 ITER 的偏滤器靶板上的平均热负荷减小到一个可接受的水平。

德国马普学会等离子体物理研究所（Institute for Plasma Physics，IPP）从事核聚变的物理学研究，是世界上唯一同时拥有两种不同类型核聚变装置的研究所。2014 年，IPP 宣布建成世界上最大的仿星器核聚变装置 Wendelstein 7-X（W7-X）。该装置的核心部分是 50 个超导磁线圈。在 W7-X 的电磁空间内，等离子体的温度能达到 8000 万℃。2016 年初，W7-X 已成功开展正式的放电实验，获得了第一批氢等离子体。

3. 日本

日本是核聚变研究强国，取得了多项世界领先的研究成果。1998 年，日本核聚变会议组织建议将 ITER 作为第三阶段核聚变研究开发计划的主力装置，并得到日本原子能委员会（Japan Atomic Energy Commission，

AEC）的批准。2005 年，AEC 发布《未来核聚变研发策略》[1]，该策略提出了核聚变研究战略：①使用实验反应堆在自持状态下演示燃烧控制，制定基于实现 ITER 的实验反应堆的技术目标计划。②用实验反应堆实现持续时间超过 1000 s 的非感应稳态运行，制订基于实现 ITER 目标的计划。③利用实验反应堆建立集成技术，获取与制造、安装和调整部件相关的集成技术，验证技术是否安全。④通过国家托卡马克装置进行 ITER 的支持研究和前期研究，对高比压稳态等离子体进行研究，建立高比压系数的稳态运行模式，获取经济效益。⑤ DEMO 反应堆相关的材料和核聚变技术，在 ITER 的功能测试中使用完整的制造测试组件。⑥确定 DEMO 的总体目标，结合未来核聚变堆的概念设计，对核聚变等离子体研究和核聚变技术的发展提出要求。日本在参加 ITER 的同时，将现有装置 JT-60U 改造为大型超导托卡马克装置 JT-60SA，拟将 JT-60SA 作为 ITER 的卫星装置，开展燃烧等离子体的物理实验，以解决 ITER 和 DEMO 之间的物理问题，尤其是稳态运行的问题。日本将同时开展国际聚变材料辐照装置（IFMIF）合作建造和运行，解决 DEMO 的材料问题；开展 DEMO 的设计研究，为在 2035 年左右建造 DEMO 创造条件。

日本核聚变研究机构与核聚变装置

日本早在 20 世纪 50 年代便成立了原子能研究所开展核聚变研究，后在 2005 年重组更名为日本原子能研究开发机构（Japan Atomic Energy Agency，JAEA）。此外，日本还建立了国立聚变科学研究所（National Institute for Fusion Science，NIFS）主要研究超高温等离子体物质的状态，产生核聚变反应以达到稳定的能量。2013 年 1 月 28 日，日本新一代核聚变实验装置 JT-60SA 在 JAEA 核聚变研究所开始安装，标志着日本核聚变研究迈上了一个新台阶。装置的重要部分真空室从 2014 年下半年开始组装，生成磁场的线圈全部

[1] Yamada H, Kasada R, Ozaki A, et al. Development of strategic establishment of technology bases for a fusion DEMO reactor in Japan. Journal of Fusion Energy, 2016, 35(1)：4-26.

为超导线圈。JT-60SA 研究项目将在核聚变等离子体发展中对 ITER 起到补充作用，其经验和成果对于执行有效和可靠的 ITER 实验是必不可少的。一旦 ITER 开始运行，就需要 JT-60SA 和 ITER 之间的有效协作。JT-60SA 的灵活性将在不同的研究领域为 ITER 做出贡献。在 JT-60SA 高稳态等离子体中取得的成就以及在 ITER 燃烧等离子体中所取得的成绩，将使 DEMO 设计更加具有吸引力。

日本 NIFS 主要研究超高温等离子体物质的状态，产生核聚变反应以达到稳定的能量。作为一个跨大学的研究机构，NIFS 积极与日本和国外的大学及研究机构共同合作。其前沿研究涵盖了实验和理论方法，包括物理、电子学、超导工程、材料工程和模拟科学。NIFS 于 2015 年运用大型螺旋装置（LHD）在受控核聚变实验中开发出波加热产生等离子体清除真空内壁气体氢的技术，以 20 000 kW 加热功率将密度为 10 兆个 /cc 的等离子体中心离子温度提升到 9400 万℃，并以 1200 kW 加热功率将密度同为 10 兆个 /cc 的等离子体中心电子加热到 2300 万℃并维持稳态放电 48 min；首次模拟再现了氦离子流在轰击核聚变壁材料钨时形成了纳米氦泡状结构，从而干扰核聚变反应的整个过程，并与日本东北大学合作研制出以新的低阻抗接合 + 重叠积层法为基础的钇系超导带状线材制大型磁石，在绝对温度 20 K（-253℃）条件下通电后成功获得达 10 万 A 的高温超导电流。

4. 俄罗斯

俄罗斯核聚变计划中的首要任务是全力支持 ITER 成功，在 ITER 项目建设期间，俄罗斯仍将独立开展自己的核能研究工作。俄罗斯核聚变计划的目标就是建造高温磁约束氘、氚等离子体热核聚变反应堆；开发并建造聚变中子源（FNS）来解决原子能问题，并加速核聚变应用。前者须通过积极参与 ITER 项目、升级本国核聚变装置以及广泛的国际研究合作来实现；后者须开发聚变裂变混合堆，并符合热堆和快堆以及俄罗斯原子能机构其他任务的要求。俄罗斯《面向 2050 聚变发展路线图》阐明到 2050 年

核聚变研究计划的发展路线如图 4-3 所示。

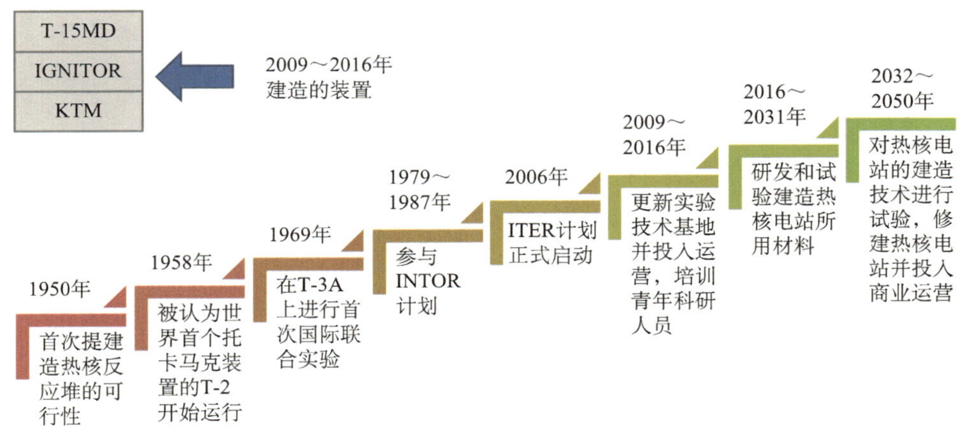

图 4-3　俄罗斯核聚变研究计划的发展路线图 [1]

俄罗斯的未来发展规划包括以下三个方向的工作，并制订了在月球上大量开采氦 -3 的计划。首先，将 T-15 改造为 T-15MD，进行以中子源为基础的混合堆物理基础研究，解决部分核能实际问题，T-15MD 托卡马克装置是建造 FNS 的物理原型。其次，在 3 ～ 5 年内与意大利合作在俄罗斯建成 IGNITOR 反应堆，在强磁场装置上实现“点火”。最后，在 3 ～ 5 年内与哈萨克斯坦合作建成 KTM 托卡马克装置，进行混合堆堆芯物理、材料和偏滤器实验研究。

俄罗斯核聚变研究机构与核聚变装置

俄罗斯在核能领域的主要研发机构有库尔恰托夫研究所、俄罗斯科学院约飞物理技术研究所和叶菲莫夫电物理仪器研究所，其发展历史和研究方向如下。

库尔恰托夫研究所是俄罗斯在核能领域的主要研发机构，建于 1943 年，最初目的是开发核武器。从 1955 年开始进行热核聚变和等离子体物理方面的工作。第一代托卡马克系统诞生于此，当中最

[1] 王海 . 世界首个托卡马克诞生地——俄罗斯的聚变研究之路 . 科技情报开发与经济，2014，(3)：157-160.

成功的是 T-3 以及更大型的 T-4。T-4 于 1968 年在新西伯利亚测试，进行了第一个准稳态热核聚变反应。1975 年建成大型托卡马克装置 T-10。研究方向包括安全发展核电（原子能发电及其燃料循环）、可控热核聚变及等离子体反应、低能及中能核物理。

俄罗斯科学院的约飞物理技术研究所 1918 年建于圣彼得堡。该所共设 5 个研究室，其中研究工作与核聚变和 ITER 相关性最大的研究室为等离子体物理、原子物理和天文物理研究室。研究方向包括高温等离子体（托卡马克、等离子体与波相互作用、等离子体诊断）、低温等离子体、超音速流和物理运动、原子撞击过程和中性粒子等离子体诊断、原子光谱学、类星体理论、中子星和星际介质、彗星射线物理、X 射线天文学以及质量光谱测定法。

叶菲莫夫电物理仪器研究所建于 1945 年，其在制造独特电物理设备方面具有很强的能力，被指定为核物理、高能物理和受控热核聚变基础研究设备的主要设计单位。目前该研究所的主要工作是设计和制造回旋加速器、直线加速器、高压倍加器、受控核聚变设备、激光技术和电工学设备等。该研究所在加速器和实验物理设备电磁体的设计、工程设计和制造方面有着丰富的经验。

5. 韩国

韩国是世界上开展核聚变研究较晚的国家，从 20 世纪 60 年代小规模的实验室等离子体研究，到 70 年代晚期大学开展核聚变研究，先后研制了若干托卡马克装置。20 世纪 90 年代，韩国政府提出让韩国的核聚变研究腾飞，走向核聚变科学和技术的最前沿。为确定核聚变电站的技术细节，探索和协调韩国核聚变能的研发活动，韩国于 2006 年启动聚变堆示范装置（K-DEMO）的预概念研究，在 2011 年前制定发展 K-DEMO 探索性里程碑的概念定义，2021 年前完成概念和工程设计，2022 年以后最终完成建造设计。K-DEMO 的设计要求类似于美国、欧盟和日本早期研制的核聚变电站模型。

2008 年韩国政府颁布《聚变能源开发促进法》（FEDPL），象征着韩国

K-DEMO 发展迈出了决定性的一步。在此框架内，韩国政府于 2012 年底启动聚变堆示范装置的研发计划项目[1]，并与美国普林斯顿大学等离子体物理实验室达成协议，由韩国大田国家核聚变研究所与之合作开发 K-DEMO 的概念设计。K-DEMO 运行第一阶段将作为部件测试设施，从 2037 年运行到 2050 年左右；运行第二阶段计划始于 2050 年，为了全稳态运行和发电，将更换大部分内真空室部件。K-DEMO 阶段性实施发展计划包含 4 个阶段的子计划：2007 ～ 2011 年，筹备阶段子计划；2012 ～ 2021 年，DEMO 研发子计划；2022 ～ 2036 年，DEMO 建造子计划；2037 ～ 2050 年，聚变电站子计划。同时，韩国实施“热核聚变、加速器装置产业生态战略”，引导企业参与热核聚变、加速器项目，通过资金扶持等形式让中小企业尽快掌握核心技术，以实现核心装置的国产，并将产品打入国际市场。

韩国核聚变研究机构与核聚变装置

韩国国家聚变研究所（National Fusion Research Institute，NFRI）是一个独特的国家研究所，致力于核聚变能的研究和开发。NFRI 利用先进的本国技术，建造了韩国超导托卡马克核聚变装置（KSTAR）。韩国政府指定 NFRI 为本国主要从事核聚变电站自主技术基础研发的研究单位，建立承担 KSTAR 和 ITER 项目的相关数据库，协调国内和国际聚变能源发展计划。KSTAR 项目是韩国政府投资 3090 亿韩元建造的核聚变研究装置，1995 年投入建造，2007 年 9 月 14 日竣工，耗时 12 年。KSTAR 是世界上第一个采用新型超导磁体（Nb_3Sn）材料产生磁场的全超导核聚变装置，其产生的磁场稳定性很好。

6. 中国

中国核聚变能开发的总目标是：依托现有的中、大型托卡马克装置开

[1] 康卫红 . 韩国的核聚变研究现状及发展战略 . 世界科技研究与发展，2014，36(2)：210-216.

展国际核聚变前沿问题研究，利用现有的装置开展高参数、高性能等离子体物理实验和氚增殖包层的工程技术设计研究；扩建“中国环流器二号 A”（HL-2A）和 EAST 托卡马克装置，使其具备国际一流的硬件设施并开展具有国际领先水平的核聚变物理实验；开展核聚变堆的设计研究，建立核聚变堆工程设计平台；发展核聚变堆关键技术；通过参与 ITER 计划，掌握国际前沿的核聚变技术，同时培养高水平专业人才。2017 年 12 月，中国聚变工程实验堆（CFETR）正式开始工程设计，推出了“三步走”的发展路线图：第一阶段到 2021 年，CFETR 开始立项建设；第二阶段到 2035 年，计划建成聚变工程实验堆，开始大规模科学实验；第三阶段预计到 2050 年，聚变工程实验堆实验成功，开始建设聚变商业示范堆。

中国核聚变研究机构与核聚变装置

中国核聚变研究代表性机构有中国科学院等离子体物理研究所、核工业西南物理研究院华中科技大学、中国科学技术大学等。

中国科学院等离子体物理研究所是中国热核聚变研究的重要基地，在高温等离子体物理实验及核聚变工程技术研究处于国际先进水平，先后建成常规磁体托卡马克 HT-6B、HT-6M、中国第一个圆截面超导托卡马克核聚变实验装置“合肥超环”（HT-7）、世界上第一个非圆截面 EAST——“东方超环”，并在物理实验中获得了一系列国际先进或独具特色的成果，荣获两项国家科学技术进步奖及其他多项国家重要奖项。在 EAST 近年的实验中，取得了多项重要成果，主要包括：获得了稳定重复的 1 MA 等离子体放电，实现了 EAST 的第一个科学目标，这也是目前国际超导装置上所达到的最高参数，标志着 EAST 已进入了开展高参数等离子体物理实验的阶段；成功开展了离子回旋波壁处理，为未来超导托卡马克高效运行奠定了基础；2012 年，EAST 获得了超过 400 s 的 2000 万℃高参数偏滤器等离子体，获得了稳定重复超过 30 s 的高约束等离子体放电，这打破了国际上最长时间的高温偏滤器等离子体放电和最长时间的高约束等离子体放电的纪录，标志着中国可控核聚变已达到国际最高水平。2017 年 7 月 3 日，EAST 在世界上首次实现了 5000 万℃等离子体持续放电 101.2 s 的高约束运行，实现了从 30 s 到 60 s，再到百秒量级的跨越，再次创造了核聚变新的世界纪录。

截至 2021 年底，EAST 装置物理实验先后实现了可重复的 1.2 亿 kW · h 101 s 等离子体运行，1.6 亿 kW · h 20 s 等离子体运行以及 1056 s 的长脉冲高参数等离子体运行，再次创造托卡马克实验装置运行新的世界纪录，成功实现 1 MA 等离子体电流、1 亿℃等离子体电子温度、1000 s 连续运行时间三大科学目标，标志着我国在稳态高参数磁约束聚变研究领域引领国际前沿。

核工业西南物理研究院建于 20 世纪 60 年代中期，隶属中国核工业集团有限公司，是中国最早从事核聚变能源开发的专业研究院所之一。在国家有关部委的支持下，依托核工业体系，经过 40 多年的努力拥有较完整的开展核聚变能源研发所需的学科及相关实验室，先后承担并完成国家“四五”重大科学工程项目“中国环流器一号装置研制”及“十五”“中国环流器二号 A（HL-2A）装置工程建设项目”建设任务，取得了一批创新性的科研成果，实现了中国核聚变研究由原理探索到大规模装置实验的跨越发展，是中国磁约束核聚变领域首家获得国家科技进步奖一等奖的单位。HL-2A 是中国第一个具有先进偏滤器位型的非圆截面的托卡马克核聚变实验研究装置，其主要目标是开展高参数等离子体条件下的改善约束实验，并利用其独特的大体积封闭偏滤器结构，开展核聚变领域许多前沿物理课题以及相关工程技术的研究，为中国下一步核聚变堆研究与发展提供了技术基础。HL-2A 自运行以来，在核聚变科学的各个领域取得了可观的研究成果。中国环流器二号 M（HL-2M）是 HL-2A 的改造升级版，于 2020 年 12 月 4 日建成并实现首次放电。建造 HL-2M 的目的是研究未来核聚变堆相关物理及其关键技术，在高比压、高参数条件下，研究一系列和核聚变堆有关的工程和技术问题，为下一步建造核聚变堆打好基础，瞄准和 ITER 物理相关的内容，着重开展和燃烧等离子体物理有关的研究课题，包括等离子体约束和输运、高能粒子物理、新的偏滤器位型、在高参数等离子体中的加料以及第一壁和等离子体相互作用等。作为可开展先进托卡马克运行的一个受控核聚变实验装置，HL-2M 将成为中国开展与核聚变能源密切相关的等离子体物理和核聚变科学研究不可或缺的实验平台。

华中科技大学通过国际合作，于 2008 年完成了 TEXT-U 托卡马克装置（现更名为 J-TEXT）的重建工作，近年来，在该装置上探索各种新思想、新诊断、新技术，培养核聚变专业人才。J-TEXT 装置的前身是美国的 TEXT-U 装置，属于常规中型托卡马克装置，于 2005 年在华中科技大学开始重建，并于 2007 年获得第一次等离子体，目前已获得 250 kA/300 ms 稳定的等离子体放电。J-TEXT 作为教育部的托卡马克装置，其主要任务是培养核聚变专业人才和进行核聚变等离子体物理基础研究。

中国科学技术大学是中国最早开展等离子体物理本科教育的大学，有近 30 年的教学和研究历史，为国内外核聚变研究机构培养了大批人才。其自行设计、自主建造了中国首台大型反场箍缩磁约束聚变实验装置，核聚变领域的基地建设正在加速进行。

7. 各国 / 地区布局比较

综上分析可知，世界主要核聚变强国 / 地区高度重视核聚变科技创新的顶层谋划，纷纷制定了国家层面的战略规划 / 路线图，以此来牵引和促进核聚变的科技创新工作；此外，还建立了专门的科研机构和大科学装置形成完善核聚变创新工作体系，为核聚变的研究工作提供了坚实的条件保障。总体而言，美国是世界核聚变研究强国，处于“领跑”地位，不仅设定了全面的国家战略规划，还拥有世界上顶级的科研机构，建造了众多世界一流的核聚变研究大科学装置，是全球首个同时拥有磁约束和惯性约束两种技术类型核聚变研究设施的国家，美国凭借上述优势开展了全方位、前瞻性的核聚变研究活动。我国核聚变研究经过几十年的发展，也建立了一系列专门的核聚变研究机构，建造了包括 EAST、HL-2M 和神光 - Ⅲ等核聚变大科学装置，成为继美国之后唯一一个同时拥有两种技术路线装置的国家，依托上述研究资源我国在核聚变研究领域取得了一系列显著进展和突破，在国际上处于领先地位。

4.4 我国可控核聚变技术发展建议

4.4.1 机遇与挑战

我国核聚变大科学装置不断取得技术突破，并为 ITER 做出重要贡献。先进超导托卡马克、神光 - Ⅲ激光器实验装置代表了我国目前在聚变领域的最高科研水平。然而，要想真正实现可控核聚变商用，目前还面临诸多挑战：首先，在政策层面，我国目前没有出台国家层面的核聚变研究发展路线图，使得核聚变研究具体路线、关键目标和时间节点不明晰；其次，关键核心技术和材料制造工艺尚未完全掌握，存在“卡脖子”风险；最后，人才队伍规模、结构和水平还难以满足未来可持续发展的需求。为应对上述挑战，我国未来核聚变发展战略应瞄准国际前沿，广泛利用国际合作，夯实我国磁约束核聚变能源开发研究的坚实基础，加速人才培养，以现有各类装置为依托，开展国际核聚变前沿课题研究，建成知名的磁约束核聚变等离子体实验基地，探索未来稳定、高效、安全、实用的核聚变工程堆的物理和工程技术基础问题。

4.4.2 发展建议

1. 制定核聚变发展路线图，引导和促进核聚变研究创新

为加快核聚变能发展，欧盟、美国、日本、韩国、俄罗斯、印度等国家和地区基于对现有的核聚变科学技术的理解、核聚变电站的经济可接受度以及现有投资强度，分别制定了核聚变发展路线图。近年来，尽管我国在核聚变技术研究创新上取得了一定进展，但国家层面尚未制定面向未来的核聚变发展路线图。因此，为了促进我国核聚变发展，要加快制定我国核聚变发展路线图，明确今后一段时期我国核聚变技术创新工作重点、主攻方向及重点创新行动的时间表和发展路线，从而将核聚变研究领域相关

资源（大学、研究机构、企业等）进行高效整合，提升研究创新效率。

2. 加强可控核聚变核心技术攻关，实现自主可控

在全面吸收、消化 ITER 设计及工程建设技术的基础上，结合两个主力装置——EAST、HL-2M 开展高水平的实验研究，同时以我国为主开展 CFETR 的详细工程设计及必要的关键部件预研，实现核心关键技术自主可控。在科学问题上主要解决未来商用核聚变示范堆必需的稳态燃烧等离子体的控制技术、磁流体不稳定性控制、氚的循环与自持、杂质输运的理论和实验、发展燃烧等离子体性能预测的理论模型和软件工具、聚变能输出等 ITER 装置未涵盖的内容；在工程技术与工艺上，重点研究高效稳态电流驱动、加热、约束和控制技术，核聚变堆材料，核聚变堆包层及核聚变能发电等 ITER 装置上不能开展的工作；掌握并完善建设商用核聚变示范堆所需的工程技术。

3. 瞄准国际前沿，开展广泛的国际科研合作

我国未来核聚变发展战略应瞄准国际前沿，广泛利用国际合作，开展国际核聚变前沿课题研究，夯实我国核聚变能源开发研究的坚实基础。在未来的核聚变领域，需要重点开展核聚变燃料包层材料及核聚变裂变混合堆功能材料方面的研究、新型辅助加热加料技术、核聚变设施在放射性环境下的故障监测与诊断技术、各类低温等离子体发生新技术、偏滤器物理研究、边界等离子体输运及刮削层物理研究、磁流体不稳定性研究等。在高比压、高参数条件下，研究一系列和核聚变堆有关的工程和技术问题，着重开展和燃烧等离子体物理有关的研究课题，包括等离子体约束和输运、高能粒子物理、新的偏滤器位型、在高参数等离子体中的加料以及第一壁和等离子体相互作用等。

4. 注重人才培养，强化队伍建设

目前，核工业人才队伍规模、结构和水平还远不能满足规划需要，尤其是技术骨干的缺失更是核聚变工业发展面临的重要瓶颈。首先，加大核聚变专业基础人才培养力度，搭建骨干人员培养与深造的高端平台，刻不容缓。建议在本科基础教育阶段，合理增设核聚变相关专业，扩大现有招

生规模，加速培养一批基础人才。其次，加大硕士、博士研究生培养力度，壮大高层次核聚变专业人才队伍。我国核聚变领域基础人才缺乏，将会直接影响未来核聚变科学高效发展。依托现有核工业集团或涉核高等院校的资源和能力，在国家相关部门（如教育部、科技部、国家国防科技工业局等）政策和资金支持下，尽快组建高端、专业、脱产、与国际接轨的培训或再教育机构，为我国在职核聚变从业人员提供深造平台，从而全面提升从业人员技术水平。

第 5 章 太阳能高效转化利用技术

5.1 技术内涵及发展历程

5.1.1 技术内涵

太阳能高效转化利用技术是指利用光能作为驱动力来进行能量转换，实现太阳能到电能、化学能、热能等不同形式的能量转换过程。太阳能的开发利用主要有替代固定能源的太阳能发电（光电转换）与替代移动能源的太阳燃料（光化学转化）两种形式。其中，光电转换是基于光伏效应进行的，其工作原理是太阳光照在半导体 p-n 结上，形成电子－空穴对，在 p-n 结内建电场的作用下，空穴由耗尽区流向 p 电极，电子由耗尽区流向 n 电极，接通电路后就形成电流，也即实现了光能到电能的转换。光化学转化则是以太阳光为驱动力将太阳能转化成化学能，如光解水制氢、CO_2 还原制碳氢燃料和高价值化学品等，目前尚处于实验室研究阶段。

5.1.2 发展历程

太阳能高效转化利用技术主要包括太阳能光电利用、太阳能光化学利用等（图 5-1）。

5.1.2.1 光电利用发展历程

1. 理论研究和早期实验探索

人类光电利用的时间可以追溯到约 200 年前。早在 1839 年，法国科学家亚历山大·爱德蒙·贝克勒尔（Alexandre Edmond Becquerel）首次发现光伏效应，理论研究由此开启。1883 年，纽约发明家查尔斯·弗里茨（Charles Fritts）用一层薄薄的金涂覆硒（Se）发明了全球第一个太阳电池，

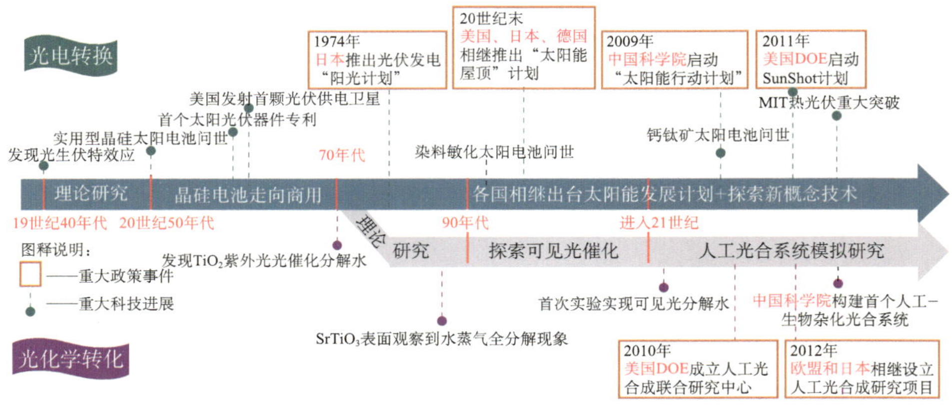

图 5-1　太阳能高效转化利用技术发展历程

并系统地描述了该电池的工作原理。1930 年，肖特基（Schottky）提出氧化亚铜（Cu_2O）势垒的"光伏效应"理论。同年，朗格（Longer）首次提出利用"光伏效应"制造"太阳电池"概念，使太阳能转化为电能。1932 年，奥杜博特（Audobert）和斯托拉（Stora）制成第一块"硫化镉"太阳电池，人类从此开启了太阳电池的实践探索。

2. 晶硅电池商业化应用阶段

1954 年，贝尔实验室的研究人员发现晶硅比硒更有效，并利用晶硅制备出了全球首个实用型太阳电池，效率达到 6%，从此太阳电池正式走上了商业化舞台。1955 年，Western Electric 公司开始出售其晶硅光伏技术的商业许可证，但晶硅太阳电池的高昂成本使它们无法在市场上普遍应用。经过多年的实验，太阳能光电转换效率不断提高，商业化取得进展。1957 年，Hoffman 电子公司的单晶硅电池效率达到 8%，该公司借此申请了全球首个"太阳能光伏器件"专利。1958 年，第一颗太阳能供电的卫星"先锋 1 号"成功在美国发射。20 世纪 70 年代，埃克森公司投资研究开发由低等级晶硅和更便宜的材料制成的太阳电池，成本从每瓦 100 美元降至每瓦 20 ～ 40 美元。同期，石油危机爆发，使得太阳电池潜在的价值愈加凸显，吸引了各国政府的注意。日本政府于 1974 年推出了"阳光计划"，借此来推动太阳能产业全面长期发展，以应对能源安全问题。美国联邦政府则通过了几项太阳能法案和倡议，并于 1977 年创建了国家可再生能源实验室（NREL）。由于效率大幅提升，且成本持续下降，越来越多的国家开始推动太阳能发电事业。20 世纪末，美国、日本和德国先后推出了各自的“太阳能屋顶”计划，以推动本国太阳能发电产业的快速发展。美国 DOE 于 2011 年启动了“太阳能攻关”（SunShot）计划，旨在实现太阳能电力平价上网。

3. 探索各类新概念太阳电池技术阶段

尽管光伏取得了显著进展，但由于晶硅电池成本高昂，限制了全球部署扩张势头，为此各国纷纷开始探索高效低成本的新型太阳电池技术。1991 年，瑞士洛桑联邦理工学院迈克尔·格兰泽尔（Michael Grätzel）教授开发了一种全新染料敏化太阳电池，成本较晶硅电池显著下降，但效率与后者还有一定距离。2009 年，日本科学家宫坂力（Tsutom Miyasaka）等制备出了全球首个钙钛矿太阳电池，最初效率仅为 3.8%。经过十来年的发展，钙钛矿太阳电池取得了突飞猛进的成就，转化效率已经突破 25%，已相当接近单晶硅电池（26.1%）[1]。2013 年，钙钛矿太阳电池被《科学》（*Science*）期刊评为年度十大科技突破之一。显著的效率和成本优势有望推动钙钛矿太阳电池跨过商业化门槛，打破目前晶硅太阳电池的垄断格局，颠覆未来的光伏市场。2022 年，麻省理工学院在热光伏研究领域取得重大突破，转换效率首次超过 40%[2]，成为新概念太阳电池领域的热点前沿。

5.1.2.2　光化学利用发展历程

1. 理论研究和早期实验探索

1972 年，日本科学家藤岛昭（Fujishima Akira）和本多健一（Kenichi Honda）发现在受到紫外光辐照的 TiO_2 上可以持续发生水的氧化还原反应并产生 H_2，从而开辟了半导体光催化这一新领域[3]，光催化理论研究也由此开启。1980 年，堂免一成（Kazunari Domen）等在 $SrTiO_3$ 表面观察到了水

[1] Best Research-Cell Efficiency Chart. https://www.nrel.gov/pv/assets/pdfs/best-research-cell-efficiencies.20191106.pdf.

[2] LaPotin A, Schulte K L, Steiner M A, et al. Thermophotovoltaic efficiency of 40%. Nature, 2022, 604 (7905): 287-291.

[3] Fujishima A, Honda K. Electrochemical photolysis of water at a semiconductor electrode. Nature, 1972, 238 (5358): 37-38.

蒸气的全分解现象[1]。

2. 可见光驱动催化探索

早期光催化研究主要集中在紫外光响应的半导体材料，然而太阳光谱除了紫外波段，占比更大的可见光和红外光无法吸收，造成太阳光谱的吸收利用率较低，为此研究人员开启了漫长的可见光（甚至近红外光）探索之路。2001 年，Zou 等首次报道了 Ni 掺杂的 $InTaO_4$ 催化剂实现了可见光驱动催化分解水产氢[2]，开启了可见光催化的新时代。由于光催化分解水可以产生清洁的氢气燃料，其应用前景广阔，引起了各国重视。

3. 人工光合成系统模拟研究

2010 年，美国 DOE 成立人工光合成联合研究中心（Joint Center for Artificial Photosynthesis，JCAP），致力于建立一套完整的太阳能制燃料系统。同期，欧盟和日本也启动了多个人工光合成研究项目，旨在抢占新技术的制高点。2014 年，中国科学院大连化学物理研究所李灿院士首次构建了人工 - 生物杂化的 Z- 机制系统，掀起了自然和人工耦合光合水分解系统研究热潮，开辟了光催化体系新路径[3]。

5.2 重点研究领域及主要发展趋势

5.2.1 重点研究领域

太阳能高效转化利用技术需要依靠化学、生物、物理和材料等多学科联合攻关和高精度表征与理论计算能力，解决高效吸收太阳光、激发产生光生电子 - 空穴对、载流子分离、传输、长寿命激发态电子、电路系统和催化系统的优化等共性关键科学问题，需要加强光生载流子动力学机制研究，以及在皮秒—飞秒时间尺度上认识固体激发态电子结构及量子效应。

---

[1] Domen K, Naito S, Soma M, et al. Photocatalyticdecomposition of water-vapor on an NiO-$SrTiO_3$ catalyst. Journal of the Chemical Society-Chemical Communications, 1980, (12): 543-544.

[2] Zou Z, Ye J, Sayana K, et al. Direct splitting of water under visible light irradiation with an oxide semiconductor photocatalyst. Nature, 2001, 414: 625.

[3] Wang W, Chen J, Li C, et al. Achieving solar overall water splitting with hybrid photosystems of photosystem II and artificial photocatalysts. Nature Communications, 2014, 5: 4647.

潜在颠覆性技术主题包括钙钛矿太阳电池技术、热光伏技术和人工光合成技术。

1. 钙钛矿太阳电池技术

尽管晶硅太阳电池技术成熟，已经实现商业化应用，但由于制备工艺复杂、成本高，其应用推广面临挑战。而高效、低成本、不受资源限制的第三代新概念太阳电池是太阳能光伏技术研究的前沿，受到全世界的关注与重视。其中钙钛矿太阳电池是近年来太阳电池领域冉冉升起的新星，该电池光电转换效率在过去十来年突飞猛进，已超越多晶硅，逼近单晶硅（图 5-2）。2013 年，钙钛矿太阳电池被《科学》评为年度十大科学突破之一，是目前新概念太阳电池最热门的研究方向，吸引了众多科研工作者的关注，被视为最有希望颠覆传统晶硅电池产业的新一代薄膜光伏技术。

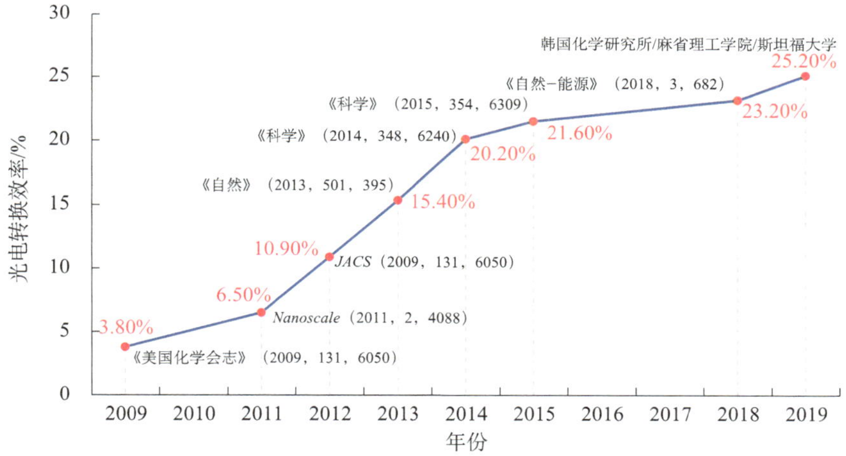

图 5-2　2009 ～ 2019 年钙钛矿太阳电池光电转换效率变化态势

注：图中括号中的数字分别表示相关研究成果发表的年份、卷、期。

目前，钙钛矿太阳电池的研究重点领域主要聚焦在五个方面：工作机理研究，包括光生载流子产生机理、高效能量转换机理与缺陷调控等制约因素、电子 / 空穴输运通道与机理、界面作用与调控机制等；结构工程设计，微纳多级结构是进一步提升钙钛矿太阳电池转换效率的基础；新材料开发，包括寻找替代铅元素的吸光材料，低成本电子 / 空穴传输材料等；大面积制备工艺；提高器件稳定性和寿命及相关机制研究。

2. 热光伏技术

光伏半导体材料本身存在固有的带隙宽度，导致传统的太阳电池光电转换效率存在 S-Q 极限，最高约为 33.7%。而热光伏（thermophotovoltaics，TPV）技术辐射器能够将传统太阳电池无法吸收利用的光谱以热能形式收集并以太阳电池能够吸收的光谱进行二次辐射，从而显著提升太阳光谱吸收利用率，理论光电转换效率可超过 80%[1]。该技术一旦成功商用，必将颠覆传统的光伏产业。正是由于 TPV 技术具有巨大的潜在价值，已被各国所重视，众多的光伏领域研究专家都在致力于将 TPV 变得更加高效和实用。典型的 TPV 系统由热源、热辐射器、光学滤波器、太阳电池（一般都是窄带隙半导体电池）、热回收器和辅助组件构成。其基本工作原理为：热源通过太阳能、化学能、生物能等能量转换产生热能传给热辐射器，热辐射器把接收到的能量转换成红外辐射，并经过光学滤波器辐射到太阳电池表面。其中，能量低于太阳电池禁带宽度的光子不能通过光学滤波器将被反射回热辐射器重新利用，而能量高于禁带宽度的光子将会被太阳电池吸收以产生光生载流子，从而实现热辐射能向电能的转换。热回收器进行热能的系统化再利用，辅助组件用于转换器的散热、废气废热的排放和整个系统的集成。目前，TPV 研究工作主要围绕辐射器、滤波器、太阳电池元件来开展。

3. 人工光合成技术

太阳能人工光合成制燃料是应用前景重大、探索性很强且极具挑战性的前沿基础研究课题，涉及化学、物理学、生物学、材料科学和能源技术等多个学科的交叉前沿研究领域，攻克其中的关键科学问题被认为是“化学的圣杯”，一旦实现突破，将对能源领域产生革命性影响。人工光合系统研究的最终目标是：模拟自然界光合作用过程，设计低成本、长寿命、高稳定性、强自我修复能力、智能化和自调节的光催化体系，尽可能有效利用太阳全谱段的光能，高效光解水制氢或固定 CO_2 制造有机物。目前研究已经逐步由基础理论研究转向光催化材料的应用基础研究，由光催化材料

[1] Harder N-P, Würfel P. Theoretical limits of thermophotovoltaic solar energy conversion. Semiconductor Science and Technology, 2003, 18(5): S151-S157.

探索逐步转向试验性器件体系设计。在研究手段上，科学家能够从原子和分子水平逐步深入认识光合系统光电转换与传输过程机理，包括第一性原理与分子动力学模拟在内的现代科学计算方法，逐渐在光催化材料物性与光催化反应机理研究方面起到重要作用。在模拟自然光系统Ⅱ设计合成超分子方面，已经制备了一系列结构和功能接近的光催化系统，但是其自我修复能力、电子转移速率和光催化效率还需要进一步探索和改进。在无机半导体光催化体系的催化理论及制备方法上相对成熟，已经设计并制备出一些催化效率较高的体系。但还需要解决如何用廉价催化剂替代贵金属以及提高可见光的利用等问题。当前，人工光合成技术研究主要集中在工作机理、光催化裂解水产氢、固定 CO_2 制碳氢燃料 / 化学品等方面。

5.2.2　主要发展趋势

钙钛矿太阳电池技术在实现商用之前依然面临一系列亟须解决的问题。未来众多工作将围绕这些问题开展：①进一步深入研究钙钛矿太阳电池工作机理，为进一步提升器件效率提供理论指导；②开发全无机高效钙钛矿太阳电池，以提高电池的稳定性，寻找新材料以解决现有材料的铅毒性问题；③通过新材料开发、封装工艺改善、缺陷钝化等方法提高器件稳定性，延长器件寿命；④设计开发新型低成本空穴材料，降低规模化生产成本；⑤推进钙钛矿器件的柔性化发展，发挥其在柔性可穿戴设备领域的应用潜力；⑥研究新型架构电池技术（如全钙钛矿叠层、钙钛矿/晶硅叠层器件），促进器件效率突破 30%。

热光伏技术目前还处在基础研究阶段，在未来该领域的研究将围绕影响其性能的各部分组件展开，包括：①开发更加高效吸收太阳能热辐射、低热能损耗、高热稳定性和良好光谱选择性的热辐射器；②开发出不只对波长较长的低能光子具有良好反射性能，且对波长较短的光子也具备良好反射性能的新型滤波器，将热光伏电池不能转换成电能的光子反射回热辐射器重新利用，同时让辐射器光谱发射性能与光伏元件的光响应波段实现最佳匹配，如光子晶体、多种滤波器的有机耦合等；③开发高效、高热稳定性、低成本新型太阳电池元件，如量子阱太阳电池、叠层结构的太阳电池元件等。

人工光合成技术取得革命性突破将从根本上变革能源和化工产业，有助于解决人类面临的三大问题：气候变化、能源安全以及经济和生态系统可持续发展。展望未来，人工光合成需要重点攻关工作包括：①从理论计算、物理化学表征和合成模拟三个角度出发深入理解分子水平上的光催化机理，尤其强化光生载流子分离、传输及反应等微观过程的机理研究，为设计与制备新型光催化体系提供理论指导；②集成不同材料和过程以提高其捕获、传输和转换太阳能的能力，包括设计与发现交联膜网络为全过程提供物理支撑网络，以及设计界面材料连接吸光材料和催化剂，能够高效控制集成系统；③探索利用自组装和自修复机制进一步提高合成的光催化剂分子及其集光系统的光稳定性，使其能长时间发挥高效的催化效果；④探索具有成本效益的高性能吸光材料和廉价非贵金属基光催化剂，为大规模产业应用奠定基础；⑤开发和设计系统架构，能够将实验规模从纳米尺度放大到宏观尺度，建立小 / 中型人工光合试验系统与示范系统，为逐步放大生产做准备。

5.3 颠覆性影响及发展举措

5.3.1 技术颠覆性影响

（1）有望催生新能源技术，颠覆现有能源格局。人类利用太阳能的方式主要为光伏、光热和光化学，前面两种方式已经实现产业化，但就利用率而言，仍然较低。以光伏为例，单结晶硅太阳电池转换效率理论上限大约是 29.4%，实验室中最好的太阳电池可以达到 26% 左右，而商业化应用的光伏电力转换效率为 20% 左右。相关研究显示，热光伏技术理论光电转换效率可超过 80%[1]，具有颠覆传统光伏产业的潜力。太阳能人工光合作用，被誉为“化学的圣杯”，利用人工光合作用实现高效光解水制燃料和化学品，将解决能源可持续发展问题，该技术一旦突破，将改变世界能源格局，替代煤炭、石油、天然气等传统能源，有助于建立

[1] Harder N-P, Würfel P. Theoretical limits of thermophotovoltaic solar energy conversion. Semiconductor Science and Technology, 2003, 18(5): S151-S157.

新型绿色低碳、经济高效的能源系统。

（2）有助于减少温室气体排放，抑制气候变化。太阳能发电安全可靠、无污染、无噪声、环保美观、故障率低、寿命长，其环境效益十分显著。太阳能的节能效益主要体现在光电建筑在运行时减少常规能源的消耗。其环境效益主要体现在不排放任何有害气体。太阳能与火电相比，在提供能源的同时，不排放烟尘、二氧化硫、氮氧化合物和其他有害物质。国际能源署相关研究表明，到 2050 年太阳能光伏装机容量有望达到 3000 GW，年度发电量将达到 4500 TW · h，能满足全球 11% 的电力需求，届时光伏每年能够为全球减少近 23 亿 t 的 CO_2 排放量[1]。

（3）颠覆旧产业催生新产业。以人工光合成为例，该技术拥有巨大潜力能够提供大量可运输、可储存的绿色能源，并且能够与间歇性光伏发电形成互补，为推动太阳能广泛部署发挥重要作用。此外，人工光合成技术制燃料和化学品在生产端有潜力替代传统基于化石能源的高耗能、高污染化工流程，并能够充分利用现有的工业和输运、应用基础设施，能够以较低成本创造循环经济产业。同时，人工光合成技术能够从源头上转化利用 CO_2，创造新的产业链和商业模式，为实现碳中和目标做出重要贡献。

5.3.2　各国 / 地区发展态势与竞争布局

目前，加快太阳能开发利用步伐、抢占发展先机成为各国 / 地区太阳能发展战略部署的重点。为此，美国、欧盟、日本等主要国家 / 地区纷纷制定了一系列措施，包括前瞻性的战略规划、强制性法律法规、项目研发计划、产业税费优惠等，为了应对竞争，中国也积极采取了一系列行动措施。

1. 美国

美国在太阳能开发利用领域的研究布局较为全面，在光电和光化学领域均开展了一系列的研究工作。

在人工光合成技术方面，美国 DOE 于 2010 年 7 月资助 1.22 亿美元建立了 JCAP，致力于建立一套完整的人工光合成（太阳能制燃料）系统，

[1] Technology Roadmap-Solar Photovoltaic Energy 2014. https://webstore.iea.org/technology-roadmap-solar-photovoltaic-energy-2014.

利用太阳能、水和CO_2制取燃料，能量转化效率达到10%[1]。研究计划包括8个核心项目：光捕集与转化、多相催化、分子催化、高通量试验、催化剂与光吸收组件基准、分子与纳米尺度界面、膜与介尺度组装以及规模化和原型制造。JCAP第一个五年资助期（2010～2014年）在太阳能分解水制氢原型制造方面取得了重要进展：开发和表征了新的廉价催化剂与光吸收组件，开发了保护吸光半导体免受液体溶液腐蚀的新方法，并建造了高通量试验设施和全集成的试验台架来筛选、表征、评估和优化人工光合系统组件。美国DOE在2015年4月28日宣布，继续对JCAP给予五年期（2015～2019年）7500万美元资助[2]。在第二个五年资助期，JCAP研究人员关注利用人工光合系统在温和条件下将CO_2转化为燃料，目标包括：①发现和认知在温和的温度和压力条件下CO_2还原和析氧的高选择性催化机制；②加速发现电催化和光电催化材料以及高效吸光电极；③在试验台架验证人工光合系统CO_2还原组件和析氧组件的效率与选择性。具体的研究领域参见表5-1。

表5-1 美国DOE JCAP第二阶段研究重点

领域	关键科学问题	关注重点
电催化	理解控制CO_2还原和析氧反应催化活性和选择性的结构与成分参数	发现和认知多相CO_2还原和析氧反应电催化过程
光催化和捕光	理解表面成分与结构和电子结构对CO_2还原和析氧反应光催化活性的影响	发现和认知CO_2还原和析氧光催化；开发和认知捕光光子体系架构
材料集成制造组件	理解界面现象的影响； 光吸收和发电效率； （光）电催化活性	开发和认知集成组装催化剂和吸光材料
建模、试验台架与基准	理解组件中的电荷与离子传输对集成器件效率的影响	器件参数和试验台架体系结构的模拟仿真

[1] U.S. Department of Energy (DOE). California Team to Receive up to $122 Million for Energy Innovation Hub to Develop Method to Produce Fuels from Sunlight. http://energy.gov/articles/california-team-receive-122-million-energy-innovation-hub-develop-method-produce-fuels.

[2] U.S. Department of Energy (DOE). Energy Department to Provide $75 Million for "Fuels from Sunlight" Hub. http://www.energy.gov/articles/energy-department-provide-75-million-fuels-sunlight-hub.

在太阳能光电领域，2011 年 2 月，DOE 正式启动为期 10 年的 SunShot 计划[1]，旨在通过“公私”（公共机构和私营企业）合作的方式加速太阳能技术研发创新，降低太阳能发电成本，以促进全美范围内太阳能发电系统的广泛部署，推动太阳能产业发展，增强美国在全球清洁能源领域的竞争力。SunShot 计划主要工作集中在四个方面：太阳电池与阵列技术；优化装置性能的电子设备；提高生产效率；太阳能系统的安装、设计和许可过程。

鉴于 SunShot 计划良好的发展势头，DOE 于 2016 年 11 月发布了 SunShot 2030 报告[2]，提出了 SunShot 下一个十年计划，并设定了新目标（图 5-3）：到 2030 年，使光伏电站的平准化电力成本较 2020 年目标水平的基础上再减少 50%，即将公用事业规模、商业和住宅规模太阳能光伏平准化度电成本依次降至 3 美分 /（kW · h）、4 美分 /（kW · h）和 5 美分 /（kW · h）。此外，随着太阳能过去 5 年的快速发展，DOE 还进一步上调太阳能电力占比的预测，即到 2030 年光伏发电将占到全美电力需求量的 20%，到 2050 年将达到 40%。按照这一乐观的预测，通过削减成本，太阳能光伏将会成

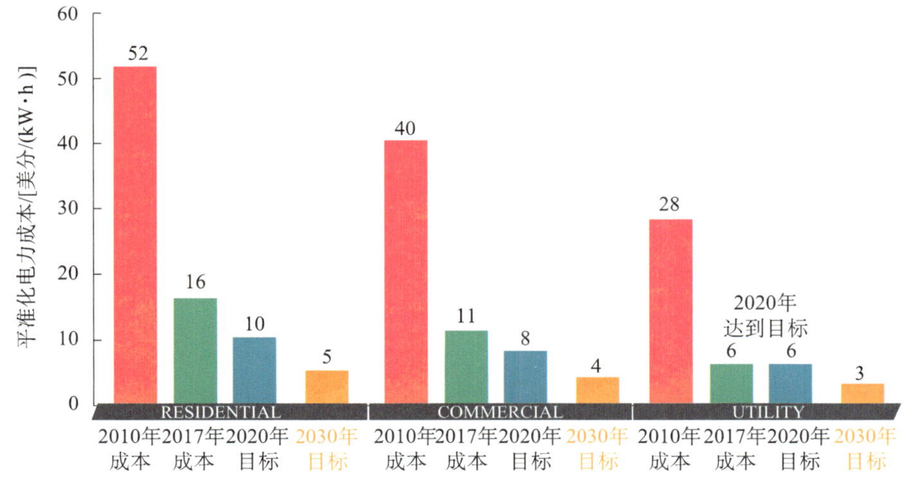

图 5-3　SunShot 计划进展和目标

注：成本以 2017 年美元为标准。

[1] The SunShot Initiative. https://www.energy.gov/eere/solar/sunshot-initiative.
[2] SunShot 2030. https://energy.gov/eere/sunshot/sunshot-2030.

为美国主流的电力资源。2018年，DOE公布《光伏技术创新路线图》[1]，提出了八大优先开展的技术研究主题，阐明了到2030年公共住宅、居民住宅和公用事业三大应用领域的光伏发展目标，为美国太阳能光伏技术发展描绘了具体蓝图和路线。

除了从战略规划和技术研发资助层面促进太阳能发展，美国也非常重视太阳能产业的立法、产业融资和激励等工作。2005年，美国联邦政府推出《能源政策法案》[2]，其中明确设定了“太阳能光伏发电投资税减免政策”，居民或企业法人在住宅和商用建筑屋顶安装光伏系统发电所获收益，可享受投资税减免，减免额相当于系统安装成本的30%。针对产业融资，联邦政府2008年出台《新能源激励计划》，提供60亿美元信贷担保用以支持银行对太阳能产业项目投放大约600亿美元的贷款；该计划创建了一个新的税收抵免债券，给予太阳能产业一定的税收优惠。此外，美国还是全球第一个实行可再生能源配额制（RPS）的国家，通过RPS推动可再生能源发展。

2. 欧盟

欧盟是人工光合成研究的发源地。意大利化学家贾科莫·恰米奇安（Giacomo Ciamician）早在1912年率先提出了“人工光合作用”的概念[3]。瑞典于1994年由乌普萨拉大学、隆德大学和瑞典皇家理工学院成立了世界上首个人工光合成研究联盟[4]。欧洲能源研究联盟（EERA）2011年实施的“能源应用先进材料与过程”（AMPEA）联合研究计划中专门设立了人工光合成方向课题，期望到2020年开发出高效、持久且具有成本效益的人

[1] DOE. PV Innovation Roadmap. https://www.energy.gov/sites/prod/files/2018/03/f49/PV%20Innovation%20Roadmap%20RFI%20Summary.pdf.

[2] ENERGY POLICY ACT OF 2005. https://www.govinfo.gov/content/pkg/PLAW-109publ58/pdf/PLAW-109publ58.pdf.

[3] Armaroli N, Balzani V. The future of energy supply: challenges and opportunities. Angewandte Chemie International Edition, 2007, 46: 52-66.

[4] Swedish Consortium for Artificial Photosynthesis. Welcome. http://www.solarfuel.se/solar-fuels/.

工光合系统，实现太阳能制燃料达到10%的转化效率[1]。欧洲科学基金会在2012 年设立了“从化石燃料到太阳能燃料概念转变的分子科学”核心研究计划——EuroSolarFuels，包含仿生析氧光驱动催化剂和用于太阳能直接制燃料仿生叠层电池的分子设计两个联合研究项目[2]。欧盟“地平线2020”计划在 2015 年资助 16 项人工光合成方向的研究项目，总资助金额超过 2300 万欧元（表 5-2）。

表 5-2 欧盟“地平线 2020”计划资助人工光合成相关研究项目概况

项目课题	承担机构	资助期限	资助金额 / 欧元
人工酶：在光活化的金属－有机框架内的仿生氧化反应	都柏林圣三一学院（爱尔兰）	2015 ～ 2020 年	1 979 366
基于机械互锁轮烷结构的析氢催化剂	南安普敦大学（英国）	2015 ～ 2017 年	183 454
利用可见光的金刚石材料将 CO_2 光催化转换为精细化学品和燃料	维尔茨堡大学（德国）	2015 ～ 2019 年	3 872 981
采用新的长程修正密度泛函理论定量精确表征电荷转移激发态	巴斯克大学（西班牙）	2016 ～ 2019 年	239 191
在连续流动体系中加速光氧化还原催化	埃因霍温理工大学（荷兰）	2015 ～ 2019 年	2 248 434
共价有机金属框架作为光催化水分解和 CO_2 还原的集成平台	马普学会（德国）	2015 ～ 2020 年	1 497 125
电子和结构重组伴随着自旋转换如何影响自旋交叉材料的催化行为	美因茨大学（德国）	2015 ～ 2017 年	159 460
用于人工光合作用的多功能有机无机半导体和金属有机框架光催化剂复合材料	马德里高等研究中心能源研究所（西班牙）	2015 ～ 2020 年	2 506 738
太阳能光催化分解水异质外延 α-Fe_2O_3 光阳极	以色列理工学院	2015 ～ 2017 年	170 509
太阳能光生物催化制燃料	大众汽车集团（德国）	2015 ～ 2019 年	5 998 251
集成半导体和水氧化分子催化剂用于太阳能制燃料	帝国理工学院（英国）	2015 ～ 2017 年	183 454
太阳能驱动的基于过渡金属配合物廉价催化剂的水解设备	加泰罗尼亚化学研究所（西班牙）	2015 ～ 2016 年	150 000
工程化碳化晶硅纳米线用于太阳能制燃料	牛津大学（英国）	2015 ～ 2017 年	195 454

[1] Thapper A, Styring S, Saracco G, et al. Artificial photosynthesis for solar fuels—an evolving research field within AMPEA, a joint programme of the European Energy Research Alliance. Green, 2013, 3(1): 43-57.

[2] European Science Foundation. EuroSolarFuels, Molecular Science for a Conceptual Transition from Fossil to Solar Fuels. http://www.esf.org/coordinating-research/eurocores/completed-programmes/eurosolarfuels.html.

续表

项目课题	承担机构	资助期限	资助金额 / 欧元
利用超快二维光谱探测仿生分子电路中的光致能量流动	米兰理工大学（意大利）	2015 ～ 2018 年	244 269
基于有序多孔晶硅和碳支撑材料和铜基双金属的三维模型催化剂探索燃料生产新路线	乌得勒支大学（荷兰）	2015 ～ 2020 年	1 999 625
仿生铜基复合物用于能源转化反应	莱顿大学（荷兰）	2015 ～ 2020 年	1 500 000

注：检索自欧盟研发信息服务网络（http://cordis.europa.eu/projects/home_en.html）。

与美国类似，欧盟国家也积极给予太阳能产业发展强有力的政策支持，并制定了一系列太阳能产业扶持政策，主要包括[1]光伏上网电价（FIT）政策、税收减免、信贷优惠等，目前逐渐引入了电力购买协议（PPA）替代FIT。

3. 日本

由于能源资源短缺问题严峻，日本政府高度重视发展可再生能源，将太阳能定位于可以自给自足的替代石油的环保能源，从而积极发展太阳能。日本开发、利用太阳能主要分两条技术路线，一条是光电转换技术，一条是人工光合成技术。

就太阳能光电利用而言，日本早在 1974 年就推出了光伏发电的“阳光计划”。2004 年，日本新能源产业技术综合开发机构（NEDO）发布《光伏发电路线图》[2]，设定了 2010 年、2020 年和 2030 年光电转换效率目标和光伏发电成本目标；2009 年，NEDO 对路线图进行了修订，上调光电效率目标，新增 2050 年光电转换效率目标和光伏发电成本目标[3]；2014 年 9 月，发布《光伏发电开发战略》，再次上调光电效率目标，并首次纳入钙钛矿太阳电池[4]。为了落实战略规划或路线图，日本积极推出各项资助研发计划 / 项目。2015 年，NEDO 启动了“高性能 / 高可靠性光伏发电成本降低技术”

[1] 钱野，罗如意 . 国外太阳能扶持政策借鉴 . 新能源产业，2009，4：20-27.

[2] 杨金焕，邹乾林，谈蓓月，等. 各国光伏路线图与光伏发电的进展. 中国建设动态阳光能源，2006，(4)：51-54.

[3] 新エネルギー・産業技術総合開発機構.「太陽光発電ロードマップ（PV2030 +）」概要版 . NEDO，2009.

[4] 新エネルギー・産業技術総合開発機構. 太陽光発電開発戦略 . NEDO，2014.

主题研发项目[1]，项目为期 5 年，计划投入 217.5 亿日元，项目包括 6 个子课题，包括先进复合型的晶硅太阳电池和高性能铜铟硒（CIS）太阳电池技术、新概念太阳电池技术、太阳电池组件通用技术开发、太阳电池通用测试技术、太阳电池技术发展态势调研、高效太阳电池技术规模化制造技术示范。2016 年 4 月，日本政府发布了面向 2050 年的《能源环境技术创新战略》[2]，主旨是强化政府引导下的研发体制，通过创新引领世界，保证日本开发的颠覆性能源技术广泛普及，实现到 2050 年全球温室气体排放减半和构建新型能源系统的目标。该战略确定了日本将要重点推进的五大技术创新领域，而新一代光伏发电技术就是其中之一，并明确了该技术的发展路线图（图 5-4）。

就光化学而言，早在 20 世纪 60 年代末，日本科学家就在 TiO_2 光催化方面做出了开创性的研究[3]，并一直处于该研究领域的世界前列。日本经济产业省在 2012 年启动了人工光合成研究项目“以二氧化碳为原料基础化学品制造工艺技术开发”[4]，决定 2012 ～ 2021 年投资约 150 亿日元，研发利用太阳能、水和 CO_2 制造重要化学品。项目包括三个课题：①高效分解水光催化剂（包括助催化剂）开发，并实现模块化；②高效氢分离膜的实用化及模块化开发，计划实现以沸石、晶硅石及碳素为基础材料的膜材料实用化及模块化；③ CO_2 合成 C_2～C_4 低碳烯烃等基础化学品的工艺开发。该项目由同期成立的人工光合作用化学过程技术研究协会（ARPChem）负责实施，企业界成员包括日本国际石油开发帝石公司、住友化学、东陶（TOTO）、富士胶片、三井化学和三菱化学等，与东京大学、京都大学、东京工业大学、产业技术综合研究所、日本精细陶瓷中心等机构开展产学

[1] 高性能・高信頼性太陽光発電の発電コスト低減技術開発. https：//www.nedo.go.jp/activities/ZZJP_100101.html.

[2] 科学技術政策内閣府 .「エネルギー・環境イノベーション戦略（案）」の概要 . http://www8.cao.go.jp/cstp/siryo/haihui018/siryo1-1.pdf[2020-08-30].

[3] Fujishima A, Honda K. Electrochemical photolysis of water at a semiconductor electrode. Nature, 1972, 238 (5358): 37.

[4] Ministry of Economy, Trade and Industry (METI). Enforcement and Fiscal Plan of the Future Pioneering Projects: Development of Fundamental Technologies for Green and Sustainable Chemical Processes (Innovative Catalyst). http://www.meti.go.jp/english/press/2012/pdf/1128_02a.pdf[2020-08-30].

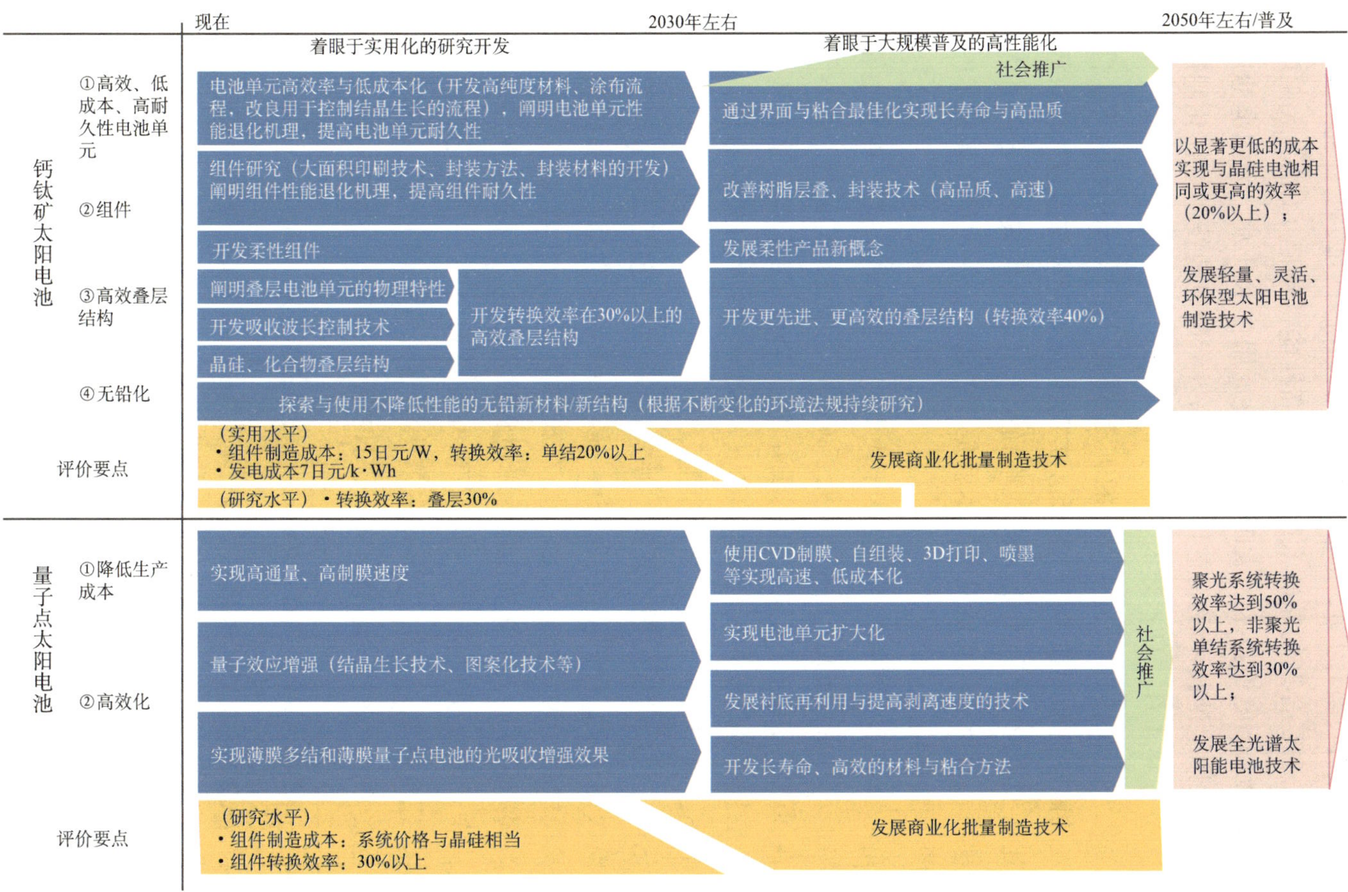

图 5-4 《能源环境技术创新战略》中新一代光伏发电技术发展路线图

资料来源：科学技術政策内閣府 .「エネルギー・環境イノベーション戦略（案）」の概要 . http://www8.cao.go.jp/cstp/siryo/haihui018/siryo1-1.pdf

研联合研究，以实现技术的商业化（图 5-5）。

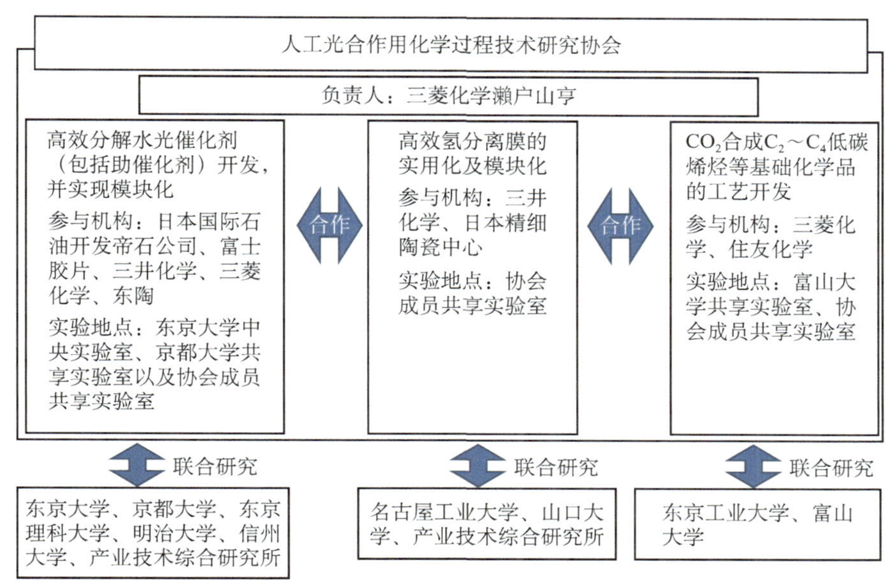

图 5-5　日本人工光合成项目研究体制

资料来源：Ministry of Economy, Trade and Industry (METI). Enforcement and Fiscal Plan of the Future Pioneering Projects: Development of Fundamental Technologies for Green and Sustainable Chemical Processes (Innovative Catalyst). http://www.meti.go.jp/english/press/2012/pdf/1128_02a.pdf；新エネルギー・産業技術総合開発機構 (NEDO). 人工光合成の水素製造で世界最高レベルのエネルギー変換効率 2%を達成 . http://www.nedo.go.jp/news/press/AA5_100372.html

日本文部科学省（MEXT）也在 2012 年启动了“利用人工光合作用的太阳能物质转换”（AnApple）项目[1]，在五年内（2012 ～ 2016 年）投资 7.5 亿日元开展前沿研究，由东京都立大学井上晴夫教授担任负责人，设立了四个方向的研究课题：①人工光合系统集光功能开发；②光催化水氧化功能；③光催化制氢；④光催化还原 CO_2。参与机构包括立命馆大学、东京理科大学、东京工业大学、关西学院大学、大阪市立大学、名古屋大学、新潟大学、神奈川大学、九州大学、东北大学、京都大学、丰田中央研究所等。

[1] 日本文部科学省 . 人工光合成による太陽光エネルギーの物質変換：実用化に向けての異分野融合 . http://artificial-photosynthesis.net/index.html.

日本也是全球比较早开始实施太阳能产业扶持政策的国家，2012 年通过《可再生能源特别措施法案》，正式推行可再生能源 FIT 政策。但这项政策并非固定不变，日本政府会依据产业发展情况对光伏 FIT 价格做出调整，总体而言是呈现每年下调趋势。2017 年 4 月，日本实施最新的《可再生能源特别措施法案》修正案，进一步下调 FIT 价格，并引入了“竞标制度”和“降价时间表”，竞标制度用于一定规模以上的光伏发电，降价时间表面向住宅光伏发电和风力发电等[1]。

4. 中国

由于太阳能具有巨大应用价值，太阳能开发利用技术研究也受到中国科技部门和科研机构的重视。为加快系统化研究进程，中国科学院在 2009 年启动了“太阳能行动计划”[2]。科技部在2011年和2014年分别启动了973 计划项目“光合作用与人工叶片”[3]“人工光合成太阳能燃料基础”[4]“基于半导体人工光合成的二氧化碳能源化研究”[5]，旨在开展光合作用物质基础及机理研究并研发光合作用模拟器件，设计构建能够发电、制氢、产油、产烃的人工光合系统。中国科学院在 2013 年发布的《科技发展新态势与面向2020年的战略选择》[6]报告中将“光合作用及‘人造叶绿体’将可能取得革命性突破”“太阳能光伏发电将实现平价上网”列入了未来 10 年世界可能发生的 22 个重大科技事件，将形成战略性新兴产业，深刻影响世界能源资源格局。

中国已将太阳能光伏产业列为国家战略性新兴产业之一。在产业政策

[1] 钱鹏展 . 日德美三国光伏发展经验及其借鉴意义 . 中外能源，2017，22(11)：26-33.

[2] 中国科学院 . 中国科学院启动太阳能行动计划 . http://www.cas.cn/zt/hyzt/09work/yw/200910/t20091027_2636957.html.l[2009-10-27].

[3] 中国科学院生物物理研究所 . 科技部 973 计划重大科学问题导向项目“光合作用与人工叶片”正式启动 . http://www.ibp.cas.cn/zhxw/2011zhxw/201101/t20110124_3066790.htm[2011-01-24].

[4] 中国科学院大连化学物理研究所 .“973”项目人工光合成太阳能燃料基础启动 . http://www.cas.cn/xw/yxdt/201404/t20140409_4087778.shtml[2014-04-09].

[5] 天津大学 . 2014 年天津大学“973”项目实施工作推动会在校召开 . http://www.tju.edu.cn/newscenter/headline/201401/t20140116_222363.htm[2014-01-16].

[6] 中国科学院 . 科技发展新态势与面向 2020 年的战略选择 . 北京：科学出版社，2013.

引导和市场需求驱动的双重作用下，光伏产业实现了快速发展，已经成为中国为数不多可参与国际竞争并取得领先优势的产业。目前，我国光伏产业在制造业规模、产业化技术水平、应用市场拓展、产业体系建设等方面均位居全球前列。国家能源局和科技部在 2021 年联合印发的《“十四五”能源领域科技创新规划》[1] 中，将新型光伏系统及关键部件技术、高效钙钛矿电池制备与产业化生产技术、高效低成本光伏电池技术等列为太阳能发电及利用技术领域的重点任务，并提出了重点示范项目，包括建设晶体硅 / 钙钛矿、钙钛矿 / 钙钛矿等高效叠层电池制备及产业化生产线，开展钙钛矿光伏电池应用示范；开展高效低成本光伏电池技术研究和应用示范等。在技术路线图中设定到 2022 年钙钛矿电池初步具备量产能力，到 2025 年单结钙钛矿电池量产效率达到 20%，到 2030 年钙钛矿电池实现产业化生产。

5. 各国 / 地区布局比较

综上分析可知，美国、欧盟、日本等发达国家 / 地区在太阳能战略规划、技术研发布局、创新体系、产业发展机制等方面形成了一整套完善的创新发展模式。首先，上述国家和地区均制定了全面的太阳能技术发展战略 / 路线图，明确了研究活动时间表和发展目标；其次，推出了一系列相应的主题研究计划 / 项目，来落实相关的战略目标；再次，高度重视对新技术新产业的扶持，制定了一系列相关的产业发展优惠政策，并随产业发展情况进行动态调整，促进了太阳能产业发展壮大；最后，对前瞻性、颠覆性技术保持高度敏锐性，如美国、欧盟分别围绕具有颠覆未来能源格局的“人工光合成”技术做了前瞻性的研发布局，包括成立研发机构、设立专门的研发课题等，以推进新技术突破，以掌握新兴技术的核心及其未来产业发展主导权（表 5-3）。

[1]　国家能源局，科学技术部 .“十四五”能源领域科技创新规划 . http://zfxxgk.nea.gov.cn/2021-11/29/c_1310540453.htm[2021-11-29].

表 5-3 国际太阳能技术竞争态势布局对比

国家/地区	美国	欧盟	日本	中国
发展目标	启动 SunShot 计划，近中远期目标： **2020 年：**公用事业规模光伏加权平均平准化电力成本（LCOE）预计降至 6 美分/（kW·h），太阳能光伏占比约 10%； **2030 年：**公用事业规模光伏 LCOE 预计降至 3 美分/（kW·h），太阳能光伏占比约 20%； **2050 年：**太阳能电力占比提升到 40%，公用光伏电力降至 3 美分/（kW·h）以下	升级版“战略能源技术规划”（SET-Plan）提出了近中期的发展目标： **2020 年：**光伏模块效率至少提升 20%；光伏系统成本至少减少 25%；太阳能聚光热发电成本较 2013 年下降 40%。 **2030 年：**光伏模块效率至少提升 35%；光伏系统成本至少减少 50%；开发出下一代低成本高性能的太阳能聚光热发电技术并发展全新商业运营模式	《光伏发电路线图》提出到 2030 年、2050 年光伏电力成本 7 日元/（kW·h）、小于 7 日元/（kW·h）的发展目标	《太阳能发展“十三五”规划》2020 年底太阳能发电装机达到 1.1 亿 kW 以上
政策措施	《2005 年能源政策法案》[1] 设定了“太阳能光伏发电投资税减免政策”，居民或企业法人在住宅和商用建筑屋顶安装光伏系统发电所获收益，可享受投资税减免，减免额相当于系统安装成本的 30%。 实施《净电量计量法》，允许光伏发电系统上网和计量，电费按电表净读数计量。 《新能源激励计划》，提供 60 亿美元信贷担保用以支持银行对太阳能产业项目投放大约 600 亿美元的贷款；实行可再生能源配额制	光伏上网电价政策：规定电力公司以较高的价钱，对其营业区域内光伏电力进行收购，让光伏电力能被充分应用。 **税收减免：**主要是在光伏企业增值税减免、光伏系统固定成本折旧年限缩短、其他成本划归为运营费用进行抵税和投资额的税收减免方面对本国光伏企业进行税收优惠支持。 **信贷优惠：**欧盟设立“欧洲投资银行”为可再生能源企业及投资者的贷款额度、贷款利率方面给予了不同程度的优惠措施	通过了关于光伏上网电价调整的法律修正案，引入了“竞标制度”和“降价时间表”	《中华人民共和国可再生能源法》鼓励单位和个人安装光伏或光热系统。 《关于 2018 年光伏发电有关事项说明的通知》指出已经纳入 2017 年及以前建设规模范围，且在 2018 年 6 月 30 日（含）前并网投运的普通光伏电站项目，执行 2017 年光伏电站标杆上网电价；2018 年 5 月 31 日（含）之前已备案、开工建设，且在 2018 年 6 月 30 日（含）之前并网投运的合法合规的户用自然人分布式光伏发电项目，纳入国家认可规模管理范围，标杆上网电价和度电补贴标准保持不变

[1] Energy Policy Act of 2005. https://www.govinfo.gov/content/pkg/PLAW-109publ58/pdf/PLAW-109publ58.pdf.

续表

国家 / 地区	美国	欧盟	日本	中国
研发支持	成立 SETO 推进光伏光热研究，建立 JCAP 推动人工光合成研究	“地平线 2020”计划等持续资助研发，EERA 2011 年实施的“能源应用先进材料与过程”联合研究计划中专门设立了人工光合成方向课题。欧洲科学基金会设立 EuroSolarFuels 计划，致力于太阳能燃料技术研发	部署了“高性能低成本光伏发电技术”和 CO_2 制燃料化学品主题等研发项目	中国科学院在 2009 年启动的“太阳能行动计划”，科技部在 2011 年和 2014 年分别启动了 973 计划项目“光合作用与人工叶片”“人工光合成太阳能燃料基础”“基于半导体人工光合成的二氧化碳能源化研究”。 2018 年，国家重点研发计划启动实施“可再生能源与氢能技术”重点专项，在钙钛矿电池等技术方向部署了重点研究任务；此外，国家重点研发计划多个重点专项中都列入了人工光合成研究任务，如“纳米科技”重点专项、“催化科学”重点专项、“合成生物学”重点专项等
产业发展	采用可再生能源配额； 投资税收减免优惠； 实施优惠贷款政策； 推出现金补助计划； 发展“光伏 + 储能”	欧洲投资银行、“连接欧洲设施”为投资提供贷款或风险担保； 发展太阳能建筑和农场； 引入 PPA； 推出现金补助计划； 发展“光伏 + 储能”	出台太阳能上网电价与竞标规定； 提供家用光伏屋顶补贴； 尝试“光伏 + 农业”新经济； 发展“光伏 + 储能”	工业和信息化部印发《太阳能光伏产业综合标准化技术体系》； 分布式光伏发电实行按照电量补贴政策； 发展“光伏 + 储能”

5.4 我国太阳能高效转化利用技术发展建议

5.4.1 机遇与挑战

1. 缺乏科学的管理，造成产能过剩

国家和地方的规划衔接不畅，没有协调统一，有些地方为了促进经济的发展，发电项目建设过快，规划制定过程中没有充分考虑到当地的社会经济发展情况及太阳能资源等因素，对如何解决输送和消纳问题没有给予全面系统考虑，导致太阳能光伏发展缺乏一定的统筹协调性，因而很多地方呈现出产业低水平重复建设及产能过剩的现象，造成严重的弃光现象。

2. 新型太阳电池创新能力有待加强

新型太阳电池核心技术研发还处于“并跑”甚至“跟跑”水平，而且从光伏全产业链与系统应用（特别是新型薄膜光伏产业）的整体技术水平来看，集中在晶硅光伏布局上，面临突破性技术颠覆风险。

3. 过于依赖补贴，发展面临不确定性

对于发电商而言，建不建太阳能光伏电站取决于在权衡补贴水平、建造成本、发电成本后，和传统能源相比是否合算。因此，出于环境考虑，政府给予大量补贴以消除发电商顾虑，从而促进了太阳能光伏产业快速发展。太阳能光伏市场空间看似广阔，但却太依赖政府补贴和传统能源的比价，并且明显依赖国际市场，可再生能源附加征收不足，存在诸多不可控因素。

5.4.2 发展建议

1. 加强规划统筹工作，完善体系建设

在对太阳能产业制定一些实际可操作的整体规划时，要有效地与我国的国民经济发展要求相结合。各个省（自治区、直辖市）要制定出详细的太阳能光伏产业规划与布局，并与国家的规划发展相一致。另外，还要重视电源电网协调同步发展，从而保证太阳能发电充分消纳、电网安全可靠运行。持续、稳定地发展太阳能光伏产业，离不开政府完善的规划体系、国家政策的支持及市场的推动。总之，要合理地发展太阳能光伏产业，使太阳能资源能够得到充分的利用。

2. 开展核心技术攻关，强化前瞻性战略布局意识

政府进一步部署和协调先进光伏技术研发布局，加大基础研究和应用基础研究支持力度，强化原始创新，加强对关键核心技术和材料制备工艺的攻关，在新型太阳电池关键技术、光伏银浆、太阳能跟踪支架、PET 基膜、含氟薄膜等方面做出突破性的工作；调动产学研创新单元联合开展全产业链集成创新，提升产业核心竞争力，加速推进钙钛矿等新型高效太阳电池中试和产业化技术。着眼未来国家竞争力，聚焦在创新链的前端，紧紧围绕太阳能高效转化利用技术的新概念、新原理、新技术，开展前瞻性和探索性关键技术应用基础研究，如加大在具有颠覆性影响的人工光合成和热光伏技术的研究布局，打好抢占先机突围战。

3. 技术提质增效，摆脱补贴依赖

长期靠补贴发展的产业是不具备可持续性的。放眼国际，世界主要国家对光伏发电的补贴力度逐年减弱，旨在减少光伏企业对补贴的依赖，并借此淘汰效率落后或规模微小的生产商和集成商。因此，光伏产业发展重点要从扩大规模转到提质增效上来，着力推进技术进步、降低发电成本、减少补贴依赖，从而推动行业有序、高质量发展。

第 6 章　氢能与燃料电池技术

6.1　技术内涵及发展历程

6.1.1　技术内涵

氢能与燃料电池是全球能源、交通系统转型发展的重要方向，被公认为是未来技术、产业竞争新的制高点之一。《“十三五”国家科技创新规划》已明确将氢能与燃料电池列为引领产业变革的颠覆性技术之一。

氢（H）是化学元素周期表中第一个元素，在地球上含量丰富。氢的化学性质活泼，在自然界几乎不以游离态存在，主要以化合态存在于水等多种物质中。氢气的热值高，导热性能好，燃烧速度快，能方便地转换成电和热，转化效率较高，同时无毒无害。尽管氢能在供热、交通、工业以及发电等多个领域长期发挥燃料、原料用途，但受到技术、经济性、安全性等因素的掣肘，发展远不及预期，在全球范围内仍处于研发和示范阶段。近年来，全球应对气候变化的压力日益突出，氢能作为一种有望在多领域替代化石燃料的清洁能源，获得了广泛关注。例如，利用可再生能源电力实现大规模制氢，既可为燃料电池提供燃料，又可绿色转化为液体燃料，有望实现能源系统从化石燃料向可再生能源过渡的可持续发展，因此是未来清洁能源系统的重要组成部分。

燃料电池是氢能高效利用的最重要途径之一，可将燃料中的化学能通过电化学反应直接转化为电能，不受卡诺循环效应限制，理论效率可达到90% 以上，产物为水，且整个过程不存在机械传动部件，因此具有燃料能量转化率高、噪声低以及零排放等优点。单体燃料电池由正负电极（即燃料电极和氧化剂电极）以及电解质组成。电解质隔膜的两侧分别发生氧化反应与氧还原反应，电子通过外电路做功产生电能。只要不断输入燃料和氧化剂（纯氧或空气），燃料电池就不断产生电能，因此燃料电池兼具电池和热机的特点。燃料电池可广泛应用于汽车、飞机、列车等交通工具以及固定电站等，在载人航天、水下潜艇、分布式电站等领域也有成功案例。由于气候环境要求，风能、太阳能等可再生能源在能源结构中占比持续增加，基于电解水制氢的燃料电池汽车（FCV）有助于降低交通领域的碳排放，其与电动汽车的一个重要不同是能够实现上游发电和终端用电在时间上的“分离”，增强电网的灵活性。因此，发展氢能和燃料电池具有巨大的战略意义。

6.1.2　发展历程

氢能并非一种新型的能源品种，人们对氢能的探索利用已经有几百年历史。氢能发展经历了多次热潮，从航空动力逐渐走向地面应用。近半个世纪以来，在政府持续支持研发和产业界不断推进产业化的共同努力下，一些氢能应用技术的性能不断提升、成本逐渐下降，使氢能的商业化应用逐渐成为可能。尤其在近五年，许多发达国家和地区将氢能视为能源系统转型的重要组成，出台各类政策推进氢能发展，再次掀起全球氢能开发热潮（图 6-1）。

1. 开启氢气发现与利用

早在 1520 年，瑞士医生、炼金术士帕拉塞尔苏斯（P. A. Paracelsus）在研究金属和酸的相互作用时就发现了氢气，但误将其当作一种可燃的空气。直到 1766 年，英国科学家卡文迪什（H. Cavendish）向英国皇家学会提交了一篇名为《论人工空气》的研究报告，确认氢气是不同于空气的另一种气体。1783 年，法国著名化学家拉瓦锡（A.-L. de Lavoisier）重做了卡文迪什的实验，确定水是氢气燃烧的唯一产物，并在 1787 年用法语将其命名为 hydrogene，意思是“成水元素”。

氢气的燃烧特性使人们很早就开始探索如何利用氢气作为动力。1806 年，瑞士发明家弗朗索瓦·伊萨克·德·里瓦兹（Francois Isaac de Rivaz）使用氢气作为动力设计并制造了第一辆内燃机小车。1820 年，英国学者威廉·塞西尔（William Cecil）首次在论文中介绍了氢发动机的原理和机械设计图，随后研制出的氢内燃机获得了令人满意的效果，但并未实际应用[1]。除了直接燃烧氢气，另一个利用氢气产生动力的途径是通过氢燃料电池。1839 年，英国物理化学家威廉·罗伯特·格罗夫（William Robert Grove）第一次演示了燃料电池，采用了氢气作为燃料，称之为“气体电池”，但该项研究并未得到更广泛的应用。19 世纪 60 ～ 70 年代，由于汽油的危险性，奥托循环发明者德国工程师尼古拉斯·奥托（Nikolaus A. Otto）尝试使用氢气含量超过 50% 的合成气作为内燃机燃料进行了实验，但化油器的发明使汽油燃料安全性大大提升，汽油成为内燃机的主要燃料，对氢内燃机的研究基本停滞。

2. 助力航空航天

1961 年，美国总统肯尼迪宣布登月计划，促进了氢能在航空领域的应用。1965 年，美国“双子星”5 号飞船采用了固体高分子电解质燃料电池供电，这是燃料电池的首次实用化；次年，美国通用汽车公司成功研制一款名为 Electrovan 的氢燃料电池车。1968 年，美国阿波罗计划中的首次载人航天任务“阿波罗 7 号”所使用的飞船采用了碱性燃料电池。1971 年，登月探险车采用了通用汽车公司 Electrovan 车的燃料电池系统，成功行驶在月球表面。

3. 第一次开发热潮——从航天走向地面应用

1970 年，美国提出了“氢经济”概念。日本为应对石油危机在 1973 年成立了日本氢能协会（HESS）开展氢能研发，氢能应用从航天领域转向地面。1974 年，日本武藏工业大学（即现在的东京都市大学）研制成功日本首辆氢燃料电池车“武藏 1 号”（Musashi 1）。1981 年，日本“月光计划”启动了对氢燃料电池的开发。1984 年，德国戴姆勒 - 奔驰公司（现为梅赛德斯 - 奔驰公司）联合多家公司发布可用汽油或者压缩氢气的双燃料汽车 Mercedes 280 TE，并在 1994 年推出了该公司的第一代氢能汽车 Necar 1，其他国际知名汽车厂商也投入大量精力研发氢燃料电池汽车。1993 年，日

[1] The Rev. W. Cecil’s Engine. http://www3.eng.cam.ac.uk/DesignOffice/projects/cecil/engine.html[2020-08-30].

本 NEDO 启动了为期 10 年的“氢能源系统技术研究开发”综合项目，进一步加大了对氢能的开发力度。

4. 探索氢能商业化

进入 21 世纪后，鉴于氢能与燃料电池技术的发展，发达国家和地区纷纷出台规划和举措以探索氢能的商业化。2002 年，美国率先提出了《国家氢能路线图》[1]，并于 2004 年启动了“氢能和燃料电池多年期计划”，进行氢能和燃料电池的基础、应用研究以及开发、创新和示范。欧盟也在 2004 年成立欧洲氢能和燃料电池技术平台，随后研究科研议程、分布战略、实施计划等问题并发布战略报告，提出了未来氢能和燃料电池发展的战略重点，并在 2008 年批准了“燃料电池与氢能联合行动计划”(FCH-JU) [2]，长期资助氢能与燃料电池技术研究和市场化。日本持续进行燃料电池汽车和固定式燃料电池的示范应用。2009 年，松下和东芝公司推出了全球首款家庭燃料电池 Ene-Farm，能源效率超过了 95%。2013 年，日本推出的《日本再复兴战略》将发展氢能提升为国策，并在次年发布的《第四期能源基本计划》[3] 中提出建设“氢能社会”。2014 年，日本经济产业省还制定了《氢能和燃料电池战略路线图》[4]，提出到2040年的氢能发展目标。日、韩等国的企业对燃料电池汽车的研发也纷纷取得突破。韩国现代集团在 2013 年实现了全球首次氢能汽车量产，次年日本丰田公司在全球首推 4 人座的燃料电池汽车 Mirai，续航里程达 500 km，燃料加注仅需 3 min。随着氢燃料电池技术的发展，其应用逐渐向轨道交通等领域拓展。2014 年，我国发布《能源发展战略行动计划（2014—2020 年）》[5]，提出将氢能与燃料电池作为

[1] U.S. Department of Energy. National Hydrogen Energy Roadmap. https://www.hydrogen.energy.gov/pdfs/national_h2_roadmap.pdf.

[2] Fuel Cells and Hydrogen Joint Undertaking(FCH JU). https://ec.europa.eu/research/participants/portal/doc/call/fp7/fch-ju-2009-1/15374-y_fchju_200801_en.pdf.

[3] 第 4 次エネルギー基本計画 . https://www.enecho.meti.go.jp/category/others/basic_plan/pdf/140225_1.pdf.

[4]「水素・燃料電池戦略ロードマップ」. https://www.meti.go.jp/committee/kenkyukai/energy/suiso_nenryodenchi/report_001.html.

[5] 国务院办公厅 . 国务院办公厅关于印发能源发展战略行动计划（2014—2020 年）的通知 . http://www.gov.cn/zhengce/content/2014-11/19/content_9222.htm.

重点创新方向。2015 年，世界首列氢能源有轨电车在南车青岛四方机车车辆股份有限公司（现为中车青岛四方机车车辆股份有限公司）竣工下线。

5. 新一轮开发热潮——规模化利用提上日程

氢能技术进步使各国 / 地区纷纷采取措施推进氢能商业化进程，氢能的规模化利用开始提上日程。美国在 2016 年提出 H_2@Scale[1] 重大研发计划以推进氢能规模化应用。我国在 2016 年发布《能源技术革命创新行动计划（2016—2030 年）》[2]，提出氢能与燃料电池领域到 2050 年的发展目标，将氢能写入了 2019 年国务院政府工作报告，并在 2022 年 3 月出台了《氢能产业发展中长期规划（2021—2035 年）》以促进氢能产业的高质量发展。日本在 2017 年发布了《氢能基本战略》[3]，设定了到 2050 年氢能发展目标，并在 2019 年更新了氢能路线图 [4]；还发布了《氢能与燃料电池技术开发战略》[5]。澳大利亚在 2018 年发布了《国家氢能发展路线图》[6]，提出到 2030 年氢能研究路线。欧盟和韩国都在 2019 年提出了各自的氢能发展路线图。上述举措使氢能的应用得以进一步发展，2017 年，日本川崎重工建成世界首个氢 - 天然气混合发电的市政供电设施 [7]。2018 年，由法国阿尔斯通公司（ALSTOM）开发的全球首列氢能列车在德国发车。

[1] H_2@Scale: Enabling affordable, reliable, clean, and secureenergy across sectors. https:// www.energy.gov/sites/prod/files/2019/02/f59/fcto-h2-at-scale-handout-2018.pdf.

[2] 国家发展改革委，国家能源局 . 发展改革委 能源局印发《能源技术革命创新行动计划（2016—2030 年）》. http://www.gov.cn/xinwen/2016-06/01/content_5078628.htm[2016-06-01].

[3] 水素基本戦略 . http://www.meti.go.jp/press/2017/12/20171226002/20171226002-1.pdf [2017-12-26].

[4] 水素・燃料電池戦略ロードマップを策定しました . https://www.meti.go.jp/press/2018/03/20190312001/20190312001.html[2019-03-12].

[5] 水素・燃料電池技術開発戦略 . https://www.meti.go.jp/press/2019/09/20190918002/20190918002.html[2019-09-18].

[6] CSIRO. National Hydrogen Roadmap: Pathways to an Economically Sustainable Hydrogen Industry in Australia. https://www.csiro.au/en/Do-business/Futures/Reports/Hydrogen-Roadmap.

[7] 日本建成世界首个氢能市政供电设施 . http://world.people.com.cn/n1/2017/1211/c1002-29699487.html[2017-12-11].

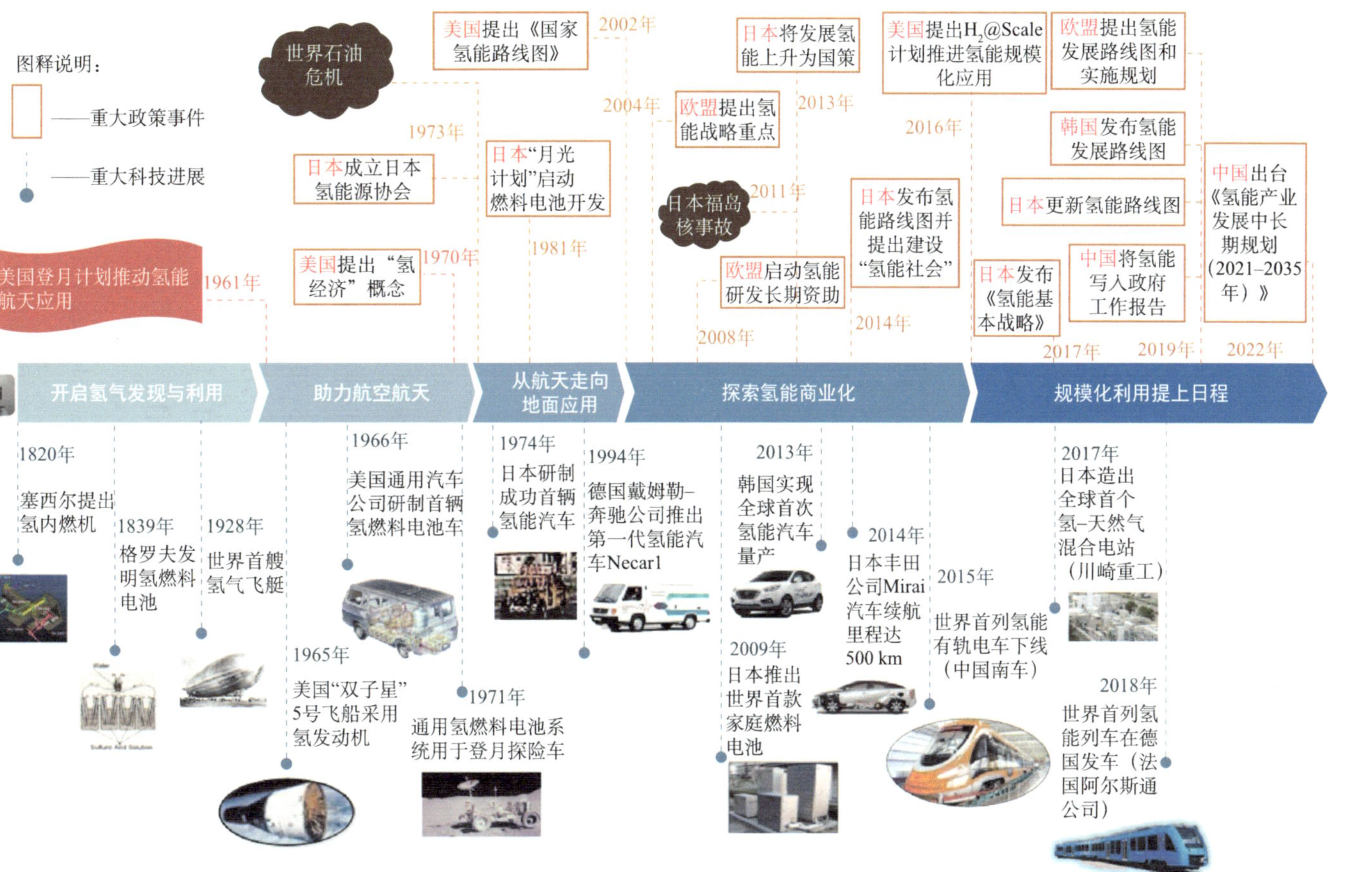

图 6-1　氢能与燃料电池技术发展历程

6.2 重点研究领域及主要发展趋势

6.2.1 重点研究领域

6.2.1.1 绿色制氢技术

目前，较为成熟的氢气制取技术主要有化石燃料制氢和电解水制氢。化石燃料制氢存在污染环境的问题，电解水制氢由于成本过高，因此产量不大，2018 年全球氢气产量中仅有不到 0.1% 来自电解水制氢。除了上述方法，还有尚处于实验和开发阶段的生物质制氢和光解水制氢等新技术。为了实现全球气候目标，化石燃料制氢将逐渐被可再生能源电解水制氢、生物质制氢和光催化制氢等绿色制氢技术取代。

1. 可再生能源电解水制氢

电解水制氢是在电驱动下通过电解槽将水分解为氢气和氧气，其电解槽主要有碱性电解槽、质子交换膜电解槽和固体氧化物电解槽等种类。碱性电解槽是当前发展最为成熟的电解水制氢技术，其优点是使用非贵金属电极、成本低、长期稳定，短期内仍是主流技术。碱性电解槽为了避免氢气 / 氧气穿透其多孔石棉隔膜发生爆炸，必须平衡阴极和阳极的压力[1]，此外还存在启动速度较慢，以及功率调节范围窄（50% ～ 100%），难以适应太阳能和风能等可再生能源电力的波动性等缺点[2]。

质子交换膜电解槽采用固体聚合物膜作为电解质，产生的气体中没有碱雾，因此比碱性电解槽更为环保。其优点是启动灵活、制氢纯度高，可达到兆瓦级以上的电解规模，已经进入商业化导入阶段。然而，质子交换膜电解槽的高活性电催化剂一般为贵金属，如铂（Pt）用作阴极析氢反应催化剂，氧化铱（IrO_2）、二氧化钌（RuO_2）用作阳极析氧反应催化剂，因此整体成本仍然较高，阻碍了其大规模应用。

固体氧化物电解槽采用固体氧化物作为电解质，工作温度一般在

[1] Chi J, Yu H M. Water electrolysis based on renewable energy for hydrogen production. Chinese Journal of Catalysis, 2018, 39(3): 390-394.

[2] 许世森，张瑞云，程健，等 . 电解制氢与高温燃料电池在电力行业的应用与发展 . 中国电机工程学报，2019，39(9)：2531-2537.

600 ～ 800℃，其优点是效率高，如果将热利用包含在内，其能量效率可达 90% 以上，并且无须采用贵金属作为催化剂。然而，由于运行温度过高，对材料耐用度和运行持续时间造成了挑战。而且，固体氧化物电解槽制得的氢气与水蒸气混合物需要额外处理以获取高纯度氢气，因此其成本仍然较高，且处于应用示范阶段。传统固体氧化物电解槽一般使用 Y_2O_3-ZrO_2（YSZ）作为电解质，目前在固体氧化物燃料电池中已开始使用质子传导电解质。质子传导电解质比 YSZ 具有更高离子导电率和电解效率，且可在中温范围内运行。此外，其与固体氧化物电解槽使用最多的镍电极有较好的化学相容性[1]。

低成本、高效的析氢反应（HER）和析氧反应（OER）催化剂一直是电解槽研发的重点。HER 催化剂的研究热点包括：①铂催化剂，其具有较高的催化活性，但稀缺性和高成本阻碍了大规模应用，纳米化能够最大限度地提高铂的利用效率，Pt 纳米颗粒的尺寸、形状和表面是影响催化活性的关键因素，超薄结构、纳米框架、纳米笼、支化结构、凹凸结构和多组分 / 多层核 - 壳结构均具有出色的催化性能[2]；②原子团簇和单原子催化剂，通过负载型单原子催化剂可将 Pt 全部暴露于反应物中，达到极高的 Pt 利用效率，大量研究表明氮掺杂的碳材料是较好的支撑材料；③ 3 d 过渡金属（铁、镍、钴等）合金化，可改变 Pt 原子的配位环境和电性能，从而提高 Pt 的利用效率；④非贵金属催化剂，主要基于铁（Fe）、镍（Ni）、钴（Co）等材料，性能还未达到贵金属催化剂的水平，且容易在强酸或强碱电解质环境中团聚或溶解，研究重点集中在提高非贵金属催化剂的催化性能和稳定性上；⑤过渡金属化合物催化剂，如过渡金属氧化物、过渡金属氮化物、过渡金属硫族化物、过渡金属碳化物、过渡金属磷化物和过渡金属硼化物等，其中钼（Mo）和钨（W）基化合物具有相对较好的催化性能；⑥非金属催化剂，单掺杂（B、N、S 和 P）、二元掺杂（N/S、N/P、N/F 等）、三元掺杂（N/P/F）的碳纳米材料均具备一定的应用潜力，引入缺

[1] Bi L, Boulfrad S, Traversa E. Steam electrolysis by solid oxide electrolysis cells (SOECs) with proton-conducting oxides. Chemical Society Reviews, 2014, 43(24): 8255-8270.

[2] Zhu J, Hu L S, Zhao P X, et al. Recent advances in electrocatalytic hydrogen evolution using nanoparticles. Chemical Reviews, 2020, 120(2): 851-918.

陷位、改变形貌结构等方式也可提升催化性能，但目前对非金属催化剂的掺杂效应和结构仍缺乏深入了解，其催化性能难以与金属催化剂相比。

OER 催化剂的研究前沿热点包括：①商用催化剂的改进，主要针对 RuO_2 和 IrO_2 等，其存在储量少、成本高、难以大规模应用的问题，而且还容易发生溶解从而导致稳定性不足，因此研究重点集中在减少贵金属用量、提升催化剂稳定性和开发替代催化剂上，包括异原子掺杂、缩小尺寸、形貌控制、合成核壳结构纳米晶等；②开发非贵金属 OER 催化剂，主要包括金属 / 合金、氧化物、氢氧化物、磷化物、硫化物、硒化物、磷酸盐 / 硼酸盐等材料及其复合产物[1]，其中过渡金属及其化合物纳米颗粒在碱性电解液中呈现出近似 Tr/Ru 基催化剂的催化性能，是较有潜力的替代催化剂，通过调控其尺寸、形貌和原子排列，如纳米片、中空纳米管等设计，能够改变材料的导电性、结合能等，进而优化催化性能；③单原子催化剂在 OER 方面的研究相对较少，将单原子 Pt 嫁接到 $Fe\text{-}N_4$ 活性位点形成的接枝催化剂在碱性环境下表现出与商业 RuO_2 相当的 OER 催化性能，为基于单原子催化剂的 OER 非贵金属催化剂研究提供了新思路[2]；④MOF 材料近年来开始被用作支撑材料进行替代催化剂研究，二维 MOF 纳米片具有大比表面积和丰富的不饱和金属活性位点，因而具有优异的电催化性能[3]，研究热点专注于通过各种手段提升催化性能，例如：调节二维 MOF 的金属中心和配体组分、采用复合结构调控将二维 MOF 生长在各种基底上（如在导电基底上生长超薄二维 MOF），或是将 MOF 与其他功能材料复合（如 MOF-MoS_2、MOF- 石墨烯、贵金属纳米颗粒等）。

2. 生物质制氢

生物质制氢是将能源作物以及农业、林业、工业和社区的废弃物转化

---

[1] Wu Z P Lu X F, Zang S Q, et al. Non-noble-metal-based electrocatalysts toward the oxygen evolution reaction. Advanced Functional Materials, 2020, 30: 1910274.

[2] Zeng X, Shui J, Liu X, et al. Single-atom to single-atom crafting of Pt_1 onto $Fe\text{-}N_4$ center: Pt_1@ Fe—N—C multifunctional electrocatalyst with significantly enhanced properties. Advanced Energy Materials, 2018, 8(1): 1701345.

[3] Zhao W, Peng J, Wang W, et al. Ultrathin two-dimensional metal-organic framework nanosheets for functional electronic devices. Coordin. Chem. Rev., 2018, 377: 44-63.

为氢气，主要有热化学制氢和生物法制氢两类技术，分别利用热化学法或微生物将生物质（麦秸、稻草等）通过裂解或酶催化反应制得氢气。

生物质热化学制氢有热解制氢、气化制氢和超临界水转换制氢等。其中，生物质热解制氢是将生物质加热热解得到气、液、固相产物，由于产氢量较低，因此需要将热解产生的烯烃、生物油等重整制氢。该方法制氢工艺简单，生物质利用率高，但湿生物质脱水处理的过程能耗偏高，且热解过程中产生的焦油容易腐蚀设备和管道。生物质原料成分将影响制氢产量，研究表明含氮量较高的原料将具备较高的产氢量[1]。此外，热解温度、反应器配置和催化剂也会影响产氢率。随着制氢技术的快速创新，低温催化焦油重整制氢具有较高的应用研究价值[2]。

生物质气化制氢是在高温条件下使生物质与气化剂反应后产生富氢气体，具有工艺简单、操作方便等优点，但在制氢过程中也会产生焦油，且气化率低会导致制氢效率较低[3]。气化温度和压力对气化反应影响较大[4]，而不同气化剂对生物质制氢性能有显著影响，以氧气为气化剂时产氢量高，但制备纯氧能耗大；以空气为气化剂时虽然成本低，但存在大量难分离的氮气。合成气在制氢过程中起着重要作用，为了提高合成气中的氢含量，需要改进反应器、原料和反应条件。合成气提质可提高产氢量，改善 CO 转化率，提高氢气收率。此外，化学链热解气化可实现合成气各组分的分离，从而进一步提高氢气的浓度[5]。

生物质超临界水转换制氢在超临界条件下使水和生物质发生反应，生

---

[1] Bridgwater A V. Review of fast pyrolysis of biomass and product upgrading. Biomass and Bioenergy, 2012, 38: 68-94.

[2] Li S, Zheng H S, Zheng Y J, et al. Recent advances in hydrogen production by thermo-catalytic conversion of biomass. International Journal of Hydrogen Energy, 2019, 44(28): 14266-14278.

[3] Adamu S, Xiong Q G, Bakare I A, et al. Ni/$CeAl_2O_3$ for optimum hydrogen production from biomass/tar model compounds: role of support type and ceria modification on desorption kinetics. International Journal of Hydrogen Energy, 2019, 44(30): 15811-15822.

[4] Kumar A, Jones D D, Hanna M A. Thermochemical biomass gasification：a review of the current status of the technology. Energies, 2009, 2(3): 556-581.

[5] Mondal M, Datta A. Energy transfer in hydrogen separation from syngas using pressure swing adsorption (PSA) process: a thermodynamic model. International Journal of Energy Research, 2017, 41(3): 448-458.

成含氢气体并加以分离。该技术可直接使用湿生物质，避免生物质干燥过程所需能耗，生物质的转化率可达到100%，气体产物中氢气的体积含量可超过50%，且不生成焦油等副产品。然而，该方法操作复杂，反应条件苛刻，投资较大，且仍需解决设备的堵塞和腐蚀等问题，目前还处于研发阶段。不同参数对制氢产量的影响程度有所不同，大体为：反应温度 > 催化剂用量 > 催化剂类型 > 生物质原料种类[1]，对原料进行预处理有助于提升制氢性能。

生物法制氢是指在常温常压下利用微生物将生物质降解得到氢气，主要分为光生物（光发酵和光解水）、暗发酵和光暗发酵耦合制氢三种方法。光解水制氢是利用微生物通过光合作用分解水制氢，目前研究较多的是光合细菌、蓝绿菌等，其主要缺陷在于光能转化效率低，通过基因工程改造或诱变获得更高光能转化效率的制氢菌株可能是有希望的发展方向。暗发酵制氢是利用异养型厌氧菌或固氮菌将大分子有机物分解为有机小分子制氢，由于产生的有机酸不能被暗发酵制氢细菌继续利用，导致暗发酵制氢细菌制氢效率低下。光发酵制氢是利用厌氧光合细菌从小分子有机物中提取的还原能力和光提供的能量将 H^+ 还原成 H_2，可以在较宽泛的光谱范围内进行，制氢过程没有氧气的生成，且培养基质转化率较高，是一种很有前景的制氢方法。光暗耦合发酵制氢将光发酵和暗发酵结合，提高制氢能力和底物转化效率。光发酵制氢细菌可利用暗发酵制氢细菌产生的小分子有机酸，进一步释放氢气，从而提高制氢效率。但是，两类细菌在生长速率及酸耐受力等方面存在巨大差异，解决两类细菌之间的产物抑制是亟待解决的问题。目前，生物法制氢仅限于实验室研究，实验数据多数为短期结果，连续稳定运行的研究实例很少。

目前，世界上已经有很多生物质气化示范工厂，但总体来说仍处于研发阶段。生物质制氢的复杂工艺使其比基于太阳能或风能的电解制氢成本更高，大规模制氢潜力也受到缺乏大量低成本生物质原料的限制。

[1] Kang K, Azargohar R, Dalai A K, et al. Hydrogen production from lignin, cellulose and waste biomass via supercritical water gasification: catalyst activity and process optimization study. Energy Conversion and Management, 2016, 117: 528-537.

3. 光催化制氢

光催化分解水制氢技术利用光催化剂实现太阳能光催化分解水制取氢气，是一种理想的清洁制氢方式，但目前仍处于实验室研究阶段，实现大规模应用的关键是开发高效、稳定、宽光谱响应的光催化剂。

自 1972 年基于 TiO_2 光催化分解水首次被报道[1]以来，半导体催化剂就引起了广泛关注。半导体材料可以利用太阳光产生电子 - 空穴对，电子 - 空穴分离后迁移到材料表面并帮助其他物质发生还原、氧化反应，因而在光催化分解水领域被广泛研究。尽管已经取得大量成果，仍需提高半导体材料对太阳能尤其是可见光的利用率，此外还需提高光生电子 - 空穴对的分离和输运能力以提高量子产率，以及降低产氢能垒以提升产氢率。光催化分解水制氢半导体催化剂材料主要有：金属氧化物（TiO_2）、金属硫化物（CdS、ZnS 及其固溶体）、金属氮（氮氧）化物（Ta_3N_5、TaON 等）、石墨碳氮化物（g-C_3N_4）等。其中，TiO_2 由于具有低成本、高稳定性、低毒性和耐光腐蚀等优点，一直是研究的热点[2]。但 TiO_2 禁带宽度过大，仅能利用太阳光中的紫外光，且太阳能转化效率过低，因此通常通过离子掺杂和与其他半导体材料复合等方式对 TiO_2 进行改性以调整禁带宽度。通过 Pt、Au、Ag、Ni 和 Pd 等金属掺杂，可以降低能垒并诱导新的光吸收边缘，贵金属离子掺杂的 TiO_2 还可通过表面等离子体共振效应而利用更多可见光，N、F、C、S 等非金属掺杂形成的带隙更窄，可捕获更多可见光，转换效率更高，非金属共掺杂比单掺杂具有更高的光催化性能。此外，将 TiO_2 与其他半导体材料复合可以提升催化性能，宽带隙与窄带隙半导体材料复合形成的异质结还可增强对可见光的吸收，并加快光生电子 - 空穴对的分离和转移速度[3]。中国科学院大连化学物理研究所李灿院士团队基于光催化粉

[1] Fujishima A, Honda K. Electrochemical photolysis of water at a semiconductor electrode. Nature, 1972, 238(5358): 37-38.

[2] Wang J, Zhang D, Deng J, et al. Fabrication of phosphorus nanostructures/TiO_2 composite photocatalyst with enhancing photodegradation and hydrogen production from water under visible light. Journal of Colloid and Interface Science, 2018, 516: 215-223.

[3] Li X N, Huang H L, Bibi R, et al. Noble-metal-free MOF derived hollow CdS/TiO_2 decorated with NiS cocatalyst for efficient photocatalytic hydrogen evolution. Applied Surface Science, 2019, 476: 378-386.

末纳米颗粒悬浮体系，借鉴自然光合作用Z机制利用宽光谱半导体材料构筑可见光全分解水体系，成功拓展了Z机制全分解水制氢中产氢和产氧端催化剂对可见光的利用范围。该团队提出并验证了一种全新的“氢农场”策略，将分解水反应中的水氧化反应与质子还原反应在空间上分离，通过精准调控钒酸铋（$BiVO_4$）光催化剂氧化和还原反应晶面的暴露比例优化催化性能，可见光的光催化水氧化量子效率达到60%以上，体系的太阳能到氢能转化效率超过1.8%，并在户外太阳光照射下验证了“氢农场”策略的可行性[1]。

除了金属氧化物半导体，金属硫化物（CdS、ZnS及其固溶体）、金属氮（氮氧）化物（Ta_3N_5、TaON等）、石墨碳氮化物（g-C_3N_4）等材料也被用于光催化分解水制氢研究。CdS具有窄带隙和较好的带隙位置，但存在光腐蚀等问题；ZnS在硫化物/亚硫酸盐作为还原剂的情况下量子产率较高，但带隙较宽只能用于紫外光；金属氮（氮氧）化物也存在可见光利用效率低、电子-空穴对分离效率低等问题；石墨碳氮化物带隙窄、可见光响应能力强、耐光腐蚀，但其光生电子-空穴对的分离效率低。通常，通过掺杂、结构设计、助催化剂、形成异质结等策略来改善材料的光催化性能。

近年来，钙钛矿材料开始用于光催化剂研究，其独特的结构表现出较高的光吸收率和能量转换效率。最初研究较多的是钛酸锶（$SrTiO_3$）材料，但其带隙较宽只能用于紫外光条件下。日本东京大学堂免一成教授带领的联合研究团队基于$SrTiO_3$材料利用逐步光沉积法，制备了多种助催化剂共同修饰的铝（Al）掺杂的$SrTiO_3$∶Al复合催化剂，其在350～360 nm的紫外光波长领域实现了近100%的内量子产率，创造了全解水催化产氢析氧的量子产率纪录[2]。钛、钽、铌基$AB(ON)_3$型钙钛矿氮氧化物是在可见光下光催化水分解的理想催化剂材料，在扩大光催化剂的可见光响应方面取得

[1] Zhao Y, Ding C M, Zhu J, et al. A hydrogen farm strategy for scalable solar hydrogen production with particulate photocatalysts angew. Angewandte Chemie International Edition, 2020, 59: 9653.

[2] Takata T, Jiang J, Sakata Y, et al. Photocatalytic water splitting with a quantum efficiency of almost unity. Nature, 2020, 581(7809): 411-414.

了巨大成功，具有潜力将激发波长扩展到 700 nm 附近，但仍需进行大量研究以提升转换效率和稳定性。

6.2.1.2 高效储氢技术

由于氢气的密度较低，沸点极低，因此难以实现高密度存储，经济、高效、安全的储氢技术已经成为氢能规模化应用的关键技术。美国 DOE 在 2017 年更新了轻型燃料电池汽车用储氢系统的技术目标[1]，提出到 2020 年储氢系统的质量容量达到 4.5 wt%，体积容量达到 30 g/L，充 / 放氢循环寿命 1500 次，这在一定程度上代表了现阶段理想储氢材料的性能指标。

传统储氢技术主要有高压气态储氢和低温液态储氢。其中，高压气态储氢技术最为成熟，具有存储能耗低、成本低、结构简单、可室温运行、充放气速度快且调节灵活等优点，但其储氢密度较小，储氢效率低，且存在氢气泄漏、爆炸等安全隐患。低温液态储氢的储氢密度远高于高压气态储氢，其储氢容器体积小、效率高，但是由于液氢的沸点极低，氢气液化过程消耗的能量占到了储氢能耗的 25% ～ 45%，同时要求储氢容器具有很好的绝热性能，导致储氢成本高昂，且存在泄漏的隐患。固体储氢是一种新型储氢技术，通过物理或化学方式使氢气与固态储氢材料结合来储存氢气，主要有基于吸附的碳基材料储氢和有机框架材料储氢，以及基于共价键的氢化物储氢等。此外，基于加氢 / 脱氢反应的有机液体储氢也是近年来受到较多关注的新型储氢技术。上述技术中，金属有机骨架材料（MOF）储氢、金属氢化物储氢和有机液体储氢的储氢密度大，更为安全和环保，是有应用前景的高效储氢技术。

1. 金属有机骨架材料储氢

MOF 是含有有机配体，同时具有潜在孔洞的配位网络结构，是由含氧、氮等的多齿有机配体（大多为芳香多酸或多碱）与金属离子自组装而

[1] Target Explanation Document: Onboard Hydrogen Storage for Light-Duty Fuel Cell Vehicles. https://www.energy.gov/sites/prod/files/2017/05/f34/fcto_targets_onboard_hydro_storage_explanation.pdf[2017-05-30].

成的配位聚合物，具有产率高、结构可调、功能多变等特点，因此在储氢方面有很好的应用前景。美国密歇根大学 Yaghi 研究团队在 2003 年首次将合成 MOF-5 材料用于储氢，在 −195.15℃、0.7 atm 条件下，储氢量达到了 4.5 wt%，开辟了将 MOF 用于储氢的新思路[1]。近年来，研究者一直致力于研究孔隙率高、孔结构可控、比表面积大、化学性质稳定的 MOF 储氢，部分材料的储氢性能已经超过了 DOE 轻型燃料电池汽车用储氢系统的 2020 年目标性能。

2. 金属氢化物储氢

金属氢化物通过氢和碱金属以共价键结合方式生成离子型氢化物，在受热后分解释放出氢气达到储氢的目的，其储氢密度为 5.5 ～ 21 wt%。金属氢化物通常脱氢反应条件苛刻，而在温和条件下的反应往往是缓慢且不可逆的，实际储氢容量往往低于理论容量，尤其是在接近室温时。通过球磨、纳米结构、薄膜、掺杂金属、使用催化剂和添加剂以及改变热力学参数，可以提高金属氢化物的氢化和脱氢反应速率[2]。目前，已开发出多种金属氢化物储氢体系，包括二元简单氢化物 MH_x（M 代表金属）、金属间氢化物 AB_xH_y（A 为氢化金属，B 为非氢化金属）和复合氢化物 MEH_x（包含 BH_4^-、AlH_4^-、NH_2^-、$NH_2BH_3^-$ 等基团）。根据金属元素分类，则通常有镁系、稀土系、钛系、钒系、锆系等。

MgH_2 是镁系氢化物储氢材料的典型代表，可储存 7.6 wt% 的氢，但脱氢温度高、脱氢速度慢，通常通过合金化改善其储氢性能，如添加过渡金属元素（Ni、Co）、稀土元素（La、Nd）等，代表材料有 Mg-Ni 系合金（如 Mg_2Ni），但距离工业应用仍有较大差距。

稀土系储氢材料主要以 $LaNi_5$ 为代表，其稳定氢化物为 $LaNi_5H_6$，具有常温下吸放氢速度快、易活化、抗毒化等优点，但其储氢容量相对较低（1.38 wt%），且吸氢后体积膨胀过多容易导致粉化，还存在原料成本过高

[1] Rosi N L, Eckert J, Eddaoudi M, et al. Hydrogen storage in microporous metal-organic frameworks. Science, 2003, 300(5622): 1127-1129.

[2] Niaz S, Manzoor T, Pandith A H. Hydrogen storage: Materials, methods and perspectives. Renewable and Sustainable Energy Reviews, 2015, 50: 457-469.

的问题，将部分 La 用混合稀土 Mm（La、Ce、Nd、Pr）代替，能够降低成本并提升储氢容量和动力学性能，但会出现氢分解压大幅升高的问题，通常用 Al、Mn、Fe、Cu、Ag 等元素替代部分 Ni 以改善性能。

钛系合金储氢材料以 TiFe 为代表，理论储氢量为 1.86 wt%，其具有成本低、易制取、可在室温下循环吸放氢且速度快、循环寿命长等优点，但其活化较为困难，抗毒化能力弱，通过机械球磨或使用 Ni、Mn、Cr 等过渡元素替代部分 Fe 元素可改善活化性能，但仍需解决抗杂质气体毒化能力弱、容易丧失活性等问题。

除上述相对成熟的储氢材料，研究者们还致力于开发具有更好储氢性能的金属氢化物材料，一些材料虽然具备较高储氢容量，但仍存在一些缺陷。① LiH 的理论储氢量为 12.7 wt%，但脱氢温度高达 680℃。② $LiBH_4$ 的储氢容量可达 18 wt%，但脱氢温度约为 280 ℃，再氢化则要求达到 600 ℃ 和 850 atm 的条件，SiO_2 催化的 $LiBH_4$ 可在 200 ～ 350 ℃ 下释放 13.5 wt% 的氢气 [1]。③ $NaBH_4$ 可存储 20.7 wt% 的氢，但原料成本过高且有毒性。④ $LiAlH_4$ 的储氢容量为 10.6 wt%，其中 5.3 wt% 在 175 ～ 220℃下释放，剩余的氢则需要在 370 ～ 483℃才可释放，掺杂 CeB_6 的 $NaAlH_4$ 可以在 75℃下可逆存储 5 wt% 的氢。⑤ Li_3N 理论储氢容量达 10.4 wt%，实际在 320℃以上和 100 atm 条件下可逆储氢容量为 6.5 wt%。⑥ Li-Mg-N-H 体系储氢材料可储存 5.5 ～ 8.1 wt% 的氢，并可在 90℃以内、1 atm 以上的条件下脱氢，是最有潜力的储氢材料之一，基于密度泛函理论的第一性原理计算表明，LiMgH 是该体系中最有前景的材料，但目前还缺乏合适的制备方法 [2]。

3. 有机液体储氢

有机液体储氢技术主要通过不饱和液体有机物的可逆加氢和脱氢反应来储氢，具有储氢容量大、高效、环保、经济、安全等特点，可用于

[1] Crabtree R H. Hydrogen storage in liquid organic heterocycles. Energy & Environmental Science, 2008, 1(1): 134-138.

[2] Zhang B, Wu Y. Recent advances in improving performances of the lightweight complex hydrides Li-Mg-N-H system. Progress in Natural Science: Materials International, 2017, 27(1): 21-33.

大规模、远距离储存和运输。许多环烃类材料可用作有机液体储氢材料，如苯 / 环已烷、甲苯 / 甲基环已烷、萘 / 萘烷和联苯 / 双环已基，环烃类材料的储氢容量在 6 ～ 8 wt%[1]。其中，①苯 / 环已烷体系通过苯 – 氢 – 环已烷可逆化学反应来储氢，储氢容量达 7.19%，且常温下苯和环已烷均处于液态，易储运；②甲基环已烷脱氢产生甲苯，该体系的储氢含量为 6.2 wt%，常温下也为液态；③萘 / 萘烷体系储氢量高达 7.3 wt%，但在加氢、脱氢和运输过程中可能存在损耗 [2]。

上述传统有机液体储氢材料脱氢温度较高，因而难以在实际中大规模应用。不饱和芳香杂环有机物储氢密度高，N、O 等杂原子可以有效降低加氢和脱氢反应速度，含 N 的芳香杂环有机物中 N- 乙基咔唑的研究最多。作为新型的有机液体储氢材料，N- 乙基咔唑可在 130 ～ 150℃快速加氢，在 150 ～ 170℃脱氢，储氢容量可达 5.8 wt%。在常温下，乙基咔唑氢化的十二氢 -N- 乙基咔唑为液态，但其自身是片状晶体形态，可进行部分脱氢（90% 脱氢的储氢容量仍有 5.3 wt%）以保持液态便于运输，或者引入烷基取代基以降低熔点。目前对 N- 乙基咔唑体系的研究仍聚焦在提高脱氢效率、降低脱氢温度、优化催化剂活性及降低催化剂成本等方面。

6.2.1.3 先进燃料电池技术

根据电解质类型分类，燃料电池可分为质子交换膜燃料电池（PEMFC）、固体氧化物燃料电池（SOFC）、熔融碳酸盐燃料电池（MCFC）、磷酸燃料电池（PAFC）和碱性燃料电池（AFC）等。理论上燃料电池的能量转化效率可高达 90%，由于受工作条件限制，目前各类燃料电池的实际电化学效率不超过 70%。各类燃料电池的性能参数及应用领域见表 6-1。

[1] Aakko-Saksa P T, Cook C, Kiviaho J, et al. Liquid organic hydrogen carriers for transportation and storing of renewable energy—Review and discussion. Journal of Power Sources, 2018, 396: 803-823.

[2] 张媛媛，赵静，鲁锡兰，等 . 有机液体储氢材料的研究进展 . 化工进展，2016，35(9): 2869-2874.

表 6-1　各类燃料电池的性能参数及应用领域

类型	AFC	PAFC	MCFC	SOFC	PEMFC
电解质	氢氧化钾	磷酸	碱金属碳酸盐熔融混合物	氧离子导电陶瓷	含氟质子膜
电解质形态	液态	液态	液态	固态	固态
阳极	Pt/Ni	Pt/C	Ni/Al、Ni/Cr	Ni/YSZ	Pt/C
阴极	Pt/Ag	Pt/C	Li/NiO	$Sr/LaMnO_3$	Pt/C
工作温度 /℃	50 ～ 200	160 ～ 220	620 ～ 660	800 ～ 1 000	60 ～ 80
电化学效率 /%	60 ～ 70	45 ～ 55	50 ～ 65	60 ～ 65	40 ～ 60
燃料 / 氧化剂	氢气 / 氧气	氢气、天然气 / 空气	氢气、天然气、沼气、煤气 / 空气	氢气、天然气、沼气、煤气 / 空气	氢气、天然气、甲醇 / 空气
启动时间	几分钟	几分钟	>10 min	>10 min	<5 s
功率输出 /kW	0.3 ～ 5.0	200	2 000 ～ 10 000	1 ～ 100	0.5 ～ 300
应用领域	航天、机动车	电站、轻便电源	电站	电站、联合循环发电	机动车、电站、潜艇、便携电源、航天

资料来源：王吉华，居钰生，易正根，等，燃料电池技术发展及应用现状综述(上). 现代车用动力，2018，(2)：7-12，39.

燃料电池的电解质决定了其工作温度和离子转移过程，通常而言，随着工作温度的上升，燃料电池效率增加、材料成本降低，而系统复杂性和制造成本增加（图 6-2）。碱性燃料电池、磷酸燃料电池和熔融碳酸盐燃料

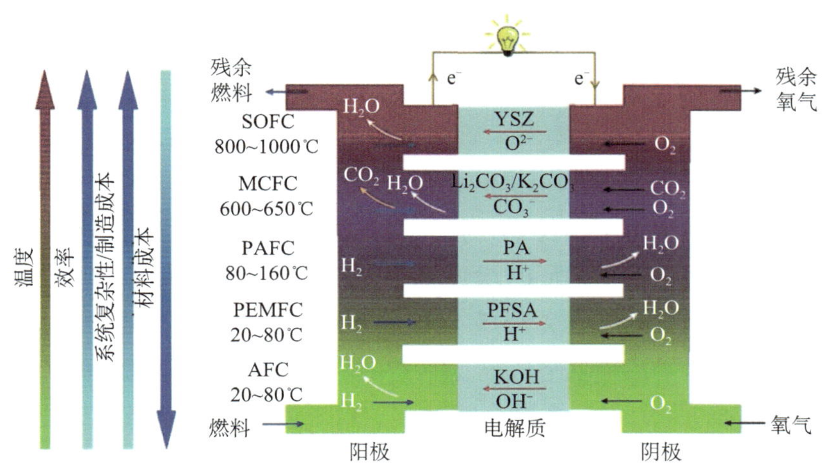

图 6-2　几类典型燃料电池的运行温度、效率、系统复杂性、制造和材料成本

资料来源：Wang S Y, Jiang P S. Prospects of fuel cell technologies. National Science Review, 2017, 4(2): 163-166

电池的电解质具有很强的腐蚀性，因此限制了其应用，PEMFC 和 SOFC 是目前最具商业前景的燃料电池类型。

1. 高温质子交换膜燃料电池

PEMFC 采用高分子膜作为电解质，其工作温度低、功率密度高、启动时间短、机动性好且环境友好，在交通领域应用较多。然而，PEMFC 采用昂贵的 Pt 催化剂，在低温下对 CO 的耐受程度极低，容易发生 CO 中毒从而影响寿命，对燃料纯度要求极高。当前 PEMFC 所使用的商用全氟磺酸膜（以美国杜邦公司的 Nafion 膜为代表）对燃料阻隔性不好，尤其是对甲醇等液体燃料，而且全氟磺酸膜的工作条件苛刻，要求低温（80℃以下）和高含水量，为此而引入散热和加湿系统，容易产生两相流和水淹问题，还增加了电池设计的复杂度。因此，开发高温、非水运行条件的 PEMFC 是先进燃料电池技术的一个研发重点。通过提高 PEMFC 的工作温度，可使水转化为水蒸气以简化排水系统，有效解决水管理问题，且可提高 Pt 催化剂对 CO 的耐受性，同时提高反应速率。另外，由于甲醇的重整温度较低（220 ～ 300℃），利用高温质子交换膜燃料电池和甲醇蒸汽重整器的热交换实现两者的集成，以易于保存和运输的甲醇液体作为氢气的载体进行原位制氢，可避免携带沉重的储氢设备，大幅降低系统成本和重量[1]。

高温 PEMFC 的研发关键是开发适合高温、低湿度环境的质子交换膜，研究热点包括：①聚苯并咪唑（PBI）材料，其中磷酸掺杂聚苯并咪唑（PA/PBI）具备高质子传导率和温度稳定性，通过填充 TiO_2、SiO_2、PBI 官能化 SiO_2 和黏土等无机物可提升磷酸掺杂度，钙钛矿等填料也可改进质子传导性能，无机填料可延长 PBI 膜的耐久性，引入支化结构得到的支化型 PBI 可在改善力学性能的同时增强质子传导率和热稳定性，加入交联剂（如多官能团卤代物、环氧化物、多元羧酸和双键官能团等）也可提高 PBI 膜的力学性能；②聚乙烯吡咯烷酮（PVP）材料，将 PVP 与聚醚砜（PES）或聚偏二氟乙烯（PVDF）等聚合物共混，PES 或 PVDF 充当骨架提高机

[1] Zhang J, Xiang Y, Lu S, et al. High temperature polymer electrolyte membrane fuel cells for integrated fuel cell—methanol reformer power systems: a critical review. Advanced Sustainable Systems, 2018, 2(8-9): 1700184.

械强度，可用于制备高温质子交换膜，基于 PCDF-PVP 和 PES-PVP 等复合膜材料制备的燃料电池在 150℃左右的无水条件下达到了较高的功率密度；③ PA/PBI/ 磷钨酸－介孔 SiO_2 复合膜，在 200℃无水条件下，硅与磷酸反应生成了磷硅酸盐使大量磷酸得以保留，解决了温度高于 180℃时磷酸分解为焦磷酸等问题，使燃料电池显示出卓越的稳定性[1]；④无机填料－磷酸复合材料，如 SnP_2O_7-H_3PO_4、$Al(H_2PO_4)_3$-H_3PO_4 和 $CaSO_4$-H_3PO_4 等，在 250℃下表现出高稳定性。

2. 阴离子交换膜燃料电池

开发非贵金属催化剂也是 PEMFC 的研究重点之一，大多数非贵金属催化剂只能在碱性介质下表现出合理的催化活性，因此阴离子交换膜是应用非贵金属催化剂、降低燃料电池成本的可行方向。相比质子交换膜，阴离子交换膜中燃料传导方向与阴离子运动方向相反，可减少燃料渗透，同时由于工作环境 pH 值高，增强了氧化还原反应，有助于提高电池效率。然而，阴离子交换膜接触 CO_2 时会形成碳酸根 / 碳酸氢根阴离子，即使是在 H_2/O_2 的密封体系中，仍会由于组件中碳材料而产生碳酸盐和碳酸氢盐，降低膜的电导率[2]。目前，阴离子交换膜燃料电池（AEMFC）在稳定性和放电性等方面尚未达到传统 PEMFC 的水平，提高阴离子交换膜的耐用性和导电性是 AEMFC 技术发展面临的主要挑战。

近年来，通过引入新型阳离子基团、侧链和聚合物主链，阴离子交换膜的性能和耐久性已经取得了一定进展。主要研究方向包括：①咪唑基团，其合成方法简单，结构适应性强可添加多种官能团，并且在水溶性溶剂中显示出选择性溶解性，是极有潜力的阳离子基团；②叔胺基团，如三乙烯二胺（DABCO）和四甲基己二胺（TMHDA）等，可同时充当交联剂，简化膜合成过程且提高机械稳定性；③金属阳离子功能基团，有助于提高离子交换容量和电导率，其中镍基离子交换膜比其他金属阳离子基离子交换

[1] Aili D, Zhang J, Jakobsen M T D, et al. Exceptional durability enhancement of PA/PBI based polymer electrolyte membrane fuel cells for high temperature operation at 200°C. Journal of Materials Chemistry A, 2016, 4(11): 4019-4024.

[2] Ziv N, Mustain W E, Dekel D R. The effect of ambient carbon dioxide on anion-exchange membrane fuel cells. ChemSusChem, 2018, 11(7): 1136-1150.

膜的电导率更高；④在磷和硫的基团上加入苯基和甲氧基，可以合成稳定的膦基和磺基阴离子交换膜[1]。

此外，研究聚焦在聚合物的结构设计以及优化合成线路等，以提高阴离子交换膜的化学和机械稳定性。在聚合物结构设计方面，根据功能基团在聚合物骨架上的位置，主要发展出功能基团位于聚合物主链和侧链两种类型。在长的脂肪族侧链上连接多个季铵基团，可形成疏水和亲水区域，表现出高的离子交换容量和导电性，已开发出室温下电导率高于 Nafion 膜的阴离子交换膜[2]。在膜的优化合成方面，通过非均相膜制备技术（如充孔 / 浸泡膜、混合基质膜），优化聚合物 / 多孔载体或纳米粒子的比例，实现膜的特性调控。

3. 低温固体氧化物燃料电池

SOFC 是全固态结构，具有转化效率高、无腐蚀、无泄漏、可进行模块化设计、使用非贵金属催化剂等优点，特别适合用于固定式和分布式发电。目前 SOFC 最常见和最成熟的电解质材料是 YSZ，其电导率有限使得 SOFC 需保持较高的工作温度（800 ～ 1000℃），这就要求各部件材料具备较高热稳定性、化学稳定性和机械强度，导致电池成本增加，使 SOFC 无法实现商业化。因此，降低 SOFC 的工作温度成为研发的重点。

过去几十年中，针对中温 SOFC（IT-SOFC）的研究已经取得了一定进展，通过薄膜化技术制备电解质薄膜，以及开发高活性电极材料，能够实现IT-SOFC的高性能运行[3]。然而，仍需进一步降低工作温度，以降低材料成本、减少热交换器尺寸、加速电池的启动 / 关闭、延长 SOFC 运行寿命。但随着 SOFC 工作温度降低，将引起电池欧姆电阻增加以及电极的极化电阻增加，尤其是阴极。因此，近年来的研究热点集中在降低 SOFC 工作温度的同时提高电池的电化学性能，其关键是开发具有更高电导率的新型电

---

[1] Zhang B, Gu S, Wang J, et al. Tertiary sulfonium as a cationic functional group for hydroxide exchange membranes. Rsc Advances, 2012, 2(33): 12683-12685.

[2] Zhu L, Pan J, Wang Y, et al. Multication side chain anion exchange membranes. Macromolecules, 2016, 49(3): 815-824.

[3] Zhang Y, Knibbe R, Sunarso J, et al. Recent progress on advanced materials for solid-oxide fuel cells operating below 500℃ . Advanced Materials, 2017, 29(48): 1700132.

解质材料，或通过先进的制备技术获得更薄的致密薄膜以减少 SOFC 单电池欧姆损失，以及纳米或微米结构电极材料减少阳极极化损失。

目前，低温 SOFC 的电解质材料主要有三大类：①氧离子传导电解质，掺杂 Sc_2O_3 的 ZrO_2（ScSZ）材料在 780℃时的电导率与 1000℃下的 YSZ 材料相当，但长期使用性能严重衰退，提高 Sc 掺杂量可解决这一问题，双掺杂或多掺杂 CeO_2 基电解质材料具备优异的导电性能，但需解决 Ce^{4+} 容易还原为 Ce^{3+} 的问题；②质子导体电解质，质子导体陶瓷（PCC）的低活化能使其成为中低温 SOFC 电解质的候选材料之一，新型钙钛矿材料、水合金属氧化物、纳米结构 YSZ、褐铁矿型材料和磷酸盐材料均被证实具有足够的质子导电性[1]；③复合电解质，其中氧化铈 - 碳酸盐复合材料是目前用于中温 SOFC 最成功的电解质材料，在 400 ～ 600℃内离子电导率可达到 0.01 ～ 1 S/cm，是单项材料的数十至数百倍，具有高电导率的多相电解质复合材料将有助于实现低温 SOFC，但对于其离子传导机理和传导路径等基本问题仍未完全探明[2]。

关于低温 SOFC 的电极材料的研究较少，多来自中、高温 SOFC 的研究经验。目前有应用前景的材料有：①钙钛矿型阴极材料，如立方相钙钛矿（ABO_3）、层状钙钛矿［如双层钙钛矿（$AA'B_2O_6$）］及 Ruddlesde-Popper 相材料（$A_{n+1}B_nO_{3n+1}$）；②镍基阳极材料，纳米结构优化将有助于提高性能，双层钙钛矿结构极化电阻小、电导率高，也是理想的阳极材料[3]；③纳米材料，具有高比表面积、高表面反应能和量子隧穿效应，可有效降低欧姆电阻，纳米晶体薄膜可显著提高离子电导率，使用真空气相沉积或纳米膜制备技术制取的纳米电解质 / 离子导电膜，可使 SOFC 的工作温度

---

[1] Meng Y, Gao J, Zhao Z, et al. Recent progress in low-temperature proton-conducting ceramics. Journal of Materials Science, 2019, 54(13): 9291-9312.

[2] Wang F，Lyu Y，Chu D，et al. The electrolyte materials for SOFCs of low-intermediate temperature. Materials Science and Technology，2019，35(13)：1551-1562.

[3] Rafique M，Nawaz H，Shahid Rafique M，et al. Material and method selection for efficient solid oxide fuel cell anode：recent advancements and reviews. International Journal of Energy Research，2019，43(7)：2423-2446.

从 600 ～ 800℃降至 300 ～ 500℃，同时还能保持良好的导电性能[1]，结合多种纳米工艺制备的纳米复合电极材料可提高低温工作时的电极活性。

澳大利亚昆士兰大学和我国南京工业大学的联合研究团队对 300 ～ 500 ℃温度范围内峰值功率密度超过 500 mW/cm² 的研究结果进行了总结[2]，提出了现阶段可在 400℃以内峰值功率密度达到 1000 mW/cm² 的低温 SOFC 的理想配置（图 6-3）。

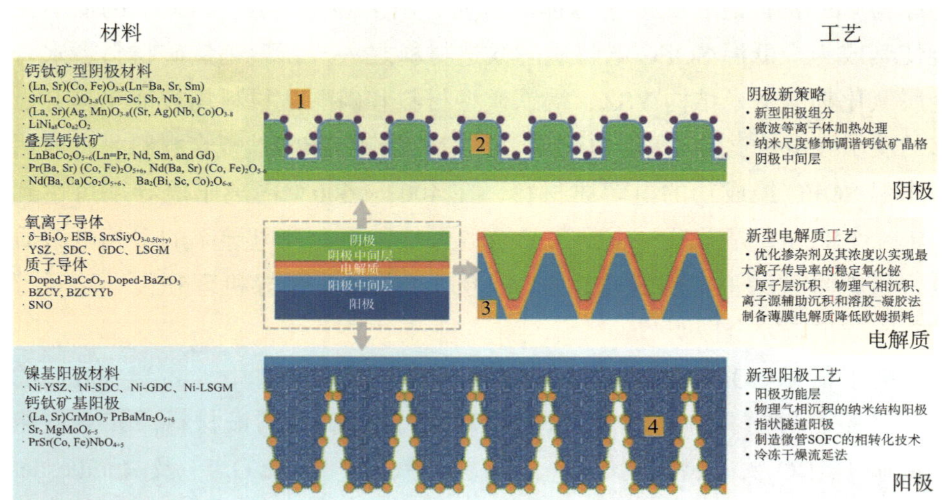

图 6-3　低温 SOFC 的理想配置

资料来源：Zhang Y, Knibbe R, Sunarso J, et al. Recent progress on advanced materials for solid - oxide fuel cells operating below 500℃ . Advanced Materials, 2017, 29(48): 1700132

6.2.2　主要发展趋势

制氢技术将向绿色制氢发展，短期内化石燃料制氢将配备 CCUS 系统以降低排放，小型分布式化石燃料重整制氢将得到示范推广，核能热解水制氢和可再生能源电解水制氢将向规模化应用发展。中长期内新型制氢技

[1] Fan L, Zhu B, Su P C, et al. Nanomaterials and technologies for low temperature solid oxide fuel cells: recent advances, challenges and opportunities. Nano Energy, 2018, 45: 148-176.

[2] Zhang Y, Knibbe R, Sunarso J, et al. Recent progress on advanced materials for solid-oxide fuel cells operating below 500℃ . Advanced Materials, 2017, 29(48): 1700132.

术将得到发展，如改进生物质 / 废物制氢催化剂和工艺以降低成本，提高寿命、效率和稳定性；提高藻类制氢效率和产氢纯度；开发催化剂实现中温水热分解；基于纳米材料改进光阳极和催化剂提高产氢率和灵活性，降低成本，开发光催化重整醇类制氢和生物质制氢技术。

高压储氢技术将向更高压力、轻质的方向发展，开发新型轻质、耐高压氢材料（如玻璃纤维或芳纶纤维材料）以及新的储罐制造工艺。低温液态储氢具备储能密度大等优势，在氢能大规模应用方面可发挥重要作用，未来将向提高效率和可靠性、降低成本方面发展，提高液化效率，开发低导热率、高强度、低温性能优良的储氢罐材料，在加氢站和长距离运氢中普及低温液态储氢。有机液体储氢方式作为当前极有前景的新型储氢技术，储氢密度高，液体载体形式易于跟现有加油站等基础设施匹配，研究方向将专注于降低脱氢温度、提高脱氢速率和效率、研究更高效的催化剂及反应条件、降低脱氢成本。采用低温煤焦油中含量较高的多环芳烃作为原料，既可以解决低温煤焦油高附加值利用问题，又可以得到大量的储氢介质。采用非贵金属制备双金属或多金属催化剂，减少贵金属的使用量，从而降低催化剂成本，通过实验提高催化剂的活性和稳定性，优化反应条件，可实现储氢介质低成本化。

对于燃料电池 / 电解槽技术，短期内将开发质子交换膜燃料电池 / 电解槽的低铂含量催化剂和低成本高性能替代催化剂，以及电解质隔膜等；开发极端环境下的燃料电池及组件；提高固定式燃料电池效率、耐久性，改进能量管理系统；提高碱性固体阴离子交换膜电解槽效率和耐久性；提高固体氧化物电解槽耐久性，降低成本。而在中长期内，则将进一步优化电解质、催化剂和电极、电堆等技术，以促进燃料电池和电解槽系统成本大幅降低，实现氢气在交通和电力领域的大规模商业化。因此，将着重关注以下发展方向：①电解质：开发耐用、低成本、高性能电解质，提高聚合物电解质燃料电池 / 电解槽温度，降低固体氧化物燃料电池 / 电解槽温度；②催化剂与电极：开发陶瓷燃料电池的耐久稳定电极，以及低温直接氧化甲醇 / 乙醇的阳极电催化剂，降低质子交换膜电池铂载量，开发低温燃料电池非贵金属催化剂；③电堆：开发能够承受快速频繁热循环和负荷循环的电堆，研发连接件和双极板的低成本替代材料、耐腐蚀涂层，提高固体氧化物燃料电池电堆密封寿命，进行电堆和辅助系统（BoP）新型设计，实现模块化电堆单元；④燃料电池系统：提高系统效率，减少组件数量，实现燃料电池系统与储能、燃气轮机等的集成。

6.3 颠覆性影响及发展举措

6.3.1 技术颠覆性影响

1. 氢能将促进多种能源的优势互补，推进能源系统发生颠覆性变革

由于兼具能源、载体、原料等多重属性，氢能天然具备在能源系统中灵活转换的特性，从能源供应侧到消费侧都将发挥关键作用。氢气既可作为用能端消耗能量，又可作为供能端进行发电、供热、供气，配合能源互联网、“电转化为多种能源载体”（Power-to-*X*）等技术，能够促进多种能源的互联互补，实现跨能源网络的协调优化，使构建新一代多能融合的智慧能源系统成为可能。

发展氢能可以加速对可再生能源的部署，通过将可再生能源转化为氢气或者含氢燃料等能源载体，能够实现可再生能源电力稳定长期存储，以平抑可再生能源的长周期波动性和间歇性，有效促进可再生能源消纳，缓解风能、太阳能等可再生能源大规模、高比例接入电网带来的巨大调峰调频压力；通过远距离输运氢燃料或者含氢燃料，实现将可再生能源从资源丰富的地区高效转移到用能负荷中心，可有效解决可再生能源供需存在的严重区域错配问题。同时，氢能也是交通、工业、建筑低碳转型发展的重要途径，是实现终端用能耦合的唯一大规模技术（图 6-4）。

2. 发展氢能有助于增强国家能源安全

能源安全一直是各国高度重视的问题，直接关系国家安全，尤其是2020 年全球新冠疫情大流行导致经济严重衰退，国际油价低位震荡，加剧了能源地缘政治博弈，更凸显出能源安全的重要性。氢能来源广泛，应用场景多样，作为能源资源能够替代传统能源推进能源系统转型，作为储能载体则可提升能源系统灵活性以增强安全性和可靠性。在当前技术手段

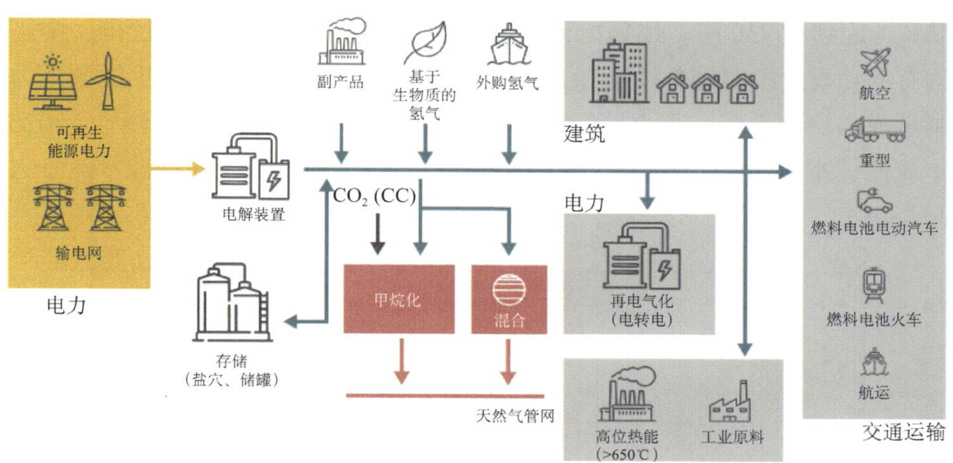

图 6-4　通过氢能将可再生能源整合到终端应用

资料来源：IRENA. Hydrogen from Renewable Power: Technology Outlook for the Energy Transition

下，氢能可通过化石燃料、可再生能源、核能等多种技术手段制取。将氢能的能源和载体属性相结合，能够增加对波动性可再生能源的消纳，还可发挥氢能的原料属性用于钢铁、化工等多个领域；氢及其衍生燃料可替代传统的汽油、柴油等碳基交通燃料，还可以直接或间接混入当前天然气网用于建筑供气、制热。氢能具备能量密度高、运输方式多样等特点，可在区域能源供应方面发挥灵活调度的特点，实现电网的“削峰填谷”，有助于减轻极端状况下的能源供应风险。另外，可再生能源等资源生产的氢气与油价关联度不高，能够减轻油气价格波动对国内能源供应及经济的影响。

3. 氢能将带来巨大的社会经济效益

氢能成本正在逐渐降低，大规模应用成为可能。全球多个国家正部署可再生能源电解水制氢的示范项目和早期商业项目，并注重改进电解槽技术和扩大电解制氢产能，电解槽制氢项目规模呈指数级增长。氢能商业应用不断增加，根据国际能源署的统计数据[1]，截至 2021 年底，全球燃料电池汽车保有量同比增长 50%，达到约 51 600 辆，全球投运加氢站同比增长

[1] Global EV Outlook 2022. https://www.iea.org/reports/global-ev-outlook-2022.

35%，达到约 730 座。燃料电池列车已受到多个国家的关注，德国、中国均有成功投运的案例。风电和光伏发电的成本下降将使得可再生能源电力制氢成本快速下降，根据国际可再生能源机构（IRENA）的预测[1]，2025 年前低成本风力和光伏发电制氢将具备与化石燃料制氢相当的成本竞争力（图 6-5）。

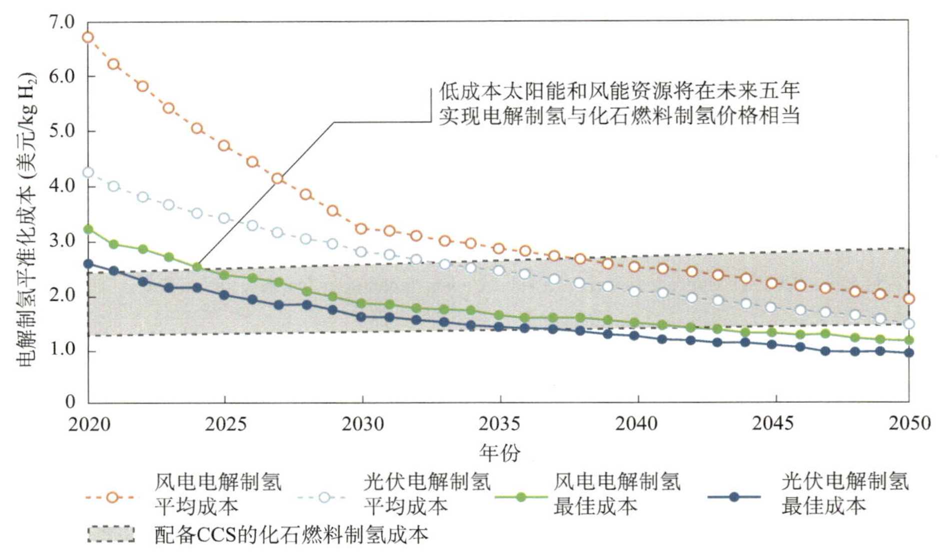

图 6-5 风电和光伏发电制氢成本发展趋势

资料来源：IRENA. Hydrogen: A Renewable Energy Perspective

根据彭博新能源财经（BNEF）的分析[2]，2050 年全球平均温升控制在 1.5℃情况下，如果实行零星支持政策，预计全球氢能消费将达到 27 EJ，满足终端用能需求的 7%；如果采取强有力的支持政策，则将达到 99 EJ，占全球终端能源需求的 24%，氢能年销售额将达到 7000 亿美元；如果所有不太可能实现电气化的部门都使用氢能，氢能消费将再翻一番，达到 195 EJ。氢能和燃料电池大规模应用将带动全产业链的发展，尤其是钢铁、

[1] Hydrogen: A Renewable Energy Perspective. https://www.irena.org/-/media/Files/IRENA/Agency/Publication/2019/Sep/IRENA_Hydrogen_2019.pdf[2020-08-30].

[2] Hydrogen Economy Outlook. https://data.bloomberglp.com/professional/sites/24/BNEF-Hydrogen-Economy-Outlook-Key-Messages-30-Mar-2020.pdf[2020-08-30].

化工、汽车等行业，促进经济增长，增加就业。根据普华永道的预测[1]，到 2050 年，全球绿色氢出口市场规模可能达到 3000 亿美元，可创造 30 万个可再生能源发电岗位和 10 万个电解制氢岗位。欧盟委员会指出，到 2030 年，部署氢能将为欧盟创造 1300 亿欧元的产业，出口潜力将达到 700 亿欧元，净出口额将达 500 亿欧元，氢能产业将为欧洲创造约 100 万个就业岗位。到 2050 年，欧盟氢能产业将达到 8200 亿欧元，提供 540 万个就业岗位。

4. 氢能有助于实现建筑、交通和工业大规模脱碳，带来巨大环境效益

氢能将在钢铁、化工、航运、卡车和航空业等难以脱碳的行业发挥重大潜力。通过可再生能源生产氢气，技术上可实现将大量可再生能源电力转移到难以脱碳的部门。利用现有的天然气输送网络，将氢气混入天然气中，甚至直接输送纯氢气，可用于工业、家庭供暖和发电，以降低碳排放。使用基于燃料电池的热电联产技术还可提高天然气供暖系统的能效。对于交通运输部门，氢气是卡车、公共汽车、轮船、火车、大型汽车、商用车和航空运输最有前途的脱碳选择：燃料电池比电动汽车电池和内燃机消耗的原材料少得多；与快速充电相比，氢燃料补给设施仅需要城市和高速公路 1/10 的空间；通过供应商可灵活供应氢气，而大规模部署快速充电设施则需对电网进行重大升级；氢和合成氢燃料是航空燃料大规模脱碳的唯一选择。对于工业部门，既能燃烧氢气供热，还可将氢气或氢基合成燃料作为原料。例如，氢气可作为炼钢过程中的还原剂，还可用作炼油厂氨生产和加氢处理的原料。以美国为例，规模化的氢经济将使美国到 2050 年降低 16% 的 CO_2 排放和 36% 的 NO_x 排放[2]。

然而，氢能大规模部署也存在一定的安全隐患。氢气扩散快、爆炸极限宽、燃点低，一旦泄漏极易引起爆炸和火灾，因此氢气的储运、加氢站运营及燃料电池使用过程都存在安全隐患。尤其是加氢站，其在设计、建造、运营过程中涉及的安全问题繁多，如加氢设备、输送管道等应进行防

[1] The Dawn of Green Hydrogen: Maintaining the GCC's Edge in a Decarbonized World. https://www.strategyand.pwc.com/m1/en/reports/2020/the-dawn-of-green-hydrogen/the-dawn-of-green-hydrogen.pdf[2020-08-30].

[2] The Fuel Cell and Hydrogen Energy Association (FCHEA). Road Map to a U.S. Hydrogen Economy. https://www.fchea.org/us-hydrogen-study[2020-08-30].

泄漏措施处理；加氢站内需配置防爆电气元件，还需采取防静电措施以预防静电导致的着火；加氢站内应设置排风排气装置；加氢站加注设备应具备安全联锁功能和过压保护功能；要防止高速氢流与储氢瓶之间摩擦导致的高电位氢流引起氢气的燃烧等。随着人口较为密集的城市内加氢站数量的增加，加氢站的安全性将成为社会关注的焦点。当前，加氢站等配套设施的爆炸事件已经发生多起，2019 年挪威加氢站爆炸、韩国和美国的储氢罐爆炸等事件加大了社会恐慌和民众对氢能的抵触。

6.3.2 各国 / 地区发展态势与竞争布局

目前，世界主要国家和地区都将发展氢能与燃料电池技术提升到国家能源战略层面，相继制定发展规划、路线图以及相关扶持政策，探索加快产业化发展途径。

1. 美国

美国是氢能经济的倡导者，也是推动氢能发展最重要的国家之一，其对氢能的关注由来已久，早在 20 世纪 70 年代即提出“氢经济”的概念，开展氢能的研发工作。美国国会先后于 1990 年和 1996 年通过了《氢能研究、开发与示范法案》《未来氢能法案》[1]，后者批准近 1.65 亿美元资金用于在 1996 ～ 2001 年开展氢能的生产、储存、运输和利用的研发示范工作。在小布什政府时期，美国政府相继发布了《美国向氢经济过渡的 2030 年远景展望》[2]《国家氢能路线图》[3]《氢能燃料倡议》[4]《氢能技术研究、开发和示范行动计划》[5] 等规划文件，从战略到战术层面提出了到 2040 年

[1] U. S. Congress. Hydrogen Future Act 1996. https://www.hydrogen.energy.gov/pdfs/hydrogen_future_act_1996.pdf.

[2] U.S. Department of Energy. A National Vision of America’s Transition to a Hydrogen. Economy-to 2030 and Beyond. https://www.hydrogen.energy.gov/pdfs/vision_doc.pdf.

[3] U.S. Department of Energy. The National Hydrogen Energy Roadmap. https://www.hydrogen.energy.gov/pdfs/national_h2_roadmap.pdf.

[4] U.S. Department of Energy. Hydrogen Fuel Initiative. https://www.hydrogen.energy.gov/h2_fuel_initiative.html.

[5] U.S. Department of Energy, U.S. Department of Transportation. Hydrogen Posture Plan：A Integrated Research, Development, and Demonstration Plan. https://www.energy.gov/sites/prod/files/2014/03/f11/hydrogen_posture_plan_dec06.pdf.

实现氢经济、形成以氢能为基础的能源体系的目标。为了落实上述规划目标，美国 DOE 于 2004 年启动了“氢能和燃料电池多年期计划”，旨在整合国家实验室、学术界、产业界力量，共同合作致力于氢能和燃料电池的基础研究、应用研究、开发、创新和示范，促进氢能和燃料电池的多样化应用。到了奥巴马执政时期，美国政府对清洁能源产业的重视和支持力度达到了空前的高度，政策和资金上都给予大量支持：一方面继续向“氢能和燃料电池多年期计划”给予稳定经费支持（2009 ～ 2016 年年度经费均在 1 亿美元以上）[1]，推进氢能与燃料电池技术的研究和商业化工作；另一方面，国会制定了《美国燃料电池和氢能基础设施支持法案2012》[2]，进一步提升了燃料电池和氢能基础设施税收抵免的额度，对美国境内加氢站的税收抵免比例从 30% 提升到了 50%，提高了财政激励以进一步刺激企业投资氢能产业的积极性。

2016 年 11 月，DOE 提出 H_2@Scale[3] 重大研发计划，成立产学研联盟来整合政府、国家实验室、企业的研究力量，共同探索解决氢能规模化应用面临的技术和基础设施挑战，从而在美国多个行业实现价格合理、可靠的大规模氢气生产、运输、储存以及利用。该计划重点关注七个领域的研发示范工作：氢能技术经济模型和分析、氢能相关产品性能验证、氢能相关材料和组件制造研发、氢能材料兼容性研发、安全性问题研究、氢能生产过程副产品的利用技术开发、电网模拟和测试等。在特朗普执政期间，尽管对清洁能源重视有所减弱，但联邦政府依旧给予氢能和燃料电池产业化工作稳定支持。一方面，继续执行“氢能和燃料电池多年期计划”，2018 财年共投入 1.66 亿美元支持研发工作，同时两党通过预算法案，继续对固定式燃料电池发电和交通应用燃料电池的联邦商业投资进行税收抵免。另

[1] U.S. Department of Energy. Hydrogen & Fuel Cells Program Budget. https://www.hydrogen.energy.gov/budget.html.

[2] U. S. Congress. The Fuel Cell and Hydrogen Infrastructure for America Act of 2012. https://larson.house.gov/sites/larson.house.gov/files/migrated/images/stories/Fuel_Cell_and_Hydrogen_Infrastructure_for_America_Act__Summary.pdf.

[3] U.S. Department of Energy. H_2@Scale：Enabling Affordable, Reliable, Clean, and Secureenergy Across Sectors. https://www.energy.gov/sites/prod/files/2019/02/f59/fcto-h2-at-scale-handout-2018.pdf.

一方面，持续推进 H_2@Scale 计划，从 2019 年 3 月开始陆续公布了多批 H_2@Scale 研究资助项目（表 6-2）。2020 年 6 月，DOE 宣布未来 5 年将投入 1 亿美元[1]，支持以 DOE 国家实验室为主导的 2 个氢能和燃料电池实验室联盟的研发示范工作，并推进实现 H_2@Scale 计划愿景。两者分别关注如下领域：①大规模低成本电解制氢的研发示范；②重型燃料电池车辆研发。

表 6-2　H_2@Scale 计划资助项目详情

技术领域	主题	具体研究内容
制氢	氢气生产利用方式创新	开发更加经济高效的裂解水产氢（电解、光催化、电催化等）的催化剂，将产氢的成本降至低于 2 美元 /GGE，以实现车载氢能燃料电池成本降至低于 4 美元 /GGE 的目标；开发更加经济高效的生物质制氢技术，以将生物质制氢的成本从当前的 50 美元 /GGE 降至 6 美元 /GGE；开发能量效率大于 50%、功率大于 1 kW 的燃料电池电堆原型
	新型水解产氢材料开发	面向碱性燃料电池应用的阴离子交换膜设计和制备；新型涂层材料改善固体氧化物电解槽的化学稳定性；开发高氢气通量的薄膜固体氧化物电解槽；用于水裂解产氢电解槽的质子交换膜性能和耐久性研究；开发用于光电化学电池的钙钛矿 / 钙钛矿串联的光电极；开发复合催化剂材料构建 Z-scheme 催化体系并进行性能评估；新型高熵钙钛矿氧化物提升热解产氢稳定性；针对低温热解产氢，探索和开发新材料；开发能够催化裂解污水产氢的非贵金属催化剂；开发多功能氧电极用于长寿命的电解水制氢；采用 3D/2D 复合疏水性钙钛矿催化剂实现高效的太阳光驱动电解水制氢
	生物质制氢联产副产品	开发高效的微藻电化学反应器，利用木质纤维素产氢；开发二氯盐催化剂用于甲烷制氢；使用甲烷脱碳纳米纤维与氢气反应来制备高耐久性的混凝土
	集成氢气生产、存储和加注一体化试点系统	开发一个集成氢气生产、运输、存储、加注和使用的一体化试点系统
	H_2@Scale 试点项目	开发一个与核电反应堆相连接的电解槽，利用高温进行热解水产氢；在得克萨斯州建立一个集成氢气生产、存储、运输和使用的试点场址
	电解槽研发	吉瓦规模的质子交换膜电解槽先进制造工艺研发；通过优化电解槽组件（电极、隔膜和催化剂）和制造工艺，降低质子交换膜电解槽的成本

[1] U.S. Department of Energy. DOE Announces New Lab Consortia to Advance Hydrogen and Fuel Cell R&D. https://www.energy.gov/articles/doe-announces-new-lab-consortia-advance-hydrogen-and-fuel-cell-rd.

续表

技术领域	主题	具体研究内容
储运氢	先进储氢材料和基础设施	研发新型的储氢材料，实现更加安全和更高容量的氢气存储和输运，即将当前的 20 ～ 50 MPa 高压氢气压缩和存储技术提升至 70 MPa，存储容量达到 4000 kg（当前是 1000 kg），储氢成本降至 5 ～ 7 美元 /GGE
	新型储氢载体材料开发	开发高吸附容量的沸石型咪唑框架氢气吸附材料；开发包含呋喃和吡咯镁基硼烷可逆储氢材料；开发具备氢气释放功能的可重复使用的新型催化剂；开发新型可逆的氨基化合物液态储氢材料
	避免氢腐蚀新材料开发	开发自修复的共聚物用于氢气输送软管以减轻氢腐蚀，延长软管寿命；通过微结构工程和加速试验方法来开发低成本、高性能的氢气存储和输运材料；开发新型的疲劳试验系统，降低不锈钢储氢罐疲劳裂纹测试成本；合金储氢材料的氢脆腐蚀分析研究；调控不锈钢中碳化物成分，增强其抗氢脆性能；通过组分调控开发下一代低成本、高抗氢脆特性的奥氏体不锈钢
	用于氢气和天然气储罐的先进碳纤维材料研发	开发由低成本聚丙烯腈纤维的熔融纺丝组成的碳纤维材料，用于制备高压储氢罐；开发低成本、高机械强度的中空碳纤维材料用于高压天然气储罐；开发低成本复合碳纤维材料，降低储罐成本
燃料电池	可逆燃料电池开发和验证	开发可逆的固体氧化物燃料电池系统；针对质子交换膜燃料电池，开发新型的堆栈方法获得高能量效率
	重型卡车用的燃料电池研发	通过增强离聚物骨架的稳定性延长全氟磺酸（PFSA）质子交换膜使用寿命；抗氧化剂聚合物用于燃料电池的聚合物电解质膜以延长隔膜寿命；研发先进的质子交换膜燃料电池膜电极用于重型卡车燃料电池系统；开发能够在 120℃以上温度高效稳定使用的长寿命、高导电性的质子交换膜；开发用于重型卡车的质子交换膜燃料电池系统；在美国本土开设重型卡车用的燃料电池制造工厂
市场化	新市场开发	将氢发电厂的电力用于炼钢厂；将固体氧化物电解池（SOEC）与直接还原炼铁工厂集成，实现绿色炼铁
	市场示范	开展海洋氢能产业示范（如探索氢能动力船舶、氢能在港口机械设备中的多应用场景示范）；开展氢能电力供应数据中心项目示范
	为氢能产业培养劳动力	针对未来的氢能产业，开展氢能与燃料电池技术知识以及劳动力发展和培训计划

2020 年 11 月，DOE 发布《氢能计划发展规划》[1]，对早在 2002 年发布的《国家氢能路线图》以及 2006 年启动的“氢态势计划”（Hydrogen Posture Plan）提出的战略规划进行了更新，综合考虑了 DOE 多个办公室先后发布的氢能相关计划文件，提出了未来 10 年及更长时期氢能研究、开发

[1] U.S. Department of Energy. Energy Department Hydrogen Program Plan. https://www.hydrogen.energy.gov/pdfs/hydrogen-program-plan-2020.pdf.

和示范的总体战略框架。该规划明确了美国未来氢能发展的核心技术领域、需求和挑战以及研发重点，并更新了到2030年的主要技术经济指标，旨在推动研究、开发和验证氢能转化相关技术（包括燃料电池和燃气轮机），并打破机构和市场壁垒，最终实现跨应用领域的广泛部署。“氢能计划”将利用多样化的国内资源开发氢能，以确保丰富、可靠且可负担的清洁能源供应（图6-6）。

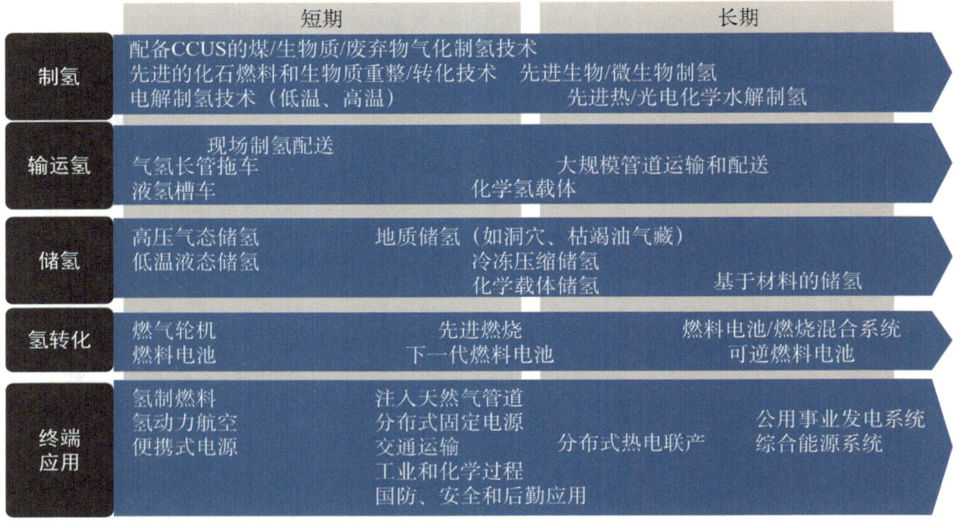

图6-6　DOE“氢能计划”阶段性技术开发重点

除了联邦政府以外，美国各州政府也根据各自情况积极出台相应的氢能和燃料电池发展政策规划，以促进地区的氢能产业发展。据统计，早在2016年美国就有10个州颁布相关政策，支持燃料电池产品逐步投入市场，包括氢燃料电池汽车税收减免，在工厂、居民区等地安装部署燃料电池发电系统等。加利福尼亚州是美国加氢设施建设相对领先的地区。截至2019年，加利福尼亚州运营中的燃料电池公共汽车有30辆，运营中的零售加氢站有39座。未来计划再增加25座加氢站、4架燃料电池飞机和22辆燃料电池公共汽车。同时，加利福尼亚州政府还对燃料电池车进行了较高的环保补贴。在设施规划上，加利福尼亚州能源委员会则提出了“加利福尼亚州百座加氢站计划”，这一计划旨在实现加利福尼亚州到2024年前拥有 100 座加氢站的目标[1]。

2. 欧盟

欧盟将氢能和燃料电池作为优先发展的战略高新技术，其主要目的是维持欧盟在高新技术领域的全球领先地位，以及更好地应对能源和气候变化的挑战，帮助欧盟实现《巴黎气候协定》承诺的减排目标，助力欧盟打造气候中性经济体。

欧盟早在 2002 年就成立了由时任欧盟委员会副主席洛约拉・德・帕拉西奥（Loyola de Palacio）领导的氢能和燃料电池高级专家组，次年发布了《未来氢能和燃料电池展望报告》[2]作为纲领性文件。2004 年，欧盟成立欧洲氢能和燃料电池技术平台，随后发布了《战略研究议程》和《部署战略》，提出了未来氢能和燃料电池发展的战略重点。2008 年 7 月，欧盟批准了 FCH-JU，在 2008 ～ 2014 年［欧盟第七框架计划（FP7）］期间共投入 4.89 亿欧元（其中 4.37 亿欧元由欧盟承担，剩余由项目参与方自筹）经费用于氢能与燃料电池技术研究和市场化发展相关的 155 个研发项目，主要涉及氢气制备和输运、交通运输、固定电站等领域，取得了丰硕的成果，显著改善了欧盟氢能和燃料电池产业链[3]。2013 年，欧盟宣布在“地平线 2020”[4]计划框架下，实施 FCH-JU 二期，向氢能和燃料电池领域公私投入共 13.3 亿欧元的资金，其中燃料电池在交通运输和能源领域的经费各占 47.5%，其余 5% 的经费用于其他交叉技术领域研究，以整合公私研究力量，攻克氢能和燃料电池产业化应用进程中面临的诸多技术挑战，打造具有全球竞争力的氢能和燃料电池产业，加快其在交通运输和固定电站领域的实际应用部署。

---

[1] 全球第一！美国燃料电池汽车累计销售 6547 辆 中国如何？http://www.cbea.com/yldc/201905/876628.html.

[2] European Commission. Hydrogen and Fuel Cells, A Vision of Our Future. http://ec.europa.eu/research/energy/pdf/hydrogen-report_en.pdf.

[3] FCH-JU. Final Evaluation of the Fuel Cells and Hydrogen Joint Undertaking (2008-2014) Operating Under FP7. https://www.fch.europa.eu/sites/default/files/Final_evaluation_of_FuelCellsHydrogenJointUndertaking2008-2014operating_underFP7.pdf.

[4] European Commission. Horizon2020. https://ec.europa.eu/programmes/horizon2020/sites/horizon2020/files/H2020_inBrief_EN_FinalBAT.pdf.

2019 年 2 月，FCH-JU 基于最新的发展趋势研判，发布了《欧洲氢能路线图：欧洲能源转型的可持续发展路径》报告[1]，提出了面向 2030 年、2050 年的氢能发展路线图，指出氢能到 2050 年可占欧洲终端能源需求的 24%，将带来巨大的社会经济效益。为此路线图提出了氢能在建筑、交通运输、工业和电力领域的阶段性发展目标，为欧洲大规模部署氢能和燃料电池指明了方向（图 6-7）。

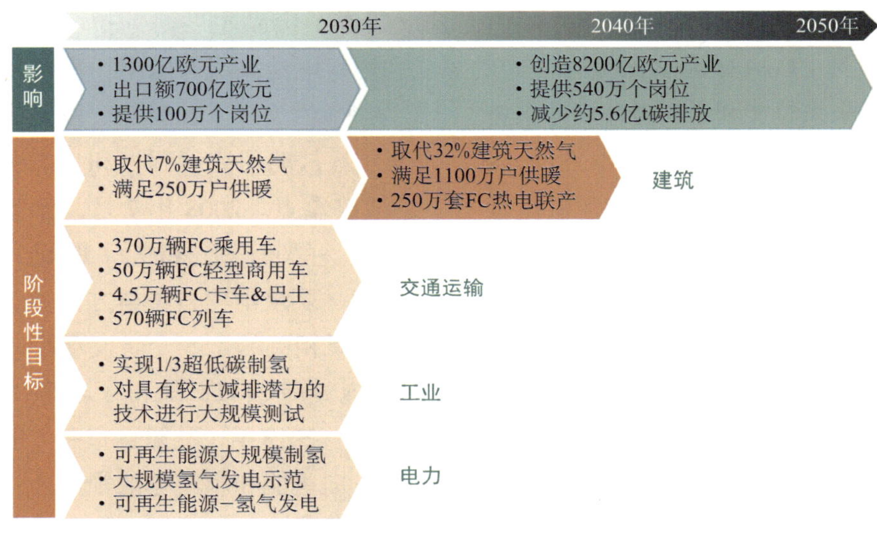

图 6-7　欧盟氢能与燃料电池路线图

2019 年 9 月，EERA 发布了新版《氢能与燃料电池联合研究计划实施规划》[2]，确定了到2030年欧盟在氢能与燃料电池技术领域的研究目标、行动计划和优先事项，以促进氢能与燃料电池技术的大规模部署和商业化。该规划计划到 2030 年投入 7.3 亿欧元，支持 7 个领域的研究重点和关键项目，并明确了实施优先级和预算。上述 7 个领域包括：电解质；催化剂与

[1] Hydrogen Roadmap Europe: A Sustainable Pathway for the European Energy Transition. https://www.fch.europa.eu/sites/default/files/Hydrogen%20Roadmap%20Europe_Report.pdf[2020-08-30].

[2] EERA JP Fuel Cells and Hydrogen. EERA JP Fuel Cells and Hydrogen Publishes Its Implementation Plan up to 2030. https://eera-set.eu/news-resources/78:eera-jp-fuel-cells-and-hydrogen-publishes-its-implementation-plan-up-to-2030.html.

电极；燃料电池电堆材料与设计；燃料电池系统；建模、验证与诊断；氢气生产与处理；氢气储存（表 6-3）。

表 6-3　欧盟《氢能与燃料电池联合研究计划实施规划》研究重点领域

领域	子领域	预算 / 万欧元
电解质	燃料电池和电解质隔膜中输运过程研究；电解质材料降解过程及其缓解方法研究；新型膜材料和薄膜电解质沉积方法；膜电极界面电解质研究；在实际运行条件下膜电极组件电解质的性能和耐久性验证	14 000
催化剂与电极	燃料电池和电解槽电化学过程和材料基础研究；电极、催化剂和载体的设计和开发策略；改进催化剂性能；材料集成、电极设计与制造	18 500
燃料电池电堆材料与设计	连接件和双极板；接触和气体分布研究；电堆密封；传感器新型设计；电堆和辅助系统新型设计	14 600
燃料电池系统	系统组件材料开发；组件 / 功能开发；新系统概念开发；燃料电池和电解槽传感器及诊断工具；系统控制	7 200
建模、验证与诊断	燃料电池组件建模；燃料电池单元、双极板建模及实验验证；燃料电池电堆建模；系统建模与控制；开发表征工具	5 200
氢气生产与处理	生物质 / 生物废物制氢；藻类制氢；水热分解制氢；更高效的光催化制氢；氢气压缩、液化和净化；其他制氢方法的安全、规范和标准	9 600
氢气储存	压缩储氢和液态储氢；氢气载体；储氢系统	3 900

2020 年 7 月，欧盟正式推出《欧盟氢能战略》[1]，旨在促进利用风能、太阳能等可再生能源生产氢气，并将其用于工业、交通、建筑等领域，以构建未来脱碳综合能源系统。欧盟估计，到 2050 年氢能在欧洲能源结构中的份额将从目前的不足 2% 增长到 13% ～ 14%。该战略提出将分三个阶段开发氢能：第一阶段（2020 ～ 2024 年），至少安装 6 GW 可再生能源制氢电解槽，生产 100 万 t 可再生氢，以使现有氢气生产脱碳；第二阶段（2025 ～ 2030 年），使氢能成为综合能源系统的重要组成部分，至少安装 40 GW 的可再生能源制氢电解槽，并生产 1000 万 t 可再生氢；第三阶段

[1] European Commission. EU Hydrogen Strategy. https://ec.europa.eu/commission/presscorner/detail/en/ip_20_1259.

（2030～2050年），可再生能源制氢技术将达到成熟并大规模部署，应用于所有难以脱碳的部门。同时，欧盟还宣布成立“欧洲清洁氢能联盟”，该联盟由业界领袖、民间机构、欧盟及其成员国能源官员和欧洲投资银行共同发起，以促进和执行氢能战略行动，为氢能的大量生产提供投资，并扩大可再生能源制氢和低碳氢的生产和需求。

为推动氢能在交通领域的应用，欧盟于2011年底正式启动“氢燃料大规模车辆示范项目”（H2movesScandinavi）和“欧洲城市清洁氢能项目”（CHIC），旨在对氢燃料电池公共汽车开展应用示范以验证技术成熟度，为2020年实现商业化部署奠定了技术基础[1]。2013年启动“交通清洁电力”（CPT）项目，计划投入1.23亿欧元建设77个加氢站，与15个已建有加氢站的成员国实现互联互通[2]。

3. 日本

为了促进能源结构转型，提升能源自给率，保障能源安全和应对气候变化，日本积极推进氢能发展，多次调整氢能和燃料电池发展的战略目标，逐步提出构建“氢能社会”。2008年，日本经济产业省提出“凉爽地球——能源技术创新计划”[3]，选择21种创新能源技术进行重点扶持以推动日本的清洁能源发展，包括氢气生产和储运、燃料电池汽车以及固定式燃料电池等，同时还提出了各技术到2050年的发展目标。2011年福岛核事故后，日本更加坚定了发展氢能的决心，构筑“氢能社会”成为日本未来能源发展关键战略之一。2013年，日本推出的《日本再复兴战略》将发展氢能上升为国策。2014年4月，日本公布《第四期能源基本计划》，明确提出了加速建设和发展“氢能社会”的战略，即将氢能作为燃料广泛应用

[1] FCH-JU. Clean Hydrogen in European Cities. https://www.fch.europa.eu/project/clean-hydrogen-european-cities.

[2] European Commission. Clean power for transport. http://europa.eu/rapid/press-release_MEMO-13-24_en.htm.

[3] METI. Cool Earth －エネルギー革新技術計画について. https://www.enecho.meti.go.jp/category/others/for_energy_technology/001.html.

于社会日常生活和经济产业活动之中，与电力、热力共同构成二次能源的三大支柱。根据这一战略，2014 年 6 月，日本经济产业省制定了《氢能和燃料电池战略路线图》[1]，提出氢能发展的“三步走”战略，即到 2025 年推广和普及氢能利用的市场；到 2030 年建立大规模氢能供给体系并实现氢燃料发电；到 2040 年完成零碳氢燃料供给体系建设。该路线图于 2016 年进行了修订，分阶段设定了到 2020 年普及 4 万辆燃料电池汽车、建立 160 个加氢站，到 2025 年普及 20 万辆燃料电池汽车、建立 320 个加氢站，到 2030 年普及 80 万辆燃料电池汽车的目标[2]。2017 年 12 月，日本政府发布了《氢能基本战略》[3]，进一步设定了中期（2030 年）、长期（2050 年）发展目标，即到 2030 年实现氢燃料发电商业化，发电成本控制在 17 日元 /（kW・h），形成年均 30 万 t 氢燃料供给能力，加氢站增至 900 个，燃料电池汽车发展到 80 万辆；到 2050 年，氢燃料发电成本进一步降至 12 日元 /（kW・h），年均氢燃料供应量达到 500 万～ 1000 万 t，加氢站替代加油站，实现燃料电池汽车全面普及。2018 年 7 月，日本政府发布《第五期能源基本计划》[4]，明确指出将氢能作为未来二次能源结构基础，视氢能为应对气候变化和能源安全保障的关键抓手，将氢能置于与可再生能源同等重要的地位，氢能制备成本目标则要做到与油气等传统能源价格基本持平，助力构建“氢能社会”。2019 年 3 月，日本政府再次更新了《氢能和燃料电池战略路线图》[5]，提出了到 2030 年氢气供应链以及在交通、发电等应用领域新的技术和经济指标（图 6-8、表 6-4）。

[1] METI.「水素・燃料電池戦略ロードマップ」https://www.meti.go.jp/committee/kenkyukai/energy/suiso_nenryodenchi/report_001.html.

[2] METI.「水素・燃料電池戦略ロードマップ改訂版」をとりまとめました . http://www.meti.go.jp/press/2015/03/20160322009/20160322009.html.

[3] METI. 水素基本戦略 . http://www.meti.go.jp/press/2017/12/20171226002/20171226002-1.pdf.

[4] METI. 第 5 次エネルギー基本計画 . http://www.meti.go.jp/press/2018/07/20180703001/20180703001-1.pdf.

[5] METI. 水素・燃料電池戦略ロードマップを策定しました . https://www.meti.go.jp/press/2018/03/20190312001/20190312001.html.

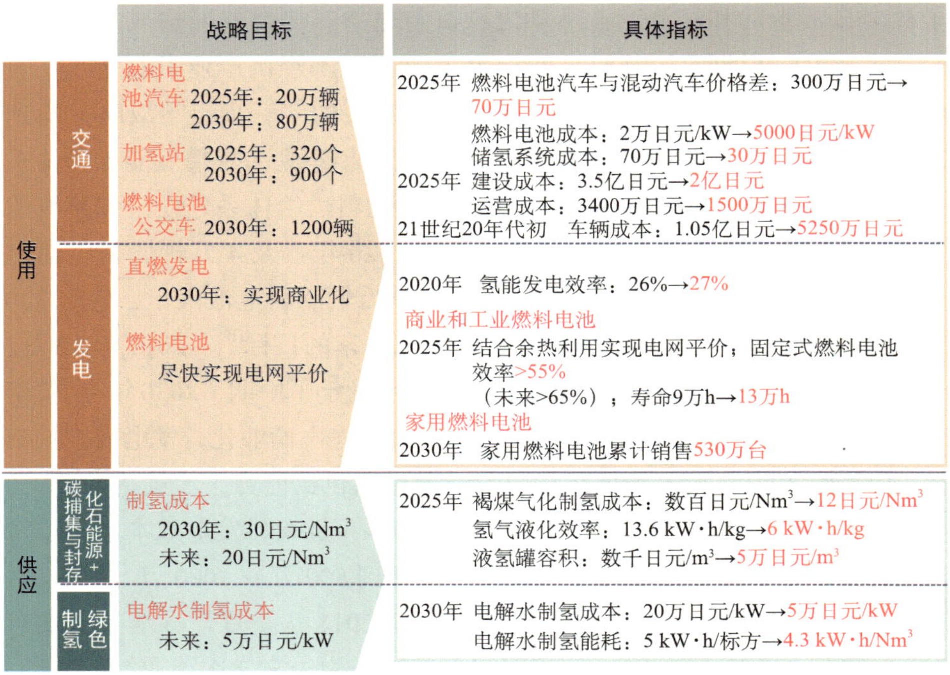

		战略目标	具体指标
使用	交通	燃料电池汽车 2025年：20万辆 2030年：80万辆	2025年 燃料电池汽车与混动汽车价格差：300万日元→70万日元 燃料电池成本：2万日元/kW→5000日元/kW 储氢系统成本：70万日元→30万日元
		加氢站 2025年：320个 2030年：900个	2025年 建设成本：3.5亿日元→2亿日元 运营成本：3400万日元→1500万日元
		燃料电池公交车 2030年：1200辆	21世纪20年代初 车辆成本：1.05亿日元→5250万日元
	发电	直燃发电 2030年：实现商业化	2020年 氢能发电效率：26%→27%
		燃料电池 尽快实现电网平价	商业和工业燃料电池 2025年 结合余热利用实现电网平价；固定式燃料电池效率>55%（未来>65%）；寿命9万h→13万h 家用燃料电池 2030年 家用燃料电池累计销售530万台
供应	化石能源+碳捕集与封存	制氢成本 2030年：30日元/Nm^3 未来：20日元/Nm^3	2025年 褐煤气化制氢成本：数百日元/Nm^3→12日元/Nm^3 氢气液化效率：13.6 kW·h/kg→6 kW·h/kg 液氢罐容积：数千日元/m^3→5万日元/m^3
	绿色制氢	电解水制氢成本 未来：5万日元/kW	2030年 电解水制氢成本：20万日元/kW→5万日元/kW 电解水制氢能耗：5 kW·h/标方→4.3 kW·h/Nm^3

图 6-8 日本 2019 年《氢能和燃料电池战略路线图》概要

资料来源：経済産業省 . 水素・燃料電池戦略ロードマップ概要

表 6-4 日本 2019 年《氢能和燃料电池战略路线图》主要举措

分类	领域	举措
氢能消费	燃料电池汽车	在利益相关方之间分享技术信息和问题；开发减少铂用量的技术；开发减少氢储存系统中碳纤维数量的技术
	加氢站	全面综合推进监管改革和技术发展（建造自助加氢站、使用廉价钢材等）；在全国范围内建设加氢站；延长加氢站运营时间；增加加氢站数量
	大巴	开发提高此类车辆燃料效率和耐久性的技术；推动氢燃料大巴从城市公共汽车向其他类型车辆扩展；推动氢燃料大巴配套的加氢站建设
	叉车	燃料电池单元的多功能部署；促进加氢灌装设备简单易操作的维护
氢能供应	化石能源＋碳捕集与封存	提升褐煤气化炉效率；改善隔热性能
	绿色氢能	开发效率和耐用性更高的电解槽；利用福岛浪江示范试验结果在指定公共区域进行测试

在发展路径上，日本经济产业省在 2008 年发布的“凉爽地球——能源技术创新计划”中针对氢能和燃料电池提出了具体的技术开发路径，其中：

①氢气生产和储运领域，制氢技术沿化石燃料制氢、可再生能源电力电解水制氢、新型制氢技术（光解水制氢、生物质制氢等）进行开发，储氢从超高压气态储氢、液态储氢向固体材料储氢（合金、无机材料、碳基材料等）发展，最终开发包合物、MOF、有机氢化物等储氢技术，氢气运输则由气态、液态输送向管道输送、有机氢化物输送发展；②固定式燃料电池领域，2010 年起重点发展聚合物电解质燃料电池，2018 年左右开始开发新型直接聚合物电解质燃料电池、固体氧化物燃料电池和熔融碳酸盐燃料电池；③燃料电池汽车领域，开发燃料电池系统、智能交通系统和加氢站，提升燃料电池汽车续航里程和耐久性。2016 年 4 月，日本在《能源环境技术创新战略》[1] 中提出了到 2030 年、2050 年氢气生产、储存与应用的技术路线。2019 年 9 月，日本发布了《氢能与燃料电池技术开发战略》[2]，将最新发布的战略路线图的技术开发事项具体化，确定了燃料电池、氢能供应链、电解水制氢 3 个重点技术领域的 10 个研发重点（表 6-5），以加速推进氢气制备、存储、利用等技术的实用化进程，促进构建氢能社会。在燃料电池方面，针对车用燃料电池、固定式燃料电池、燃料电池辅助设备（如储氢罐）进行研发；对于氢能供应链，则关注大规模制氢技术、氢气储运技术、氢能发电以及加氢站技术研究；对于电解水制氢技术，注重发展质子交换膜、碱性固体阴离子交换膜电解水装置及固体氧化物燃料电池，并推进产业应用，以及开发新型光解水制氢技术。

表 6-5　日本《氢能与燃料电池技术开发战略》3 个重点技术领域的 10 个研发重点

重点技术领域	研发重点	具体内容
燃料电池技术	车用燃料电池	开发低铂含量催化剂、非铂催化剂；开发高质子导电性、低气体渗透性和高耐久性的电解质膜；开发低电阻率、高孔隙率的气体扩散层，提高气体扩散性；开发低成本、高耐久性隔膜；开发能够在低温环境中保持性能的催化剂、载体、电解质膜等；开发能够在极端环境下运行的燃料电池及其组件
	固定式燃料电池	开发发电效率超过 65% 的燃料电池堆和系统；提高电池堆的耐久时间（13 万 h 以上）和缩短启动时间；提高电池系统燃料的利用率；开发适应多样化燃料（如沼气）的电池堆；开发燃料电池构成部件连续制造工艺的技术；开发燃料电池能源管理系统；建立燃料电池系统加速老化试验和模型

[1] 総合科学技術・イノベーション会議.「エネルギー・環境イノベーション戦略（案）」の概要. http://www8.cao.go.jp/cstp/siryo/haihui018/siryo1-1.pdf[2020-08-30].

[2] METI. 水素・燃料電池技術開発戦略. https://www.meti.go.jp/press/2019/09/20190918002/20190918002.html[2019-09-18].

续表

重点技术领域	研发重点	具体内容
燃料电池技术	辅助设备（如储氢罐）	减少移动式氢气存储罐中碳纤维的使用数量，提高容器制造工艺效率；优化与燃料电池系统有关的辅助设备的系统和开发低成本技术；开发除汽车以外的燃料电池应用技术
氢能供应链技术	大规模制氢	提升利用褐煤气化产氢效率，以降低成本；开发水电解产氢装置的放大技术
	氢气存储运输技术	提高氢液化的效率；开发低温氢气压缩机；开发用于氢能发电的氢冷升压泵；开发装载臂的大型化、低成本技术；开发与氢气海上输送及陆地存储适应的绝热系统；在极端低温情况下的材料开发及评价技术；提高氢化 / 脱氢催化剂性能并降低甲苯含量；利用废热实现低成本、低碳化的制氢工艺
	氢能发电	开发与环境性（低氮氧化物）和氢燃烧特性相对应的、实现高效率发电的燃烧器；利用来自发电设施的废热，提高从诸如氨之类的氢载体进行脱氢反应的效率并降低成本
	加氢站	通过远程监控对加氢站运行进行无人化管理；获取通用金属材料的储氢特性数据；开发延长蓄压器寿命和新的检查方法；进一步提高软管和密封材料的耐用性；开发新的填充协议（缓和氢供给温度等）；基于通用数据的分析结果，将加氢站各设备的规格和控制方法标准化；研究高效率、低成本压缩机；开发液态氢气压缩泵；开发容量大且重量轻的容器；容量大、耐久度强的储氢材料开发和生产技术的确立
电解水制氢技术	电解水制氢技术	（1）质子交换膜电解水装置。提高电流密度；降低能源消耗量；降低设备成本；降低维护成本；降低劣化率；降低催化剂的金属使用量；提高负荷变动时的电极耐久性。 （2）碱性固体阴离子交换膜电解水装置。阐明电解质材料和催化剂材料劣化机理并提高耐久性；提高电池堆效率和耐久性。 （3）固体氧化物燃料电池。提高单元电池堆栈的耐久性；低成本电池堆栈开发技术。 （4）通用的水电解技术。开发水电解反应分析及性能评价等基础技术；优化包括水电解装置在内的系统；提高甲烷化装置的效率，降低成本和提高耐用性
	产业应用	对无 CO_2 排放的氢气燃料作为替代能源的经济合理性开展探讨；探索炼钢过程中氢利用潜力；挖掘在现有管道中注入和利用氢气的潜力
	新型光解水制氢技术开发	开发高效率的水电解；人工光合作用、研发用于提升氢气纯化精度的高性能氢气分离渗透膜；开发创新的高效率氢液化机；开发长寿命液氢存储材料；开发低成本高效的创新能源载体；开发小型、高效率、高可靠性、低成本燃料电池的革新技术；开发利用氢和 CO_2 合成化学品方法

在研发支持方面，1973 年日本成立氢能协会以支持氢能发展，并在次年的日光计划中开始支持氢燃料电池研发。1993 年，日本 NEDO 开始实施 10 年期的 WE-NET 计划，以推动对氢能的开发和利用[1]。2000 ～ 2019 年，NEDO 持续资助了 27 个与氢能与燃料电池相关的项目，2019 年进行的有 5

[1] NEDO. WE-NET. https://www.enaa.or.jp/WE-NET/contents_e.html.

个项目[1]，包括超高压氢气基础设施、固体氧化物燃料电池、高耐用性聚合物电解质燃料电池、先进电解水制氢、无排放化石燃料制氢、超高效发电系统等方面的技术。根据国际能源署的统计，2015 ～ 2019 年，日本政府共投入 8.74 亿美元支持氢能与燃料电池技术研发。

2018 年，NEDO 联合东芝能源系统与解决方案公司、东北电力株式会社和岩谷产业株式会社在福岛县浪江町开建世界最大规模的可再生能源电力制氢示范厂（FH_2R）[2]，该系统由 20 MW 光伏电站和 10 MW 级别电解水制氢系统组成，在额定功率下运行，每小时产氢量可达 1200 Nm^3。该示范厂将通过调整制氢设备产生的氢气量来调整电力系统的供需平衡，以及如何实现在不使用蓄电池的情况下最大限度地利用波动性可再生能源，并建立清洁、低成本的制氢技术，即探索将电力系统的需求响应和氢气供需与具有不同运行周期的设备相结合的最佳运行控制技术。制备的氢气将主要使用压缩氢气拖车和可搬式超低温容器进行运输，提供给福岛县和东京等地区的客户，用于固定燃料电池的发电，以及燃料电池汽车和燃料电池公共汽车等领域。2019 年 3 月，NEDO 宣布该示范厂顺利竣工[3]。

在促进氢能与燃料电池技术产业化方面，日本政府也出台了一系列措施。从 2009 年起，日本政府通过提供补贴推广家用燃料电池系统 Ene-Farm，为住宅提供电力需求。截至 2018 年底，日本已部署了 292 645 台 Ene-Farm 装置[4]。2017 年开始，除家用燃料电池外，将商业和工业用燃料电池纳入了补贴范围。此外，购买燃料电池汽车、安装加氢基础设施也有相应补贴[5]。

---

[1] NEDO. 燃料電池・水素 . https://www.nedo.go.jp/activities/introduction8_01_05.html.

[2] NEDO. 再エネを利用した世界最大級の水素エネルギーシステムの建設工事を開始 . http://www.nedo.go.jp/news/press/AA5_101007.html.

[3] NEDO. The World's Largest-Class Hydrogen Production, Fukushima Hydrogen Energy Research Field (FH2R) Now is Completed at Namie Town in Fukushima. https://www.nedo.go.jp/english/news/AA5en_100422.html.

[4] 高工锂电网 . 日本已部署 30 万个家用燃料电池系统 . http://www.sohu.com/a/313567161_120044724.

[5] 次世代自動車振興センター . CEV、EV・PHV 用充電設備、水素ステーションの補助金交付 _ 一般社団法人次世代自動車振興センター . http://www.cev-pc.or.jp/#no01.

4. 德国

德国政府一直提倡安全、清洁、经济、可持续的能源供应，率先实施以可再生能源为主导的能源结构转型。氢能作为清洁高效能源引起了德国政府的高度重视，成为德国政府和业界倚重的未来能源形式之一，为此德国政府以及产业界紧密合作，全力推进氢能和燃料电池产业化发展。

2006 年，德国政府和企业界合作成立了国家氢能和燃料电池技术组织（NOW GmbH），专门负责氢能和燃料电池项目管理，以更好地推动氢能基础设施的发展和建设，支持氢能经济的初期发展[1]。同年，德国政府出台了为期 10 年（2007 ～ 2016 年）的“氢能和燃料电池技术国家创新计划一期”（NIP1）[2]，由 NOW GmbH 全权负责管理，开展三大主题的工作：①通过加速氢能和燃料电池在交通运输、固定式和便携式领域的应用来扩大市场规模，同时完善强化德国氢能和燃料电池供应链；②确保德国氢能与燃料电池技术的全球领先地位；③协调德国政府、企业和学术界的利益，强化彼此的紧密合作。通过 NIP1 计划，NOW GmbH 在 2007 ～ 2016 年共投入 14 亿欧元用于氢能开发，约有 240 家工业企业和 50 家研究机构以及公共实体获得了 NIP1 的资助。得益于上述计划，2018 年德国燃料电池模块成本较 2006 年大幅下降了 60% 以上[3]。2017 年 3 月，在 NIP1 成功实施的基础上，德国政府推出了 NIP 二期（NIP2），计划在 2017 ～ 2026 年投入 14 亿欧元继续推进氢能和燃料电池的研究开发，着重解决市场开拓的问题，建立相应的基础设施，推动未来氢能全产业链的发展[4]。2018年，德国政府提出建设“氢能利用区域示范中心”（Hydrogen Regions in Germany）[5]，计划在

[1] NOW GmbH. https://www.now-gmbh.de/en/.

[2] NOW GmbH. NIP Funding Programme. https://www.now-gmbh.de/en/national-innovation-programme/funding-programme.

[3] NOW GmbH. Evaluation of the National Innovation Program Hydrogen and Fuel Cell Technology Phase 1. https://www.now-gmbh.de/content/1-aktuelles/1-presse/20180126-bericht-evaluierung-nip-1/now_nip-evaluation-summary_web.pdf[2018-01-26].

[4] The Next Phase of the National Innovation Program for Hydrogen and Fuel Cell Technologies in Germany. http://ieahydrogen.org/pdfs/WHEC-2018_Bonhoff_20180621.aspx[2018-06-21].

[5] Hyland-Hydrogen Regions in Germany. https://www.now-gmbh.de/en/national-innovation-programme/hydrogen-regions-in-germany.

2018 年 6 月到 2019 年 1 月在德国境内选择 6 个地区建立氢能利用区域示范中心，以促进氢能和燃料电池在区域内的实际应用。

2020 年 6 月，德国内阁通过了《国家氢能战略》[1]，并宣布成立国家氢能委员会，以促进德国钢铁、化工和交通运输等核心部门的脱碳，并使氢能成为未来出口的核心能源。为此，该战略提出至 2023 年的第一阶段中将实施 38 项行动，涵盖平衡气候变化、研究与创新、经济和监管框架以及国际合作等方面。在 2024 年开始的第二阶段，将进一步巩固国内市场，建立欧洲和国际市场。德国计划投资至少 90 亿欧元以促进氢的生产和使用，并努力成为绿氢技术领域的全球领导者。

为推动氢能在交通领域的应用，德国政府在 2009 年与法国林德集团（Linde）、德国戴姆勒集团（Daimler）、法国道达尔公司（Total）、荷兰皇家壳牌集团（Shell）、法国液化空气集团（Air Liquide）和奥地利石油天然气集团（OMV）6 家公司共同签署了“氢能交通”（H_2 MOBILITY）项目合作备忘录[2]，拟在未来 10 年间投资 3.5 亿欧元推进德国境内加氢站建设，计划于 2019 年底建成 100 个加氢站，为氢燃料电池汽车规模化发展建设良好的基础设施网络。2015 年底，上述 6 家公司合作在德国成立氢能交通公司（H_2 MOBILITY Deutschland GmbH & Co. KG）[3]，分阶段推进德国境内氢能交通基础设施网络建设，计划于 2023 年建成 400 个加氢站。

5. 中国

中国对氢能的研发起步较晚，从“十五”期间开始，通过《可持续发展科技纲要（2001—2010 年）》[4]《国家中长期科学和技术发展规划纲要（2006—2020 年）》[5] 等政策文件，强调到 2010 年、2020 年推进氢能制

[1] Die Nationale Wasserstoffstrategie. https://www.bmwi.de/Redaktion/DE/Publikationen/Energie/die-nationale-wasserstoffstrategie.pdf?__blob=publicationFile&v=14.

[2] NOW GmbH. German giants agree € 350m, 10-year action plan for H_2 mobility. Feul Cells Bulletin, 2013, (10): 6.

[3] H_2 MOBILITY: We are Building the Filling Station Network of the Future. https://h$_2$.live/en/h2mobility.

[4] 科技部 . 关于印发《可持续发展科技纲要（2001—2010 年）》的通知 . http://www.gov.cn/gongbao/content/2003/content_62625.htm[2002-08-02].

[5] 中华人民共和国国务院 . 国家中长期科学和技术发展规划纲要（2006—2020 年）. http://www.gov.cn/jrzg/2006-02/09/content_183787.htm[2006-02-09].

取、存储、利用以及燃料电池技术，促进氢能技术链的研发突破，形成相关技术规范与标准。2014 年 12 月，国务院颁布《能源发展战略行动计划（2014—2020 年）》[1]，提出将氢能与燃料电池作为重点创新方向，以推进能源科技创新。2016 年 4 月，国家发展和改革委员会、能源局共同发布了《能源技术革命创新行动计划（2016—2030 年）》[2]，提出了氢能与燃料电池技术的近、中、长期发展目标和路线图，明确了到 2020 年实现氢能与燃料电池技术在动力电源、增程电源、移动电源、分布式电站、加氢站等领域的示范运行或规模化推广应用，到 2030 年实现燃料电池和氢能的大规模推广应用，到 2050 年实现氢能和燃料电池的普及应用。同时，该计划还提出了研发和攻关的重点领域，包括大规模制氢技术、分布式制氢技术、氢气储运技术、氢气 / 空气聚合物电解质膜燃料电池技术、甲醇 / 空气聚合物电解质膜燃料电池技术和燃料电池分布式发电技术等。

随着国家对氢能与燃料电池技术规划的逐步展开，氢能的战略地位愈加凸显。2016 年 5 月，国务院发布《国家创新驱动发展战略纲要》，将氢能、燃料电池等新一代能源技术列为“引领产业变革的颠覆性技术”。在当年 8 月发布的《“十三五”国家科技创新规划》[3] 中，再次强调了这一点，并提出要开展氢能系统、部件、装备、材料和平台研究。2019 年国务院政府工作报告 [4] 中提出，“推动充电、加氢等设施建设”，氢能被首次写入国务院政府工作报告。2020 年 4 月，国家能源局发布《中华人民共和国能源法（征求意见稿）》[5]，将氢能明确划入了能源种类。2022 年 3 月，国家发展和改革委员会、国家能源局联合印发《氢能产业发展中长期规划（2021—

[1] 国务院办公厅 . 国务院办公厅关于印发能源发展战略行动计划（2014—2020 年）的通知 . http://www.gov.cn/zhengce/content/2014-11/19/content_9222.htm[2014-11-19].

[2] 国家发展改革委，国家能源局 . 发展改革委 能源局印发《能源技术革命创新行动计划（2016-2030 年）》. http://www.gov.cn/xinwen/2016-06/01/content_5078628.htm[2016-06-01].

[3] 国务院 . 国务院关于印发“十三五”国家科技创新规划的通知 . http://www.gov.cn/zhengce/content/2016-08/08/content_5098072.htm[2016-08-08].

[4] 政府工作报告 . http://www.gov.cn/premier/2019-03/16/content_5374314.htm [2019-03-16].

[5] 国家能源局 . 国家能源局关于《中华人民共和国能源法（征求意见稿）》公开征求意见的公告 . http://www.nea.gov.cn/2020-04/10/c_138963212.htm[2020-04-10].

2035年）》[1]，正式明确了氢的能源属性，指出“氢能是战略性新兴产业的重点方向”，并提出了分阶段发展目标，要求 2035 年形成氢能多元应用生态，可再生能源制氢在终端能源消费中的比例明显提升。

在研发方面，科技部在 2016 年启动了五年期“新能源汽车”试点专项，支持在燃料电池动力系统领域开展重点研究，以促进燃料电池汽车的技术发展。2018 年，科技部开始实施为期五年的“可再生能源与氢能技术”重点专项，2018 ～ 2020 年分别针对氢能技术链各环节的多个关键技术主题提出了具体研发要求。在制氢领域，关注固体聚合物电解质电解水制氢、太阳能光催化 / 光电催化 / 热分解水制氢、醇类重整制氢；在储氢领域，关注大容量高压气态储氢、液态储氢、固体储氢以及加氢站关键设备研发；在燃料电池领域，关注固体氧化物燃料电池、质子交换膜燃料电池关键部件 / 材料的开发与制造及性能优化，车用燃料电池动力系统相关设备研发，以及开发基于低成本材料体系的新型燃料电池。

在氢能和燃料电池产业化方面，中国也逐步出台了许多规划政策，重点围绕燃料电池在汽车产业的规模化应用。2012 年以来，中国先后出台《节能与新能源汽车产业发展规划（2012 ～ 2020 年）》[2]、《关于 2016 ～ 2020 年新能源汽车推广应用财政支持政策的通知》[3]、《中国制造 2025》[4]、《“十三五”国家战略性新兴产业发展规划》[5]、《汽车产业中长期发展规划》[6]等文件，通过促进研发及试点示范、给予财政补贴等方式推进燃料电池汽车产业发展。2020 年以来，国家对燃料电池汽车产业的支持力度逐渐加

[1] 国家发展改革委、国家能源局联合印发《氢能产业发展中长期规划（2021—2035 年）》. http://www.nea.gov.cn/2022-03/23/c_1310525755.htm[2022-03-23].

[2] 国务院 . 国务院关于印发节能与新能源汽车产业发展规划（2012—2020 年）的通知 . http://www.gov.cn/zwgk/2012-07/09/content_2179032.htm[2012-07-09].

[3] 财政部，科技部，工业和信息化部，等 . 关于 2016—2020 年新能源汽车推广应用财政支持政策的通知 . http://www.gov.cn/xinwen/2015-04/29/content_2855040.htm[2015-04-29].

[4] 国务院 . 国务院关于印发《中国制造 2025》的通知 . http://www.gov.cn/zhengce/content/2015-05/19/content_9784.htm[2015-05-19].

[5] 国务院 . 国务院关于印发“十三五”国家战略性新兴产业发展规划的通知 . http://www.gov.cn/zhengce/content/2016-12/19/content_5150090.htm[2016-12-19].

[6] 工业和信息化部，国家发展改革委，科技部 . 三部委关于印发《汽车产业中长期发展规划》的通知 . http://www.miit.gov.cn/n1146295/n1652858/n1652930/n3757018/c5600356/content.html[2020-08-30].

大。4月，财政部等四部委发布《关于完善新能源汽车推广应用财政补贴政策的通知》[1]，调整对燃料电池汽车的购置补贴方式，选择部分城市围绕燃料电池汽车关键零部件的技术攻关和产业化应用开展示范，争取通过4年的示范期建立氢能和燃料电池汽车产业链。9月，财政部等五部委联合发布《关于开展燃料电池汽车示范应用的通知》[2]，明确在4年示范期间采取“以奖代补”方式，对入围城市群按照其目标完成情况给予奖励。10月，国务院发布《新能源汽车产业发展规划（2021—2035年）》[3]，提出布局燃料电池汽车整车技术创新链，尤其强调推进氢燃料供给体系建设，从源头环节降低成本、提供基础设施保障，以推进燃料电池汽车产业的迅速发展。

6. 各国/地区布局比较

综上分析可知，世界主要发达国家/地区已经从战略规划、技术研发和产业化扶持等多方面进行了政策布局，从多方面促进氢能和燃料电池的技术及产业发展。在战略规划方面，日本对氢能和燃料电池的战略规划最为全面，提出了总体目标、技术及经济指标以及具体的研发战略和路线图，并持续根据开发进展更新路线图和研发战略。美国早在21世纪初就确定了氢能发展的战略目标和路线图，其后持续通过DOE的氢能与燃料电池多年期计划修订研发指标，并在2020年11月出台了未来10年及更长时期的氢能研究、开发和示范总体战略框架。欧盟也在21世纪初发布了氢能和燃料电池发展的纲领性文件，但自2019年起才陆续发布了路线图、实施计划和氢能战略，明确至2050年的发展目标和研发重点。在研发支持方面，美国、日本、欧盟都对氢能与燃料电池技术研发和示范有长期持续的国家层面的计划。根据国际能源署的统计，2014～2018年美国在氢能和燃料电池领域共投入6.19亿美元公共研发经费，欧盟投入约5.66亿美元，日本投

[1] 财政部，工业和信息化部，科技部，等. 关于完善新能源汽车推广应用财政补贴政策的通知. http://www.gov.cn/zhengce/zhengceku/2020-04/23/content_5505502.htm[2020-04-23].

[2] 财政部，工业和信息化部，科技部，等. 关于开展燃料电池汽车示范应用的通知. http://www.nea.gov.cn/2020-09/21/c_139384465.htm[2020-09-21].

[3] 国务院办公厅. 国务院办公厅关于印发新能源汽车产业发展规划（2021—2035年）的通知. http://www.gov.cn/zhengce/content/2020-11/02/content_5556716.htm[2020-11-02].

表 6-6　氢能与燃料电池技术竞争态势布局对比

国家	美国	欧盟	日本	中国
战略规划	DOE 燃料电池与氢能多年期计划明确到 2040 年发展目标；“氢能计划”提出 2030 年及以后氢能研究、开发和示范的总体战略框架	2003 年发布《未来氢能和燃料电池展望报告》作为氢能和燃料电池发展的纲领性文件；2019 年《欧洲氢能路线图：欧洲能源转型的可持续发展路径》提出到 2030 年、2050 年的最新发展目标；《氢能与燃料电池联合研究计划实施规划》提出到 2030 年的研究重点和优先事项	2014 年《第四期能源基本计划》提出发展“氢能社会”战略；通过《氢能和燃料电池战略路线图》和《氢能基本战略》提出氢能和燃料电池发展总体目标以及详细的技术和经济指标，并根据进展情况多次修订战略路线图目标；《氢能与燃料电池技术开发战略》确定具体研发重点	2016 年发布《能源技术革命创新行动计划（2016—2030 年）》，提出了氢能和燃料电池领域到 2030 年的发展目标和路线图；2022 年出台《氢能产业发展中长期规划（2021—2035 年）》，提出了到 2035 年的分阶段发展目标和推动氢能产业高质量发展的重要举措
研发支持	2004 年启动“氢能和燃料电池多年期计划”持续支持研发；2016 年启动 H_2@Scale 重大研发计划支持示范项目；2014～2018 年在氢能和燃料电池领域投入公共研发经费约 6.19 亿美元	2008 年开始实施 7 年期的 FCH-JU，共投入 4.89 亿欧元，其后的 FCH-JU 二期投入 13.3 亿欧元；2014～2018 年氢能和燃料电池公共研发经费约为 5.66 亿美元	1983 年起“月光计划”支持研发氢燃料电池；1993 年 NEDO“氢能源系统技术研究开发”10 年项目继续支持氢能和燃料电池研发；2000～2019 年 NEDO 共资助 27 个相关研发和示范项目；2014～2018 年公共研发经费约为 7.09 亿美元	2016 年启动“新能源汽车”试点专项支持车用燃料电池动力系统研发示范；2018 年启动“可再生能源与氢能技术”重点专项支持氢能生产到利用的关键技术研发
产业发展	对氢能基础设施和燃料电池汽车实行税收抵免；2019 年《运输基础设施法案》第 2302 号法案拨款支持加氢基础设施；加利福尼亚州低碳燃料标准和零排放汽车政策促进燃料电池车市场需求	“清洁汽车指令”和碳排放交易体系促进氢能及燃料电池的市场需求；欧洲投资银行和“连接欧洲设施”为氢能基础设施项目提供贷款或风险担保；发放欧盟绿色氢源证书（GO）认证氢气的低碳生产	2009 年开始对住宅安装家用燃料电池系统 Ene-Farm 提供补贴，2017 年开始对商业和工业安装燃料电池系统提供补贴；对购买燃料电池汽车、安装加氢基础设施实行补贴	《新能源汽车产业发展规划（2021—2035 年）》提出布局燃料电池汽车整车技术创新链；2009 年将燃料电池汽车纳入补贴范围，2015 年出台政策明确补贴不退坡；2014 年加氢站建设进入中央财政补贴名单；部分地方政府也有补贴政策

入约 7.09 亿美元。在产业化方面，美国的激励措施相对全面，涵盖了刺激市场需求、税收优惠、支持加氢站建设等方面。欧盟主要是刺激市场需求和提供融资支持。日本持续为燃料电池系统的家用、商用和工业应用提供购置补贴，并对购买燃料电池汽车、安装加氢基础设施提供相应补贴，极大地促进了氢能及燃料电池的产业化发展。与上述国家和地区相比，中国目前尚未专门针对氢能制定战略规划，也没有专门针对氢能的国家层面重大研发计划，从“十五”时期开始主要针对燃料电池汽车进行研发资助，2018 年启动“可再生能源与氢能技术”重点专项支持氢能相关技术研发。中国从 2009 年起将燃料电池汽车纳入补贴范围，2014 年加氢站建设进入中央财政补贴名单，近几年部分地方政府也陆续出台了燃料电池汽车和加氢站补贴政策（表 6-6）。

6.4　我国氢能与燃料电池技术发展建议

6.4.1　机遇与挑战

1. 国家层面缺乏针对氢能的产业标准和规范

我国氢能产业标准和技术规范尚未完全建立，缺乏制氢、储运氢、氢气加注以及燃料电池相关标准，无法规范整个产业的发展。运氢环节还未形成体系，缺乏相关的标准和氢气长距离运输管道，氢气长管拖车压力偏低（最高 25 MPa）。加氢站也缺乏审批和监管框架以及加氢标准，车载储氢系统的Ⅳ型碳纤维缠绕塑料内胆气瓶未获生产许可。此外，燃料电池测评体系不健全，制约了产品的商业化推广。

2. 在氢能关键技术、工艺和材料上均存在短板

目前，我国氢能与燃料电池在许多关键技术、工艺和材料方面均与国外水平有一定差距。天然气重整制氢和可再生能源制氢与国外差距较大。例如，在燃料电池核心组件（如质子交换膜、催化剂、碳纸、膜电极、双极板等）方面，我国虽进行了基础研发及小规模量产，但其性能、成本与国外先进水平相比均有不足；对于燃料电池电堆、高压储氢罐、空气压缩机、氢循环泵等，国外已实现大规模生产，但我国多处在试生产、小规模

生产阶段或基本不具备产业化能力；我国燃料电池发动机功率明显低于国际水平，如我国典型燃料电池汽车的电池功率为 35 ～ 50 kW，而国际先进水平可达 90 ～ 100 kW；车载高压储氢还在普遍使用 35 MPa 储氢瓶，而国外多采用 70 MPa 储氢瓶。

在装备方面，我国在氢能与燃料电池产业链的各个环节都与国外水平差距明显：制氢环节的电解槽装置仅有碱性电解槽与国外水平相当，在制氢规模和寿命方面，和国外尚有一定的差距；储氢环节车载储氢罐和碳纤维材料均与国外水平差距明显；加氢站、燃料电池和检测测试三个环节的关键装备均不及国外。

3. 氢能使用成本仍然过高，限制了推广应用

我国具有丰富的煤炭，因此采用煤炭制氢的成本远低于可再生能源电力制氢。即使近年来可再生能源电力成本不断降低，但根据国际能源署的估算[1]，2018年我国使用可再生能源电力制氢的成本仍接近煤炭制氢成本的 3 倍，是配备 CCUS 的煤制氢成本的近 2 倍（图 6-9），这影响了可再生能源

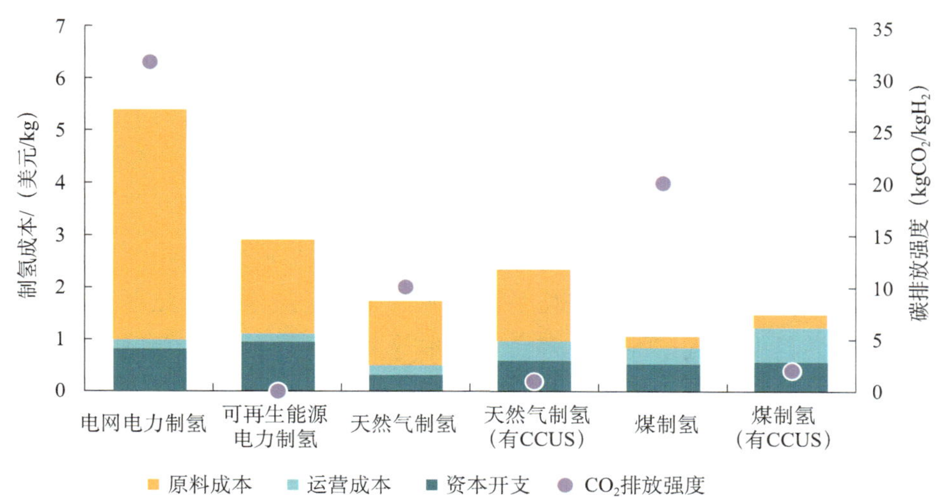

图 6-9　2018 年我国制氢成本及碳排放强度

资料来源：IEA. The Future of Hydrogen: Seizing Today's Opportunities

[1] The Future of Hydrogen：Seizing Today's Opportunities. https://www.iea.org/hydrogen2019/.

电力制氢的商业化。由于核心材料主要依赖进口，我国燃料电池成本也远高于国际水平，2016 年美国 DOE 量产燃料电池系统的成本为 308 元 /kW，而我国的量产成本则为 2500 元 /kW。在加氢站方面，由于加氢站审批规定和流程不明确，建设和氢气储运成本偏高，导致加氢站成本居高不下。根据《中国氢能源及燃料电池产业发展研究报告》，我国每座加氢站建设成本高达 1500 万元（不含土地费用），相当于传统加油站的 3 倍，其中加氢设备成本需 950 万元，是投资成本中最大的部分（63%）。

6.4.2 发展建议

1. 加大氢能与燃料电池相关的研发投入，产学研协同突破产业核心技术国产化瓶颈

加大对氢能相关技术的研发投入，设立氢能与燃料电池领域的国家重大科技专项，建设国家级科研平台，推进开展规模试验、数据收集、技术改进、工程示范，积累基础研究和示范经验。根据我国煤炭、风能、太阳能资源丰富的特点，开发有中国特色的氢能源生产技术，短期内以化石燃料低碳制氢为主，中长期内发展可再生能源电解制氢、核能制氢、太阳能光解 / 光电分解 / 热分解制氢、生物质制氢等；加强对高压储氢技术、液态储氢技术、固体储氢材料、管道运氢技术以及以液态化合物和氨等为储氢介质的长距离、大规模储运氢技术的研发，加快开发加氢站关键设备的核心技术；突破低成本长寿命催化剂、高性能质子交换膜、有序化膜电极、高一致性电堆及双极板、模块化系统集成、智能化过程检测控制等关键技术，解决燃料电池汽车性能、寿命、成本等关键问题；针对燃料电池固定式发电，突破燃料电池关键材料、核心部件、系统集成和质能平衡管理等关键技术，建立分布式发电产业化平台，还应推进燃料电池热电联产系统、可逆固体氧化物燃料电池等的开发和示范。此外，宜发挥中国氢能产业基础研究优势，集中产业上、中、下游优势科技和产业主体力量，加快开发关键材料和核心部件的批量生产技术和生产线，在氢储运装备、燃料电池关键部件上尽快提高国产化水平。从基础研究、关键技术攻关、应用示范到产业化转化方面全面提升创新能力，以促进氢能的大规模商业化应用。

2. 有序促进氢能基础设施建设

在考虑能源系统整体规划和区域布局的前提下，有序推进氢气储运基础设施建设，建设大规模、长距离氢气输运管网和区域分配网络，并利用部分现有天然气管网开展混合氢气输配的示范试验。布局零碳化产氢与精准输配工程科技攻关，开展大规模储氢和输配工程示范。在典型氢能示范区布局和建设加氢站网络，开展外供氢高压气氢站 / 液氢站及站内自供氢加氢站的示范，提升加氢站建设及运营能力。

3. 推动产业标准化建设，加强检测平台建设

氢能产品制造规范、技术标准，以及安全性和可靠性研究将直接关系到未来产业化实施，因此，研究部门要关注技术标准和产业化研究。国内氢能产业在产品性能测试和质量验证等方面的技术经验尚存不足，缺乏成熟的氢能装备性能检测和试验方法、标准及基础设施，未形成完整的氢能装备质量评价体系和检测试验能力，严重影响我国氢能装备推广和安全应用进程。因此，需成立区域性氢能装备检测试验基地，形成覆盖全国的氢能装备检测网络，提升氢能装备的检测水平。加快推进氢能燃料电池相关标准制定和检测中心建设，为氢能产业集群集聚提供一流的检测平台。

4. 重视氢能产业下游多元化应用，创建氢能融入能源系统的试点示范

在未来的低碳经济中，氢能可以与电力一起发挥重要作用，具有提供交通运输、电力系统、供热和工业服务的多功能性。当前，我国各区域规划绝大多数目标局限在加氢站设施和氢燃料电池汽车，较少涉及其他领域。应根据区域资源禀赋和经济情况发挥氢能优势，探索拓宽其在发电、储能、工业脱碳中的应用。在边远地区、弃风弃光严重地区、氢能资源丰富地区等建立清洁氢能源系统试点，为未来能源转型提供先进经验。在全国推广氢能小镇试点，以“制氢、储运与加注、转化、应用”产业链为纽带，建设氢能产业园区，构建以“产业＋资本＋技术＋服务”为一体的氢能产业载体体系，覆盖制氢、储氢、氢能交通基础设施、氢燃料电池汽车、可再生能源消纳、电能替代等产业集群的试点示范和产业应用，形成完善的氢能产业配套，构建氢能科技大生态系统，提升核心竞争力。

本章附录　各国 / 地区氢能与燃料电池研发计划重点

美国	日本	欧洲	中国
（1）先进制氢技术：①可再生资源重整制氢；②先进电解水制氢；③生物质气化制氢；④太阳能热化学制氢；⑤光电催化分解水制氢；⑥生物发酵制氢。 （2）氢气输运技术：①氢气输运基础设施建设；②氢气压缩技术；③低成本高安全性密封技术。 （3）储氢技术：①耐高压耐腐蚀储氢材料；②高效安全的储氢系统；③不同储氢系统效能评估。 （4）燃料电池：①催化剂 / 电极 / 电解质研发；②燃料电池三合一组件装配工艺；③燃料电池堆设计开发；④多元化燃料电池应用途径（便携式、固定式和交通运输等）；⑤燃料电池性能、技术、经济评估。 （5）技术验证：①验证燃料电池在不同应用领域（便携式、固定式和交通运输等）的技术 - 经济性；②验证可再生能源制氢技术的成熟度。 （6）制造工艺：①开发示范电解质膜上直接涂覆电极薄膜工艺；②开发演示燃料电池三合一组件连续压片制造工艺；③开发高产率低成本的石墨 / 树脂和金属双极板制造工艺；④开发燃料电池组件自动化组装系统；⑤开发燃料电池组件快速封装工艺；⑥开发低成本高容量的储氢容器制造工艺；⑦开发低成本高容量碳纤维增强的氢气输送管道制造工艺	（1）氢能利用先导研究：①催化剂 / 电极开发；②低成本产氢系统开发；③可再生能源电解水制氢技术开发；④产氢技术的经济性评估。 （2）储氢技术：①加氢站的规格和标准研究制定；②低成本高安全加氢站建设。 （3）氢能标准制定：①及时收集海外氢能研究的信息指导国内政策制定和技术开发；②派专员参加国际合作项目，积极参与氢能燃料电池汽车的相关国际标准制定。 （4）燃料电池：①固体氧化物燃料电池；②质子交换膜燃料电池	（1）燃料电池交通运输应用：①燃料电池公路交通运输领域的运用（如公共汽车、卡车、汽车等）；②燃料电池非公路交通运输领域运用（如轮船、飞机）；③加氢站基础设施建设。 （2）燃料电池能源系统：①可再生能源电解水制氢；②研发其他绿色制氢途径和废氢回收技术；③燃料电池固定应用（如主电源、备用电源和热电联产等）；④氢气存储、输运技术。 （3）交叉领域：①氢气和燃料电池技术安全知识普及；②参与氢能和燃料电池国际标准的制定；③开展氢气和燃料电池安全使用教育和专业技能培训；④构建氢能和燃料电池数据库；⑤创建氢能燃料电池投融资机制；⑥开发氢能和燃料电池回收技术	（1）车用燃料电池膜电极及批量制备技术：①高性能、长寿命、低成本全氟质子交换膜制备技术；②膜电极阴阳极催化层结构与性能研究，并优化其全氟质子导电聚合物黏结相；③膜电极阴阳极气体扩散层结构与性能研究；④边框材料与密封结构研究；⑤膜电极连续工业化制备技术与装备开发。 （2）车用燃料电池空压机研发：①压缩机优化设计技术；②先进空压机轴承技术及高速转子动力学匹配技术；③超高速高效永磁电机技术；④车载高频控制器技术；⑤空压机系统一体化集成及控制技术；⑥空压机系统减振降噪及可靠性提升技术；⑦小批量制造工艺。 （3）车用燃料电池氢气再循环泵研发：①氢气再循环泵的总体设计技术；②氢气再循环泵防爆及密封设计技术；③复杂多相介质环境适应性技术；④氢气再循环泵的可靠性提升技术；⑤氢气再循环泵的减振降噪技术；⑥小批量制造工艺。 （4）70 MPa 车载高压储氢瓶技术：①高压储氢瓶内胆设计与制造技术；②低成本高强碳纤维缠绕设计及工艺优化；③高耐候性黏结剂改性技术；④碳纤维缠绕氢气瓶优化设计与工艺；⑤高压瓶口组合阀及瓶口密封结构设计与制造技术；⑥高压储氢瓶充放氢循环失效机理及无损失效检测技术研究。 （5）车载液体储供氢技术：①高密度液体储供氢系统总体方案制定及参数匹配的研究；②车用液体储氢容器、气态氢气发生装置、储氢液体加注泵等关键零部件的研制；③供储氢系统状态监测和实时预警技术；④液体储供氢系统的安全技术规范研究。 （6）燃料电池车用氢气纯化技术：① H_2S 等有害杂质的定向纯化材料；②纯化材料与杂质成分的相互作用机制；③氢纯化系统设计及其定向除杂技术；④氢气中痕量杂质检测技术；⑤氢气品质在线监控技术。 （7）加氢站用高安全固态储供氢技术：①基于我国优势资源低成本固态储氢材料设计与制备技术；②高安全低压高密度固态储氢装置设计和制备技术；③静态压缩装置设计和制备技术；④储供氢装置热管理系统设计技术；⑤储供氢装置站用安全监控技术。 （8）70 MPa 加氢站用加压加注关键设备：① 90 MPa 氢压缩机整体设计及核心部件开发，整机可靠性研究；②预冷加注一体化加氢机核心部件设计和工艺研究，整机可靠性研究；③通过本项目突破氢压缩机和加氢机核心关键技术，实现小批量的生产和配套。 （9）加氢关键部件安全性能测试技术及装备：①加氢站关键零部件失效模式分析、故障检测和安全评价技术；②密封件及密封材料在高压氢环境中损伤检测技术及测试装备；③供氢系统关键零部件高压高速氢气冲击（蚀）/ 自燃损伤检测技术及测试装备；④火灾等极端条件下加氢站高压储氢容器的失效机制和泄爆技术

注：美国研究计划资料来源于美国能源部氢能与燃料电池多年期研发计划，日本研究计划资料来源于日本最大的公立研究开发管理机构 NEDO，欧洲研究计划资料来源于欧盟氢能与燃料电池联合研究计划多年期工作计划，中国研究计划资料来源于国家重点研发计划“可再生能源与氢能技术”重点专项。

第 7 章　新型高能电化学储能技术

7.1　技术内涵及发展历程

7.1.1　技术内涵

储能技术是实现电力、交通、工业用能变革的关键使能技术，将培育创造众多新产业、新业态，形成巨大的社会经济效益和环境效益。储能技术分为物理储能、电化学储能等大类。其中，物理储能主要包括抽水储能、压缩空气储能、飞轮储能等机械储能和超导磁储能等电磁储能，以及熔融盐储热和相变储热等；电化学储能则包含电池储能和超级电容器等。不同储能方式各有特点，因此适用于不同的场景。抽水蓄能、压缩空气储能和电池储能较适用于电网的削峰填谷、系统调频，超导磁储能和超级电容器则适用于改善电能质量、稳定输出，储热技术则可解决综合能源系统中的热需求和供给的不平衡，平抑需求侧的热负荷波动。

经过多年的探索，目前储能的主要代表性技术及其发展现状详见图 7-1，图中各技术的颜色代表了其技术成熟度。抽水蓄能、铅酸电池储能、液态锂离子电池储能和超级电容器储能均已进入商业应用的成熟阶段，而固态锂电池储能（包括全固态锂离子储能和全固态锂金属储能）、钠离子电池储能尚处于原理样机开发阶段。在各类储能技术中，电化学储能不受地理环境限制，可直接存储和释放电能，在调峰、调频、平滑出力、改善电能质量、提供系统备用、促进波动性可再生能源消纳等方面均可发挥重要作用，因而可应用于多个场景。随着近年来技术不断突破和成本不断下降，电化学储能逐渐成为电力系统最重要且最受关注的储能技术之一。

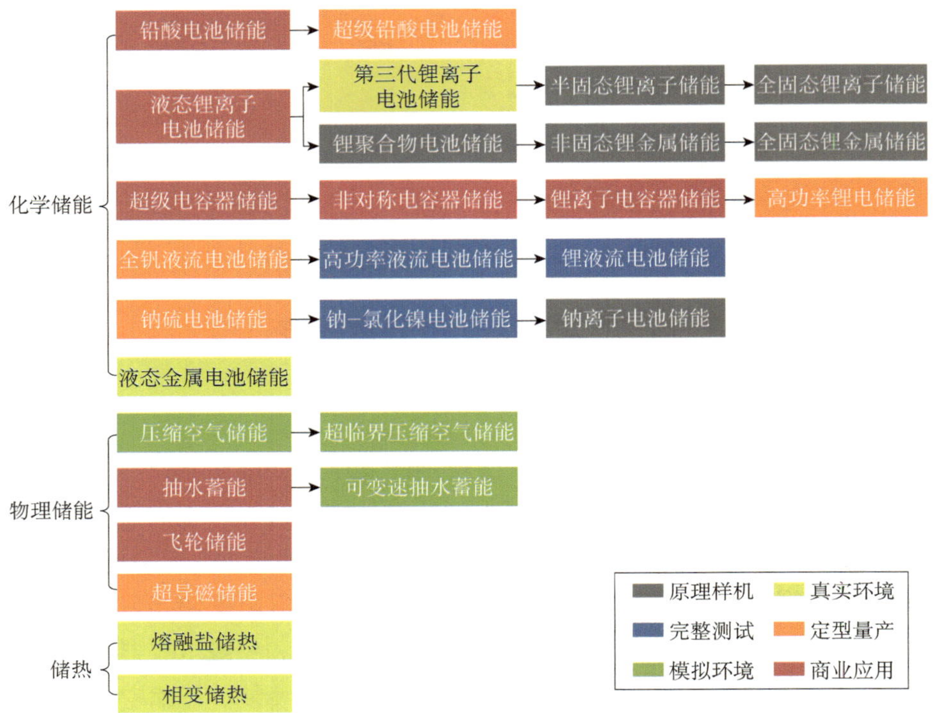

图 7-1　主要储能技术及发展趋势

7.1.2　发展历程

储能技术随着人类科技的发展而不断演变，呈现多条路线发展的局面，从抽水蓄能等物理储能逐渐向电化学储能发展。尤其是近三十年，以锂离子电池为代表的电化学储能技术飞速发展，并不断推陈出新，多种新型储能电池也在不断推进技术进步以迈向商业化，电化学储能有望成为未来最主要的大规模储能技术。

1. 大规模物理储能开启应用

随着人类科技的发展，用于大规模储能的技术不断发展演变，呈现多条路线发展的局面。其中，抽水蓄能由于技术相对成熟、容量大，成为人类最早的储能技术。1882 年，瑞士苏黎世建成了世界上第一座抽水蓄能电站，开启了大规模物理储能的应用。直到 20 世纪 60 年代，抽水蓄能电站才得以迅速发展，是目前世界装机容量最大规模的储能技术。然而，抽水蓄能受到地理条件和水资源的约束，因此，许多国家将目光投向开发新的储能技术。20 世纪 70 年代，为了满足高峰时段电力需求，压缩空气储能得到开发，德国和美国相继建成了压缩空气储能电站。压缩空气储能尽管开发较早，但仍处于示范阶段。其他物理储能方式，如飞轮储能，在 90 年代后期首先实现了不间断电源的商业化，随后在高质量电力、风力发电、车辆制动能再生等领域均有所应用。超导磁储能则在 1969 年提出后，经过世界各国的深入研究，1983 年在美国首次实现并网实验，随后被广泛用于改善电力系统稳定性、平滑电网波动方面，美国生产的 1 MJ 和 3 MJ 超导磁储能产品是典型的应用案例。

2. 锂离子电池研发阶段

电化学储能方式由于具备能量密度高、应用灵活等优点，因此逐渐得到人们的重视，其中以锂离子电池为代表。自 1818 年锂被发现以来，其过于活泼的特性使保存、加工和利用比其他金属复杂得多，因此在长达一个世纪里都没有得到应用。1913 年，美国化学家吉尔伯特·牛顿·刘易斯（Gilbert Newton Lewis）和弗雷德里克·乔治·凯斯（Frederick George Keyes）发现了锂的超高电化学活性，设计出了经典的三电极实验，并预言锂是具有最低电位的电极材料。20 世纪 60 ～ 70 年代，冷战阴影加上石油危机促使各国寻找新的替代能源，而军备竞赛也要求高能量密度电源，因此锂离子电池成为研究热点。70 年代初，M. 斯坦利·威廷汉（M. Stanley Whittingham）采用硫化钛作为正极材料，锂金属作为负极材料制成了首块锂电池，但金属锂负极容易形成锂枝晶，造成电池短路甚至起火爆炸。

1980 年，约翰·B. 古迪纳夫（Jonh B. Goodenough）与一些研究者共同发现了锂离子电池正极材料钴酸锂（$LiCoO_2$），自此锂离子电池进入广泛的研发阶段。1983 年，日本旭化成公司的研究者吉野彰（Akira Yoshino）利用钴酸锂作为正极、聚乙炔作为负极，制作出首款可充电锂离子电池原型，并在 1985 年彻底消除使用金属锂，用碳基材料作为负极，确立了现代商业化锂离子电池（LIB）的基本框架。此后，锂离子电池引起了许多研究者及大型企业的兴趣，大量研究成果使锂离子电池的商业应用成为可能。

3. 锂离子电池商业化

1992 年，日本索尼公司推出了商业化的锂离子电池，并将该技术命名为 Li-ion，标志着锂离子电池进入商业化阶段。锂离子电池减小了移动电话、笔记本电脑等便携式电子设备的重量和体积，延长了工作时间，因此得到了广泛应用。1995 年，索尼公司进一步发明了聚合物锂电池，避免了锂离子电池液体电解质发生漏液和漏电电流大的问题，极大地提高了锂电池的安全性，并在 1999 年实现了商业化。2001 年，美国 A123 系统公司（AONE）推出了纳米磷酸铁锂电池，通过将磷酸铁锂正极材料制造成均匀纳米级颗粒，大幅提升了锂离子电池的放电功率、稳定性和寿命。

4. 改进锂离子电池持续推进商业化，开发新型储能电池

随着电力系统灵活性需求增强、分布式能源逐渐增多，电化学储能技术日益得到重视，世界各主要国家和地区纷纷出台举措以推进储能技术研发，不断改进锂离子电池性能，并探索开发新型储能电池。欧盟在 2010 年成立了储能联合计划开展储能技术研究，在 2017 年成立了欧洲电池联盟（EBA）并发布储能路线图，又在 2019 年提出了“电池 2030+”计划开发下一代超高性能电池。日本在 2012 年发布了蓄电池战略，并在 2016 年发布《能源环境技术创新战略》提出电池研发路线图，NEDO 开展研发项目以支持新概念电池商业化。美国在 2012 年成立了储能联合研究中心（JCESR），并在两年后提出了电网储能路线图。我国在 2016 年发布《能源技术革命创新行动计划（2016—2030 年）》，明确提出了储能的发展目标，次年发布《关于促进储能技术与产业发展的指导意见》提出未来 10 年实现储能产业规模化发展。

由于各国和地区的持续政策推进和研发努力，锂电池技术也得以迅速发展，具备更高能量密度的锂硫电池技术开始从实验室走向应用。英国 Oxis Energy 公司 2018 年宣布成功研发出能量密度达到 425 Wh/kg 的锂硫电池，并将其应用于高空平台（high altitude platform station，HAPS）。2019 年，Oxis Energy 公司宣布将在巴西建设世界上首家大规模生产锂硫电池的数字化制造工厂，并计划于 2020 年开始量产。当前，锂电池正向更为先进的锂电池如固态锂电池、锂 - 空气电池等发展（图 7-2）。

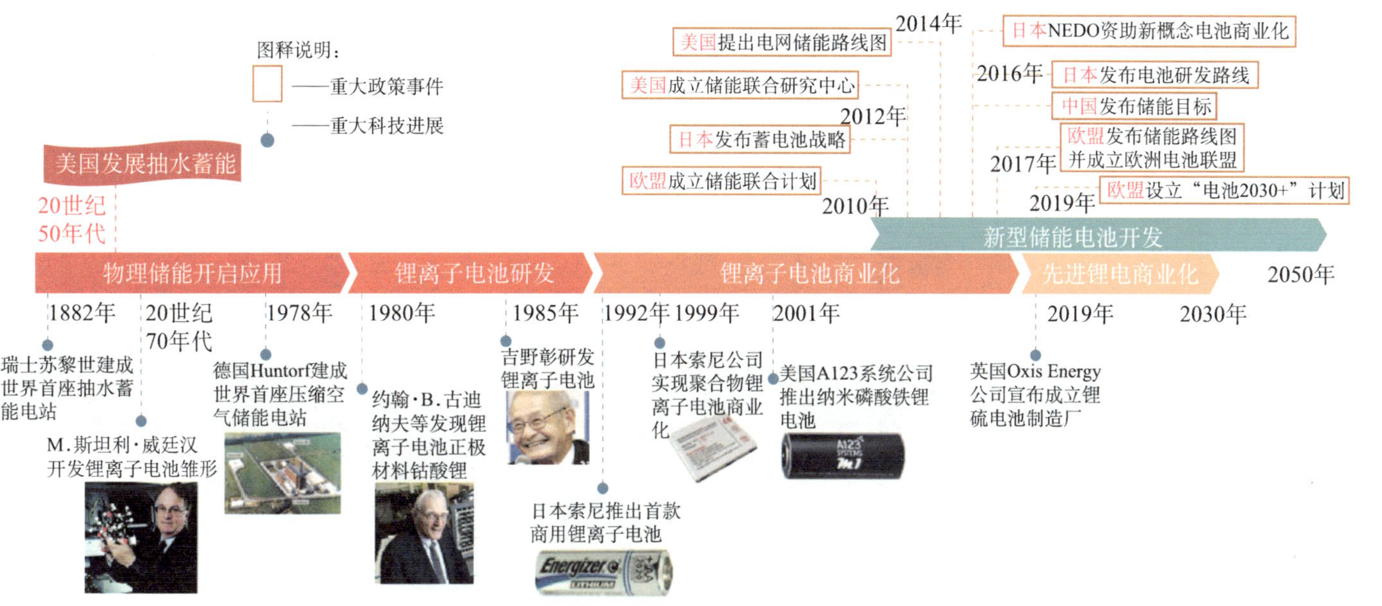

图 7-2　规模化储能技术发展历程

7.2 重点研究领域及主要发展趋势

7.2.1 重点研究领域

新型高能电化学储能技术研究主要致力于理解充放电和物质转移/传输的物化过程，深入认识与合理设计界面/中间相，并设计开发多功能大容量储能材料。潜在颠覆性技术主题聚焦在全固态锂电池、金属-空气电池、超级电容器、新概念化学电池（钠离子电池、液态金属电池）等。

7.2.1.1 全固态锂电池技术

传统锂离子电池一般采用有机电解液作为电解质，但存在易燃问题，用于大容量存储时有较大的安全隐患。固态电解质具有阻燃、易封装等优点，且具有较宽的电化学稳定窗口，可与高电压的电极材料配合使用，提高电池的能量密度。另外，固态电解质具备较高的金属强度，能够有效抑制液态锂金属电池在循环过程中锂枝晶的刺穿，使开发具有高能量密度的锂金属电池成为可能。因此，固态锂电池是锂电池的理想发展方向。

按化学组成分，固态电解质可分为无机型、聚合物型和有机-无机复合型三种。无机固态电解质通常有钙钛矿型、石榴石型（Garnet）、NASICON型等固体氧化物电解质和硫化物固体电解质等。其中，钙钛矿型固体电解质以钛酸镧锂为典型代表，室温锂离子导电性达到 10^{-3} S/cm[1]。美国得克萨斯大学奥斯汀分校古迪纳夫教授团队制备的 $Li_{0.38}Sr_{0.44}Ta_{0.7}Hf_{0.3}O_{2.95}F_{0.05}$ 钙钛矿固态电解质离子电导率较高，表现出优异的界面性能，其组装的全固态 Li/$LiFePO_4$ 电池循环稳定性有明显提升[2]。NASICON型材料适用于高压固态电解质电池，通过离子掺杂能够显著提高 NASICON 型固态电解质的离子电导率[3]。在各种石榴石型固态电解质中，$Li_7La_3Zr_2O_{12}$（LLZO）固体电解质具有高离子电导率和宽电压窗口，对空气有较好稳定性，不与金属锂发生

[1] Manthiram A, Yu X W, Wang S F. Lithium battery chemistries enabled by solid-state electrolytes. Nature Reviews Materials, 2017, 2: 16103.

[2] Li Y T, Xu H H, Chien P H, et al. A perovskite electrolyte that is stable in moist air for lithium-ion batteries. Angewandte Chemie International Edition, 2018, 57(28): 8587-8591.

[3] 刘鲁静，贾志军，郭强，等. 全固态锂离子电池技术进展及现状. 过程工程学报，2019，19：1-10.

反应，是全固态锂电池的理想电解质材料[1]。与氧化物电解质相比，硫化物型固态电解质具有高离子电导率、低晶界电阻和高氧化电位。聚合物型固态电解质由聚合物基体和锂盐络合而成，黏弹性、力学柔性和机械加工性能好，目前研究较多的聚合物电解质材料是聚碳酸酯基聚合物，具有离子导电率高、链段柔顺性好等优点。

复合固态电解质是将陶瓷填料集成到有机聚合物基体上，通过降低玻璃化转变温度来帮助提高导电率和力学性能，其聚合物材料中聚氧乙烯（PEO）的应用最为广泛，而填料则主要有无机惰性填料、无机活性填料和有机多孔填料。其中，无机活性填料不仅能提高自由 Li^+ 的浓度，还可增强 Li^+ 的表面传输能力；有机多孔填料与基体相容性较好，其大分子孔隙结构为 Li^+ 传输提供了天然的通道，因此成为当前的研究热点。古迪纳夫教授团队基于中空介孔有机聚合物（HMOP）与 PEO 基体复合形成的固态电解质，其多孔填料能够吸附界面处的小分子，提高电解质与电极间的界面稳定性[2]。

7.2.1.2 金属－空气电池技术

金属－空气电池具有原材料丰富、安全环保、能量密度高等一系列优点，发展和应用前景良好。金属－空气电池的负极为活泼金属（如镁、铝与锌等），电解液为碱性或中性介质，正极活性物质为空气中的氧气，放电时氧气被还原成 OH^-。目前代表性金属－空气电池有锂－空气电池和锌－空气电池。

1. 锂－空气电池

锂－空气电池以金属锂为负极、空气电极为正极，通常使用催化剂促进正极的氧还原反应。由于可以利用周围空气中的氧气作为电极活性物质，锂－空气电池的容量只取决于金属锂负极的容量，因此锂－空气电池最突

---

[1] 陈龙，池上森，董源，等．全固态锂电池关键材料——固态电解质研究进展．硅酸盐学报，2018，46(1)：21-34.

[2] Zhou W D, Gao H C, Goodenough J B. Low-cost hollow mesoporous polymer spheres and all-solid-state lithium, sodium batteries. Advanced Energy Materials, 2016, 6(1): 1501802.

出的特点是具有超高理论能量密度（11 680 W·h/kg），几乎与汽油相当[1]。根据电解液的种类，锂－空气电池可分为水系、非水系、混合体系和全固态体系四种，其中非水系由于具有较高能量密度、稳定性和可充电性而备受关注。目前研究较多的非水系电解液主要有碳酸酯类、醚类、砜类、酰胺类等有机电解液。

锂－空气电池的实际容量和能量密度仍相对较低，影响其性能的主要因素是锂空气正极，因此研究重点集中在开发用于氧还原反应和析氧反应的催化活性材料、正极结构等方面。碳材料具有优异的导电性，且比表面积大，孔结构可调，被广泛用作正极材料。目前主要研究的碳材料包括各类多孔碳、碳纳米管和石墨烯等新型材料，通常通过掺杂非金属（N、B、S 等）和过渡金属（Fe、Co 等）或是将碳材料与其他活性物质制备复合材料以提升正极材料性能。多孔碳材料中，MOF 衍生多孔碳基材料结构稳定，具有超高比表面积和孔隙率，其均匀的金属位点有利于氧气的富集和扩散，因此可显著提升电池容量；有机前驱体可控合成制备的多孔碳纳米复合材料具有可控孔径和几何形状，通过合成调控和后期表面改性可提升电池容量和循环性能；生物质衍生多孔碳材料的稳定结构利于氧气的扩散和 Li_2O_2 的储存，在碳化过程中杂元素的自掺杂也有利于提高催化剂性能。碳纳米管具备高导电性和机械强度，也是理想的锂－空气电池正极材料，将全氟碳化物添加至碳纳米管中可有效提高氧的传输能力，涂覆 Ru、Pd 等贵金属可有效改善电极的氧还原活性，如将催化活性材料 RuO_2/MnO_2 直接负载在碳纳米管上可以显著改善电池循环性能[2]。石墨烯材料具备超高比表面积和优异导电性，掺杂 Fe、Co、N 等元素可显著提高催化剂氧还原活性。通过空气电极的表面结构设计也可显著提升电池性能，自支撑纳米阵列材料可以在避免电极添加剂（黏结剂或导电炭黑）的同时保持整体电极结构的稳定，因而具备较好的应用前景。此外，为了避免锂电极与空气中

[1] Gao J, Cai X, Wang J, et al. Recent progress in hierarchically structured O_2-cathodes for Li-O_2 batteries. Chemical Engineering Journal, 2018, 352: 972-995.

[2] Lee Y J, Park S H, Kim S H, et al. High-rate and high-areal-capacity air cathodes with enhanced cycle life based on RuO_2/MnO_2 bifunctional electrocatalysts supported on CNT for pragmatic Li-O_2 batteries. ACS Catalysis, 2018, 8(4): 2923-2934.

的其他成分发生副反应而影响电池性能和寿命，锂 - 空气电池往往需要在纯氧环境中工作，美国阿贡国家实验室与伊利诺伊大学芝加哥分校的联合研究对锂负极进行碳酸锂 / 碳涂层保护，制备的锂 - 空气电池在模拟空气中具有长达 700 次充放电循环的寿命[1]。

2. 锌 - 空气电池

锌 - 空气电池采用成本低、对环境友好的锌作为负极，其理论能量密度为 1086 W・h/kg，也是较有前景的下一代低成本电化学储能设备，目前已经成功应用于小功率器件。然而，可充电的锌 - 空气电池仍处于早期开发阶段，存在正极反应速度慢、循环性能差，以及负极锌枝晶、脱落、累积、副反应等问题，限制了其应用。现有的正极催化剂大多为贵金属催化剂，其催化活性单一、稳定性差、成本偏高，因此开发低成本、高性能的双功能催化剂是锌 - 空气电池面临的主要挑战，如碳材料、金属氧化物、金属硫化物、金属碳化物、低 Pt 复合材料或合金材料等。氮掺杂多孔碳催化剂机械强度高、导电性强，其交联网络结构和天然离子传输通道可提供更多活性位点，氧还原和氧析出催化性能接近商业化 Pt/C 和 RuO_2 催化剂[2]。铂 - 钙钛矿复合双功能电催化剂氧析出催化性能优于 IrO_2 催化剂，氧还原催化性能接近 Pt/C 样品[3]。碳化钼基双功能电催化剂的氧还原催化性能优于 Pt/C 催化剂，氧析出催化性能优于 Ir/C 催化剂[4]。过渡金属 - 氮 - 碳纳米复合材料展现出优异的双功能催化性能，二维氮掺杂碳纳米管 / 石墨烯杂化双功能氧电催化剂组装的锌 - 空气电池具有高功率密度和比容量，并且表现出良好的循环稳定性[5]。在 PtCo 合金中引入间隙 F 原子能够实现原子级 Pt

[1] Asadi M, Sayahpour B, Abbasi P, et al. A lithium-oxygen battery with a long cycle life in an air-like atmosphere. Nature, 2018, 555: 502-506.

[2] Peng X, Zhang L, Chen Z, et al. Hierarchically porous carbon plates derived from wood as bifunctional ORR/OER electrodes. Advanced Materials, 2019, 31(16): 1900341.

[3] Guan C, Sumboja A, Wu H, et al. Hollow Co_3O_4 nanosphere embedded in carbon arrays for stable and flexible solid-state zinc-air batteries. Advanced Materials, 2017, 29(44): 1704117.

[4] Cui Z, Li Y, Fu G, et al. Robust Fe_3Mo_3C supported IrMn clusters as highly efficient bifunctional air electrode for metal-air battery. Advanced Materials, 2017, 29(40): 1702385.

[5] Xu Y, Deng P, Chen G, et al. 2D Nitrogen-doped carbon nanotubes/graphene hybrid as bifunctional oxygen electrocatalyst for long-life rechargeable Zn-air batteries. Advanced Functional Materials, 2020, 30: 1906081.

稳定，得到的低 Pt 负载量 PtCo 纳米合金双功能催化剂也可提升锌－空气电池的功率密度和比容量[1]。尽管已取得一定进展，但对锌-空气电池正极催化剂的研究还存在催化机理不明确、催化剂电导率较低和循环稳定性差等问题。

7.2.1.3 超级电容器技术

超级电容器包括双电层电容和赝电容，通过电极表面或近表面与电解质发生法拉第氧化还原反应，实现电子的转移，它同时兼具蓄电池和电容器的优势，有极高的输出功率，且充放电能力较强，在电力储能系统中有很好的运用前景。但是，超级电容器存在成本较高、自放电率高、能量密度相对较低等缺点，无法满足大规模储能要求。锂离子电容器将超级电容器和锂离子电池的反应机理融合在一起，实现了超级电容器和锂离子电池化学特性的互补，比常规超级电容器能量密度大，比锂离子电池功率密度高，是超级电容器的发展方向。

锂离子电容器包含超级电容器、锂离子电池电极材料，大多采用含锂盐有机电解液，开发性能优越的电极材料是研发重点。通过改进 $Li_4Ti_5O_{12}$（LTO）得到的嵌锂型含钛化合物是锂离子电容器的主要负极材料之一，TiO_2 与碳材料复合制备的纳米结构 TiO_2 复合电极材料也是一种常见的嵌锂型锂离子电池负极材料。Nb_2O_5 拥有二维锂离子传输通道，是理想的锂离子电容器负极材料之一。碳材料具备良好的吸附性，在电解质供锂机制的电容器中一般作为正极材料吸附锂离子在电极、电解液接触面形成双电层，而石墨烯、硬碳、软碳等碳材料以 3D 结构为锂离子提供了嵌入/脱嵌通道，可应用于负极材料中。由于锂离子与石墨烯表面官能团的反应速率较高，以碳材料为负极的锂离子超级电容器具有较高的能量密度，但锂离子材料在负极会发生不可逆脱嵌，因此需对碳材料负极进行预嵌锂处理，提高锂离子电容器的能量密度和循环稳定性。传统的石墨类负极材料存在锂离子扩散动力学迟滞问题，采用电容活性材料（如活性炭、石墨烯复合材料等）为负极，以锂离子电池嵌锂材料或碳材料为正极，可以得到高能量密度的

[1] Li Z, Niu W H, Yang Z Z, et al. Stabilizing atomic Pt with trapped interstitial F in alloyed PtCo nanosheets for high-performance zinc-air batteries. Energy & Environmental Science, 2019, 13: 884-895.

锂离子电容器。锂离子电容器正负极的电荷存储机理不同，导致反应速率和循环稳定性不一致，实现能量密度、功率密度和循环寿命的协同改善是未来的研究重点，通过纳米技术、异质掺杂及复合材料技术改善电池综合性能是可行的方向。

7.2.1.4　新概念化学电池技术——钠离子电池

尽管锂电池已经得到了广泛应用，但其锂资源有限，成本偏高，因此，钠离子电池逐渐受到人们关注。钠离子电池使用钠盐做电极材料，材料成本低，能量密度与磷酸铁锂电池接近，还具有无过度放电特性和安全性好的优点，是较为理想的先进储能电池。目前，钠离子电池研究的关键在于开发合适的电极材料和电解质，以提升能量密度和循环寿命。

在正极材料中，目前研究较多的有过渡金属氧化物、聚阴离子化合物、普鲁士蓝类似物等[1]，主要原因有以下三个方面。

（1）过渡金属氧化物合成工艺简单、成本低、毒性小，主要分为层状过渡金属氧化物和隧道结构氧化物，前者的比容量高于后者，但层状过渡金属氧化物在充放电过程中由于钠离子嵌 / 脱会造成材料结构发生相变，影响电池循环稳定性，通过元素掺杂、结构设计、导电材料包覆等方式能有效改善性能。

（2）聚阴离子化合物由聚阴离子基团和过渡金属元素组成，具备高电压和结构稳定性好的优势。其 3D 框架结构含有丰富的晶格空位，可以缓解钠离子反复嵌 / 脱所导致的体积变化和复杂相变反应，但其具有导电性差、体积能量密度低等问题，通常使用碳包覆、元素掺杂或多孔、纳米结构等提升电化学性能，以铁基、锰基为主的混合聚阴离子、双金属 NASICON、多电子反应体系材料是研究重点[2]。

（3）普鲁士蓝类似物是具有简单立方结构的 MOF 材料，其结构中的

---

[1] Liu Q N, Hu Z, Chen M Z, et al. The cathode choice for commercialization of sodium-ion batteries: layered transition metal oxides versus Prussian blue analogs. Advanced Functional Materials, 2020, 30(14): 1909530.

[2] Li H X, Xu M, Zhang Z A, et al. Engineering of polyanion type cathode materials for sodium-ion batteries: toward higher energy/power density. Advanced Functional Materials, 2020, 30: 2000473.

过渡金属离子和—CN—基团之间具有较大空间，因此可有效容纳 Na^+ 等碱金属离子。此类材料合成简单，具有较高工作电压平台和良好的循环稳定性，但其结构中固有的大量配水位和空位使得电池比容量低、结构不稳定和循环寿命短，通常通过纳米结构、导电材料包覆、元素掺杂、改进合成工艺等方法改善其性能。

在负极材料中，碳基材料成本较低，其中硬碳材料具有较大的层间距和无序化结构，有利于 Na^+ 脱碳，可逆容量可达 300 mAh/g。通过设计纳米结构、构造空心或多孔结构、杂原子掺杂，可改善碳基材料的储钠性能。此外，石墨烯的比表面积大，也适合钠离子存储。Sn、Sb、P、Ge、Bi 等合金化反应材料的理论容量高、工作电压适宜，是高比能的钠离子电池负极材料，但这类材料在合金化反应时体积膨胀严重，电极材料易粉化脱落，影响电化学性能，目前主要采用纳米化、碳复合以及开发高效黏结剂或电解液添加剂来缓解这一问题。过渡金属硫化物也具有比容量高、成本低等优点，其中三硫化二锑（Sb_2S_3）理论比容量达到 954 mAh/g，但存在电导率低、循环性能差的问题，镶嵌在氮掺杂石墨烯基体中形成的双金属硫化物 Sb_2S_3@FeS_2 空心纳米棒可有效提升电导率和循环性能[1]。金属钠具有高比容量（1166 mAh/g）、低电势和低体积密度，是最有前景的负极材料之一，但传统的金属钠负极由于表面不平整会引起钠离子的不均匀沉积，形成大量枝晶 / 死钠，导致电极材料的体积膨胀，通过引入导电基体，如三维碳材料或者泡沫多孔材料，能够缓解体积变化和抑制钠枝晶形成。

电解质体系是影响电池电化学性能和安全性能的关键，目前应用较多的是有机液态电解质，具有较高的离子电导率和较低的制作成本，但作为液态电解质存在漏液、腐蚀等安全隐患。聚合物固体电解质具有良好的黏弹性和成膜性，室温离子电导率较低；无机固态电解质室温离子电导率相对较高、热稳定性好、电化学窗口宽，但是电解质与电极界面间有较大的阻抗。因此，同时兼顾力学性能、电导率和稳定性的固态电解质材料是固态钠离子电池的研究重点。中国科学院大连化学物理研究所、中国科学技

[1] Cao L, Gao X W, Zhang B, et al. Bimetallic sulfide Sb_2S_3@FeS_2 hollow nanorods as high-performance anode materials for sodium-ion batteries. ACS Nano, 2020, 14 (3): 3610-3620.

术大学、中国科学院宁波材料技术与工程研究所合作团队通过光固化聚合法制备了新型聚合物固态电解质，构筑了聚合物电解质 / 电极材料一体化集成系统制备高比能、长寿命柔性固态钠离子电池，在平铺和弯折状态下循环 535 次后仍可提供 355 W · h/kg 的能量密度 [1]。

7.2.1.5　新概念化学电池技术——液态金属电池

液态金属电池是近年来发展的新型电池技术，其概念源自美国铝业公司的三层液态 Hoopes 铝电解槽。液态金属电池的正极通常为 Sb、Pb、Sn、Bi 等过渡金属及其合金，负极则为碱金属或碱土金属的单质或合金，中间采用与负极金属对应的无机盐作为电解质。电池运行时，电极和电解质均为熔融状态，由于液态金属与无机熔盐之间互不混溶，因此可根据密度差自动分为三层。液态金属电池的结构简单，且电极和电解质均为液态，传质阻力较小，因而可实现快速充放电，且成本低、寿命长，适合用于电网的大规模储能。

早在 20 世纪 60 年代，美国通用汽车公司、原子国际公司和阿贡国家实验室等机构就相继开发了针对储能应用的热再生双金属二次电池，这是液态金属电池的技术起源。然而，20 世纪 60 年代末电动汽车成为研究热点，液态金属电池只能用于固定式储能领域，且能量密度相对较低，无法用于电动汽车，因此其研究逐渐停滞。美国麻省理工学院的唐纳德 · 萨杜威（Donald Sadoway）教授团队于 2006 年开始研制用于电网储能的液态金属电池，他们在阿贡国家实验室的 Na-Bi 电池基础上，陆续开发了库伦效率更高、成本更低的 Mg-Sb、Li-Pb-Sb 等新型电池。该团队在 2018 年开发了一种用于液态金属电池的新型金属网膜，将传统 $Na-NiC_{12}$ 电池中易碎的陶瓷薄膜用一种坚固的氮化钛涂层金属网代替，促进了液态金属电池的工业化规模应用 [2]。

尽管液态金属电池具有高功率和长循环寿命，但其工作温度较高（一般在 450℃以上），且负极碱金属在熔盐中的溶解容易导致电池自放电和库

[1] Yao Y, Wei Z Y, Wang H Y, et al. Toward high energy density all solid-state sodium batteries with excellent flexibility. Advanced Energy Materials, 2020, 10(12): 1903698.

[2] Yin H Y, Chung B, Chen F, et al. Faradaically selective membrane for liquid metal displacement batteries. Nature Energy, 2018, 3(2): 127-131.

伦效率低，制约了其商业化应用。清华大学伍晖和斯坦福大学崔屹合作团队制备了基于石榴石型 LLZTO 陶瓷管固态电解质的液态锂金属电池，将工作温度降低至 240℃左右，且具备优异的功率容量、库伦效率以及循环稳定性，在 50 mA/cm² 和 100 mA/cm² 电流密度条件下稳定循环工作 1 个月，平均库伦效率达 99.98%[1]。得克萨斯大学奥斯汀分校余桂华团队利用 Ga-In 液态金属合金正极和 Na-K 液态金属合金负极制备液态金属电池，在室温下具有稳定的循环性能，当使用 Ga-In-Sn 三元合金作为正极时运行温度有望降至室温以下[2]。

7.2.2 主要发展趋势

未来电化学储能技术的发展将从单一功能走向多元化，从功能性示范到需求导向型应用发展，应用比例将明显增加。电化学储能适合大规模应用和批量化生产，但目前该技术的主要问题是电池使用寿命有限、成本高，这也是电化学储能技术需要重点突破的方向。因此，高安全性、长寿命、低成本、易回收的锂离子电池及新型化学储能电池将是电化学储能技术的发展重点，以全固态锂电池、钠离子电池、金属 - 空气电池、液态金属电池等为代表的新型电池体系开始走出实验室，进入产业化开发阶段，下一阶段应力争进行规模扩大并实现量产。集成系统认知、改进封装设计以及应用新材料将有助于推动电池技术发展。超级电容器将解决其模块化及能量管理系统关键技术以实现大规模集成应用。

具体到技术领域，未来主要发展趋势包括：①全固态锂电池将开发高性能固态电解质以提升离子电导率和稳定性；②金属 - 空气电池将重点开发锂 - 空气电池和锌 - 空气电池，前者将开发催化活性材料和锂空气正极结构以提升实际容量，后者将开发低成本、高性能双功能催化剂以提升正极反应速度和循环性能；③大容量超级电容器将重点发展锂离子电容器，

[1] Jin Y, Liu K, Lang J L, et al. An intermediate temperature garnet-type solid electrolyte-based molten lithium battery for grid energy storage. Nature Energy, 2018, 3: 732-738.

[2] Ding Y, Guo X L, Qian Y M, et al. Room-temperature all-liquid-metal batteries based on fusible alloys with regulated interfacial chemistry and wetting. Advanced Materials, 2020, 32(30): 2002577.

提高能量密度、功率密度和循环性能，降低成本，还将突破大容量超级电容器应用于制动能量回收、电力系统稳定控制和电能质量改善等的设计与集成技术；④钠离子电池将优化电极和电解质材料，缓解钠电极的枝晶问题，以及开发复合固态电解质材料；⑤液态金属电池将寻求更好的电极和电解质体系以降低成本、提高性能、降低运行温度、加快商业化进程。

7.3　颠覆性影响及发展举措

7.3.1　技术颠覆性影响

1. 促进能源系统转型，提升能源安全

大规模储能是促进能源体系向高效、清洁、智能转型的必要条件，可大幅提高电力系统的灵活性，消纳高比例波动性可再生能源，增强电力系统的可靠性，并将电力、建筑、工业和交通领域的耦合作用发挥到最大，是未来多能融合能源系统的关键构成单元。将储能与分布式发电技术集成，能够实现灵活发电和用能，结合智能技术，有助于构建区域分布式智慧能源网络，大幅提升对区域能源资源的利用效率。通过大规模储能技术，实现电网供应在时间尺度上的灵活调节，能够有效应对集成高比例波动性可再生能源带来的挑战，提升能源供应安全，同时避免因突发事件、极端天气等造成的供应短缺。未来车辆到电网、集成储能的分布式发电等的大规模普及，将促进能源供应与需求的协调一致，改变用户消费习惯，构建更先进、高效、智能化的能源系统。

2. 促进能源系统收益，带动其他产业发展，带来社会经济效益

随着储能技术的不断发展，其性能持续提升，成本不断下降，在电力系统的大规模示范项目也不断增多。根据 IRENA 的评估[1]，当前全球部署的大型电力储能示范项目为电力系统提供了多种多样的收益，包括提供运行储备、灵活“爬坡”、实现能源套利、平滑波动性可再生能源、延缓输配电投资、降低高峰期电厂成本等。随着可再生能源发电成本的不断下降、储能

[1] International Renewable Energy Agency. Electricity Storage Valuation Framework. https://www.irena.org/publications/2020/Mar/Electricity-Storage-Valuation-Framework-2020.

技术的大规模普及，工业、建筑、交通等行业的用能效率将不断提升，用能成本将不断降低。根据 WEC 的预测[1]，电堆和辅助系统组件成本下降将使到 2030 年公用事业规模储能系统成本每年下降超过 20%。预计到 2026 年，公用事业规模风能和太阳能发电相关储能设备的年收益将达到 96 亿美元，同期用户侧储能的年收益则将超过 130 亿美元。2010 ～ 2018 年，全球电池需求年均增速达到了 30%，预计到 2030 年全球电池需求较 2010 年将增长 13 倍，至 2600 GW · h（图 7-3），电池价值链可创造 100 万个就业岗位，电池成本降低可实现约 1500 亿美元经济价值，电池储能将使全球 6 亿人获得可负担的电力供应，减少 70% 的无电家庭。电化学储能技术的发展还将带动一系列产业，从上游的材料供应到下游的产品总成和回收，可带来极大的经济效益。以电池回收行业为例，从废旧动力锂电池中回收钴、镍、锰、锂、铁和铝等金属所创造的回收市场规模在 2023 年将达 250 亿元[2]。

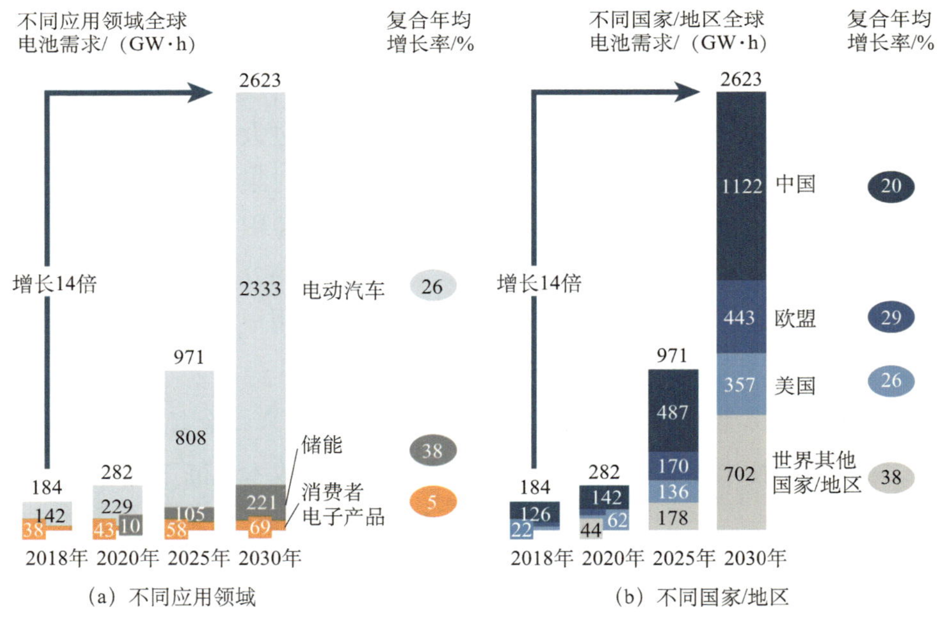

图 7-3　2018 ～ 2030 年全球电池需求

[1] World Energy Council. Energy Storage Monitor Latest trends in energy storage 2019. https://www.worldenergy.org/assets/downloads/ESM_Final_Report_05-Nov-2019.pdf.

[2] 张超，廖青云，路璐，等．锂电池回收产业发展报告．高科技与产业化，2019，(3)：36-45.

3. 减少能耗和碳排放，带来巨大环境效益

电化学储能技术将通过增强能源系统对高比例可再生能源的消纳，大幅降低能源相关的碳排放。同时，通过储能技术促进建筑、交通、工业领域的电气化，提升能源利用效率，降低能耗和碳排放，从而形成巨大环境效益。根据WEF的预测[1]，如果没有电池储能技术，到2035年全球将用完碳排放预算。从现在开始加快电池储能部署将使到2030年避免交通部门4亿t碳排放，由于促进可再生能源替代化石能源将避免22亿t碳排放，共可为实现将温升控制在2℃的目标贡献30%的碳减排量。电池的大规模部署，以及基于电池储能构建的灵活的高比例可再生能源系统，加上密集的充电基础设施网络，是能源系统向经济高效的清洁系统转型的重要前提。

然而，电化学储能技术的大规模部署也存在一定风险。为满足能源系统对储能的需求，需大幅提升储能电池的能量密度，意味着电池安全性问题将更加突出。电池自燃爆炸等事故造成了一定的社会恐慌，降低了社会对电池技术的接纳度。同时，储能技术的进一步发展和部署规模扩大，将促进可再生能源电力、电动交通等领域的飞速发展，导致对新兴能源矿产资源需求的大幅增加，如用于风能领域的稀土、铂族金属、金和银等，用于太阳能领域的铜、银、铂族金属、碲、铟等，以及用于电池和电动汽车领域的钢铁、铜、铝、稀土、镍、锂、钴、铂族金属等。从资源供应来看，当前新兴能源关键矿产资源主要分布在中国和非洲，但是其控制权则由部分发达国家和地区掌握，美国、欧盟、日本等发达国家和地区均加大了对关键能源矿产资源的控制。随之而来的还有能源矿产资源开采、冶炼和回收过程中带来的环境风险。例如，稀土、铟、钴、锗等关键金属为伴生矿，尾矿生成率高，尾矿堆存不仅占用大量耕地，还容易造成环境污染、水土流失、植被破坏。关键矿产开采对人体、环境及生态危害较大，以稀土为例，最严重的危害就是来自稀土元素钍和铀的轻度放射性浆尾矿。关键金属冶炼加工难度较大，所需的化学原料环境风险极高，例如冶炼稀土元素

[1] World Economic Forum. A Vision for a Sustainable Battery Value Chain in 2030：Unlocking the Full Potential to Power Sustainable Development and Climate Change Mitigation. http://www3.weforum.org/docs/WEF_A_Vision_for_a_Sustainable_Battery_Value_Chain_in_2030_Report.pdf[2020-08-30].

过程中的辅料毒酸，对环境破坏程度较大。在回收方面，电池材料回收产业的发展滞后于电池技术，对于现在最为普及的锂离子电池来说，虽然其中没有干电池和铅酸电池中的汞、镉、铅等毒害性较大的重金属元素，但含有重金属化合物、六氟磷酸锂、苯类、酯类化合物等，且难以被微生物降解，负极材料中的碳材和石墨还会引发粉尘污染。

7.3.2 各国 / 地区发展态势与竞争布局

1. 美国

在战略规划方面，美国很早就认识到储能技术对确保电网安全性和可靠性的重要作用，极为重视对储能技术的开发，较早出台储能技术的研发规划和战略部署路线。2011 年，DOE 电力传输与能源可靠性办公室提出了 2012 ～ 2016 年的储能技术开发路线图，重点针对液流电池、钠基电池、离子电池、先进铅酸电池、压缩空气储能和飞轮储能开展研发示范工作。2014年底，DOE发布了《储能安全性战略规划》[1]，提出了安全可靠部署电网储能技术的高层次路线图，强调从开发安全性验证技术、制定事故防范方法、完善安全性规范标准与法规三方面确保储能技术的安全部署。2020 年 1 月，DOE 宣布投入 1.58 亿美元启动“储能大挑战”计划[2]，旨在加速下一代储能技术的开发与应用，使美国到 2030 年在储能利用和出口方面保持全球领先地位，实现技术开发、制造和供应链、技术转化、政策与评估、劳动力开发等五方面目标。2020 年 7 月，DOE 发布《“储能大挑战”路线图草案》[3]，提出了加速储能技术创新以实现“储能大挑战”计划目标的战略路线。该草案针对技术开发、制造和供应链、技术转化、政策与评估、劳动力开发五个方面提出了将采取的重要行动，重点关注解决三大挑战：①国内创新，DOE 如何能使美国在储能研发方面处于世界领先地位，并保

[1] U.S. Department of Energy. Energy Storage Safety Strategic Plan. http://www.energy.gov/sites/prod/files/2014/12/f19/OE%20Safety%20Strategic%20Plan%20December%202014.pdf[2020-08-30].

[2] U.S. Department of Energy. Energy Storage Grand Challenge. https://www.energy.gov/energy-storage-grand-challenge/energy-storage-grand-challenge[2020-08-30].

[3] U.S. Department of Energy. Energy Storage Grand Challenge Draft Roadmap. https://www.energy.gov/sites/prod/files/2020/07/f76/ESGC%20Draft%20Roadmap_2.pdf[2020-08-30].

护 DOE 在国内资助开发的知识产权；②国内制造，DOE 如何通过降低对国外材料和组件来源的依赖来削减制造现有储能技术的成本和能源影响，并加强国内供应链能力；③全球部署，DOE 如何与利益相关方合作，开发满足国内需求的技术并在国内市场成功部署，并且还能出口技术。

在研发支持方面，美国政府 2009 年在《2009 年复苏与再投资法案》（ARRA）中将储能项目作为重点之一进行了支持。ARRA 为储能系统的工程示范项目提供了 1.85 亿美元国家匹配资金（ARRA-F），项目总投资 7.72 亿美元，计划建立总计 537 MW 电力储能系统应用于电网。同时，美国能源部还为电动汽车电池研发与制造投资 12.5 亿美元。美国能源部通过电力传输与能源可靠性办公室的"储能计划"持续对储能技术进行研发，包括传统及先进电池、超级电容器、飞轮储能、电力电子设备、控制系统以及优化储能的软件工具等技术领域。到 2019 年，DOE 在"储能计划"下共开展了 16 个项目，涉及铅酸电池、锂离子电池、钠离子电池、全钒氧化还原电池、飞轮储能、等温压缩空气储能等技术[1]。在2020财年预算中，DOE 电力传输与能源可靠性办公室计划投入 4850 万美元支持储能项目。

此外，DOE 通过其下属的 ARPA-E 对储能技术给予支持，2009 ～ 2019 年共在 13 个研发计划下开展了 95 个储能相关的项目[2]。DOE 还在 2012 年成立了 JCESR，由阿贡国家实验室领导。作为 DOE 最重要的储能技术研究中心之一，JCESR 汇集了多个学科和十几个领先实验室及高校的顶级专家，以解决储能领域的一系列重大科学挑战。在成立的前 5 年中，JCESR 取得了一系列的研究成果，包括：示范了一种用于液流电池的新型隔膜；在用双电荷镁代替单电荷锂的电池科学基础方面取得了实质性进展；开发了计算工具，利用该工具筛选出了超过 24 000 种潜在的电解质和电极化合物，用于新的电池概念和化学品。此外，该中心还产出了 380 多篇经过同行评审的论文，申请了 100 多项发明专利，成立了 3 家初创公司。2018 年

---

[1] U.S. Department of Energy. Fact Sheets. https://www.energy.gov/oe/information-center/library/fact-sheets#storage.

[2] U.S. Department of Energy. ARPA-E Projects. https://arpa-e.energy.gov/?q=project-listing&field_program_tid=All&field_project_state_value=All&field_project_status_value=All&term_node_tid_depth=1018&sort_by=field_organization_value&sort_order=ASC.

9 月，DOE 宣布将在未来 5 年内为 JCESR 第二期投入 1.2 亿美元，以推进电池科学和技术研究开发[1]。未来5年，JCESR将基于对材料原子和分子级别理论认知，采用“自下而上”模式开发用于不同电池的新型材料。其目标是设计和开发超出当前锂离子电池容量的多价化学电池，并研究用于电网规模储能的液流电池新概念。JCESR 将在 5 个方向进行重点研究以实现这些目标，包括：液体溶剂化科学、固体溶剂化科学、流动性氧化还原科学、动态界面的电荷转移、材料复杂性科学。

在产业化方面，美国在 2009 ～ 2011 年发布了一系列《可再生与绿色能源存储技术法案》，推动美国储能产业发展，包括对储能系统的投资税收减免、电网规模储能的投资税收优惠等。另外，美国对储能在电力市场的价格实行间接支持政策，如“按效果付费”等[2]。2018 年，美国发布第 841 号法令，要求配电网运营商允许储能为电力批发市场提供辅助服务。2019 年，美国批准了《促进电网储能法案》(H.R. 1743)，旨在促进储能与家庭和企业太阳能发电系统的配套部署。美国加利福尼亚州长期实行自发电激励计划 (SGIP)，以鼓励用户侧分布式发电，从 2011 年起就将储能纳入支持范围给予补贴。2018 年 8 月，加利福尼亚州议会通过 SB700 法案 (即“自发电激励计划”) 将该计划延长至 2026 年，以激励更多分布式储能建设项目[3]。在加利福尼亚州政策的带动下，美国纽约州、佛罗里达州、亚利桑那州、夏威夷州等都出台了储能补贴政策。

2. 日本

在战略规划方面，2012 年 7 月，日本经济产业省公布了《蓄电池战略》[4]，提出通过公私合作方式加快储能技术的创新突破，旨在2020年左右

[1] U.S. Department of Energy. Department of Energy Announces $120 Million for Battery Innovation Hub. https://www.energy.gov/articles/department-energy-announces-120-million-battery-innovation-hub.

[2] 中国电力企业联合会规划与统计信息部课题组 . 储能产业发展政策研究 . 中国电力企业管理，2015，(5)：24-28.

[3] 宋安琪，武利会，刘成，等 . 分布式储能发展的国际政策与市场规则分析 . 储能科学与技术，2020，9(1)：1-15.

[4] 経済産業省 . 蓄電池戦略 . http://www.enecho.meti.go.jp/committee/council/basic_problem_committee/028/pdf/28sankou2-2.pdf.

将钠硫、镍氢等大型蓄电池的电力成本降至与抽水蓄能发电成本相当，将电动汽车的续航里程提升 2 倍（2012 年水平为 120 ～ 200 km），并建成普通充电器 200 万处、快速充电器 5000 处，实现全球蓄电池市场占有率 50% 的目标。2013 年 8 月，NEDO 梳理了以前的路线图后制定了《充电电池技术发展路线图》[1]，更新了到2030年固定式电池、车用电池及电池材料的研发目标和路线。2016 年，日本经济产业省发布了面向 2050 年技术前沿的《能源环境技术创新战略》，明确将电化学储能技术纳入五大技术创新领域并提出了到 2050 年的研发目标，将重点开发固态锂电池、锂硫电池、锌 - 空气电池、新型金属 - 空气电池和其他新型电池（如氟化物电池、钠离子电池、多价离子电池、新概念氧化还原电池等）。将重点开展的工作包括：研发低成本、安全可靠的快速充放电先进蓄电池技术，使其能量密度达到现有锂离子电池的 7 倍，同时成本降至现在的 1/10，使小型电动汽车续航里程达到 700 km 以上；将先进蓄电池用于储存可再生能源，实现更大规模的可再生能源并网。

在研发支持方面，NEDO 持续设立国家层面的研发项目，支持储能技术开发。2019 财年预算在能源系统领域投入 5 亿美元，包含系统配置、储能、氢能相关技术及可再生能源技术4个领域[2]。对于储能领域，当前正重点进行全固态锂离子电池和超越锂离子的新型电池研发[3]。2000～2019年，NEDO 共开展了 10 个储能相关项目。2019 年开展的研究项目[4]包括：①新概念电池基础技术开发以促进商业化，将开发超越锂离子电池的新型电池（项目周期 2016 ～ 2020 年，2019 财年资助金额 34 亿日元）；②新型高效电池技术开发第二期项目，将攻克全固态电池商业化应用的技术瓶颈，为在 2030 年左右实现规模化量产奠定技术基础（项目周期 2018 ～ 2022 年，总经费 100 亿日元，2019 财年资助金额 18.8 亿日元）。

---

[1] NEDO 二次電池技術開発ロードマップ 2013. https://www.nedo.go.jp/content/ 100535728.pdf.

[2] FY2019 Budget (1.43 Billion US Dollars). http://www.nedo.go.jp/english/introducing_pja.html.

[3] NEDO Technology Development Fields (Energy Systems). https://www.nedo.go.jp/english/introducing_tdf1.html.

[4] 蓄電池 . https://www.nedo.go.jp/activities/introduction8_01_08.html.

在产业化方面，日本从2012年起对锂离子电池进行连续多轮补贴，以推动锂离子电池的应用。2015年11月起，对向日本电力公司出售电力的可再生能源发电设备安装储能进行补贴，补贴总金额达到265亿日元。2017年3月，日本政府提出在2018～2019财年对购置和安装家用储能电池系统或储热设备提供定额补贴，最多不超过储能系统初始投资的1/3。

3. 欧盟

欧盟极为重视对电池储能技术的研发，将其视为实现工业、交通、建筑等行业电气化，促进向“碳中性”社会发展的重要因素，还希望通过开发高性能电池抢占未来电气化社会竞争制高点，争夺全球电池研发和生产的主导权。

2010年，欧盟成立EERA，统筹实施17项联合计划以开展低碳能源技术研究，储能就是其中之一，确定了电化学储能、化学储能、储热、机械储能、超导磁储能和储能技术经济6个重点技术领域[1]。2015年9月，欧盟委员会升级了SET-Plan，提出开展十大研究创新优先行动以加速欧洲能源系统转型，第七项行动即为开发用于交通和固定储能的电池。2017年11月，欧盟发布了SET-Plan电池实施计划[2]，提出了电池研究创新的重点领域：电池材料/化学/设计和回收、制造技术、电池应用和集成。欧洲储能协会（EASE）和EERA在2017年10月联合发布新版《欧洲储能技术发展路线图》[3]，提出了未来10年欧洲储能技术开发的三个阶段重点工作。基于前期的工作基础，2019年2月，欧盟宣布创建“电池欧洲”（Batteries Europe）技术与创新平台[4]，以确定电池研究优先领域、制定长期愿景、阐

[1] Energy Storage. https://www.eera-set.eu/eera-joint-programmes-jps/list-of-jps/energy-storage/.

[2] European Commission. Integrated SET-Plan Action 7 Implementation Plan. https://setis.ec.europa.eu/sites/default/files/set_plan_batteries_implementation_plan.pdf.

[3] European Association for Storage of Energy, European Energy Research Alliance. European Energy Storage Technology Development Roadmap. http://ease-storage.eu/wp-content/uploads/2017/10/EASE-EERA-Storage-Technology-Development-Roadmap-2017-HR.pdf.

[4] Consolidating the Industrial Basis for Batteries in Europe: Launch of the European Technology and Innovation Platform on Batteries. https://ec.europa.eu/info/news/consolidating-industrial-basis-batteries-europe-launch-european-technology-and-innovation-platform-batteries-2019-feb-05_en.

述战略研究议程与发展路线。

随着对电池技术的愈发重视，欧盟在 2018 年 7 月更新了“地平线 2020”（2018 ～ 2020 年）计划中能源和交通运输的项目资助计划，即新增一个主题名为“建立一个低碳、弹性的未来气候：下一代电池”跨领域研究活动，旨在整合“地平线 2020”分散资助的与下一代电池有关的研究创新工作，推动欧盟国家电池技术创新突破，开发更具价格竞争力、更高性能和更长寿命的电池技术。新增资助计划将在 2019 年提供 1.14 亿欧元用于支持 7 个主题的电池研究课题，主要包括：高性能、高安全性的车用固态电池技术；非车用电池技术；氧化还原液流电池仿真建模研究；适用于固定式储能的先进氧化还原液流电池；先进锂离子电池的研究与创新；锂离子电池材料及输运过程建模；锂离子电池生产试点网络。2021 年，欧盟宣布成立“欧洲电池创新计划”，投入 29 亿欧元，并将撬动 90 亿欧元的私人投资，旨在推进电池价值链的创新研发，包括原材料提取、电池单元及组件的设计和制造，以及电池回收和处理，尤其注重可持续性。

为推进欧洲电池的产业化，2017 年，欧盟成立了“欧洲电池联盟”[1]，汇集包括政府和产学研各界力量，打造欧洲具有全球竞争力的电池价值链。2018年5月，欧盟通过了“电池战略行动计划”[2]，从保障原材料供应、构建完整生态系统、强化产业领导力、培训高技能劳动力、打造可持续产业链、强化政策和监管等六个方面开展行动，在欧盟建立有竞争力、创新和可持续的电池产业。

除了不断改进和优化主要电池技术以及持续推进电池产业化，欧盟还极为重视开发新型电池，希望开发超高性能、安全、可靠、可持续和成本经济的新一代电池以实现在全球电池领域的领先地位。2018 年，欧盟宣布将从 2020 年起启动一项为期 10 年的大型研究计划“电池 2030+”[3]，汇集研究机构、产业界和公共事业部门的力量，基于欧洲在电化学、材料科学

[1] European Battery Alliance. https://ec.europa.eu/growth/industry/policy/european-battery-alliance_en.

[2] Strategic Action Plan on Batteries. https://eur-lex.europa.eu/resource.html?uri=cellar：0e8b694e-59b5-11e8-ab41-01aa75ed71a1.0003.02/DOC_3&format=PDF.

[3] BATTERY 2030+. https://battery2030.eu/.

和数字技术的卓越进展，利用人工智能、大数据、传感器和计算等技术，实现电池技术的突破。“电池 2030+”计划将重点关注电池新兴概念（技术成熟度在 1 ～ 3 级），通过新型材料、工程界面及智能功能设计以开发超高性能电池，为欧洲电池行业提供突破性技术，使欧洲电池技术在交通动力储能、固定式储能领域以及机器人、航空航天、医疗设备、物联网（IoT）等未来新兴领域保持长期领先地位。2018 年底，欧盟发布《“电池 2030+”宣言》[1]，阐述了“电池 2030+”计划的目标、愿景和重点研发领域。2020 年 3 月，欧盟“电池 2030+”工作组发布了电池研发路线图，针对《“电池 2030+”宣言》中确定的技术研发领域，即材料开发、电池界面 / 中间相研究、先进传感器、自修复功能四个主要研究领域以及电池制造和回收利用两个交叉研究领域，提出了各领域的发展现状、关键挑战、研发需求，以及近、中、远期研发目标。“电池 2030+”计划通过未来 10 年的研究实现如下目标：①开发长寿命、安全、价格合理且可持续的超高性能电池；②为欧洲电池行业提供电池价值链中的新工具和突破性技术；③使欧洲在电池的现有市场（如交通和固定式储能）和未来新兴市场（如机器人技术、航空航天、医疗设备和物联网）中保持长期领导地位。

欧盟委员会预测，到 2025 年欧洲电池市场规模将达到 2500 亿欧元，但其在电池产业布局中已落后于中国、美国、日本、韩国等竞争对手，因此迫切需要从电池概念研究到产业化应用全面提升能力，争夺全球电池研发和生产的主导权。欧盟通过“电池 2030+”计划、“电池欧洲”技术与创新平台和欧洲电池联盟三个相互衔接互补的计划构建起欧洲电池研究与创新生态系统（图 7-4）。“电池 2030+”计划重点关注对技术成熟度为 1 ～ 3 级的新型电池概念的长期研发。其开发的技术概念成果由“电池欧洲”组织实施短、中期研发项目，推进技术成熟度提高到 4 ～ 8 级，以探索实现商业应用。然而，欧洲电池联盟开展的短期工业化项目则支持“电池欧洲”研发成果的进一步工业化，推进技术成熟度达到 7 ～ 9 级。

[1] Battery 2030+ Manifesto. https://en.calameo.com/read/00583710170d6d5dbacd5.

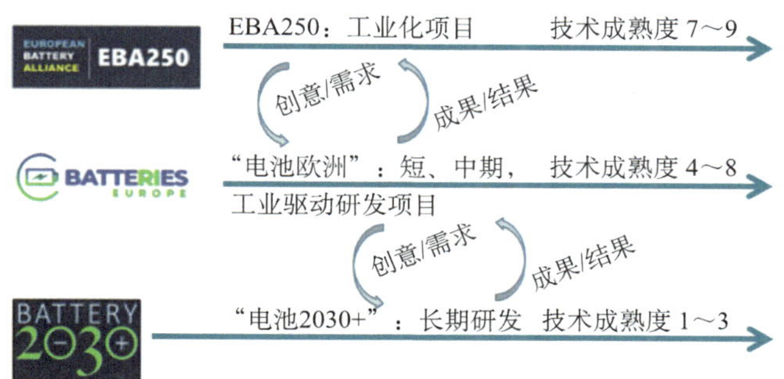

图 7-4　欧洲电池研究与创新生态系统

作为“电池战略行动计划”的另一举措，欧盟委员会于 2019 年 12 月宣布通过“欧洲共同利益重要项目”（IPCEI）提案[1]，由比利时、芬兰、法国、德国、意大利、波兰和瑞典七国到 2031 年前共同投入 32 亿欧元公共资金，并将撬动 50 亿欧元的私人投资，以推进电池全价值链的研发创新，建立一个强大的泛欧电池生态系统。该项目将实施至 2031 年，有 17 个直接参与者（大多为企业，包括中小型企业）和 70 多个外部合作伙伴，支持开发高度创新和可持续的锂离子电池技术（液态电解质和固态电池），比现有技术更具耐用性、充电时间更短、更安全和环保，以实现整个电池价值链的创新，包括原材料开采和加工、先进化学材料生产、电池单元和模块设计、与智能系统的集成、废旧电池回收和再利用。此外，该项目还将改善电池价值链所有环节的环境可持续性。

4. 中国

在战略规划方面，中国《国家“十二五”科学和技术发展规划》《可再生能源发展“十二五”规划》《国家能源科技“十二五”规划》《智能电网重大科技产业化工程“十二五”专项规划》等各项规划政策中均提及储能技术。2016 年 3 月，《中华人民共和国国民经济和社会发展第十三个五年规划纲要》中提出的八大重点工程提及储能电站、能源储备设施，更是重点提出要加快推进大规模储能等技术研发应用。同年发布的《能源技术革命

[1] State Aid: Commission Approves € 3.2 Billion Public Support by Seven Member States for a Pan-European Research and Innovation Project in All Segments of the Battery Value Chain. https://ec.europa.eu/commission/presscorner/detail/en/ip_19_6705.

创新行动计划（2016—2030年）》明确提出了储能发展目标[1]：到2020年，突破压缩空气储能的核心部件设计制造技术，突破化学储电的各种新材料制备、储能系统集成和能量管理等核心关键技术。示范推广10 MW/100 MW·h超临界压缩空气储能系统、1 MW/1000 MJ飞轮储能阵列机组、100 MW级全钒液流电池储能系统、10 MW级钠硫电池储能系统和100 MW级锂离子电池储能系统等一批趋于成熟的储能技术。到2030年，全面掌握战略方向重点布局的先进储能技术，实现不同规模的示范验证，同时形成相对完整的储能技术标准体系，建立比较完善的储能技术产业链，实现绝大部分储能技术在其适用领域的全面推广，整体技术赶超国际先进水平。到2050年，积极探索新材料、新方法，实现具有优势的先进储能技术储备，并在高储能密度低保温成本热化学储热技术、新概念电化学储能技术（液体电池、镁基电池等）、基于超导磁和电化学的多功能全新混合储能技术等实现重大突破，力争完全掌握材料、装置与系统等各环节的核心技术。全面建成储能技术体系，整体达到国际领先水平，引领国际储能技术与产业发展。2021年7月，国家发展和改革委员会、国家能源局发布《加快推动新型储能发展的指导意见》[2]，明确提出到2025年，实现新型储能从商业化初期向规模化发展转变。到2030年，实现新型储能全面市场化发展。新型储能成为能源领域碳达峰、碳中和的关键支撑之一。2022年1月，国家发展和改革委员会、国家能源局发布《“十四五”新型储能发展实施方案》[3]，进一步明确到2025年，电化学储能技术系统成本降低30%以上；火电与核电机组抽汽蓄能等依托常规电源的新型储能技术、百兆瓦级压缩空气储能技术实现工程化应用；兆瓦级飞轮储能等机械储能技术逐步成熟；氢储能、热（冷）储能等长时间尺度储能技术取得突破。到2030年，新型储能技术全

[1] 国家发展和改革委员会，国家能源局．能源技术革命创新行动计划（2016—2030年）．http://www.gov.cn/xinwen/2016-06/01/5078628/files/d30fbe1ca23e45f3a8de7e6c563c9ec6.pdf[2016-06-01].

[2] 国家发展和改革委员会，国家能源局．加快推动新型储能发展的指导意见．http://www.gov.cn/zhengce/zhengceku/2021-07/24/content_5627088.htm[2021-07-24].

[3] 国家发展和改革委员会，国家能源局．“十四五”新型储能发展实施方案．http://www.gov.cn/zhengce/zhengceku/2022-03/22/5680417/files/41a50cec48e84cc4adfca855c3444f6b.pdf[2022-03-22].

面支撑能源领域碳达峰目标如期实现。

在电化学能量转化与储存技术领域，科技部部署了“新型高容量储氢材料的关键基础科学问题研究”“碳基燃料固体氧化物燃料电池体系基础研究”“基于贵金属替代的新型动力燃料电池关键技术和理论基础研究”“面向车用燃料电池的纳米－介观－宏观多级结构的电催化体系的研究”“大规模高效液流电池储能技术的基础研究”“新型二次电池及相关能源材料的基础研究”“新型高性能二次电池的基础研究”“基于新型三维纳米结构的储能锂二次电池重要基础问题研究”“二次锂空气电池高效能量转换与储存纳米材料的设计与调控”等 973 计划项目。近年来通过科技部重点研发计划的“智能电网技术与装备”“新能源汽车”“变革性技术关键科学问题”等重点专项对储能技术进行研发。

在产业化方面，中国从 2009 年开始就重视储能在消纳可再生能源电力、协调电网控制等方面的作用，在多个规划政策中均提出开展储能示范项目。2017 年 10 月，国家发展和改革委员会等五部委联合发布《关于促进储能技术与产业发展的指导意见》[1]，提出未来 10 年分两阶段推进储能产业发展，第一阶段实现储能由研发示范向商业化初期过渡；第二阶段实现商业化初期向规模化发展转变。2019 年 7 月，国家发展和改革委员会等四部委发布《贯彻落实〈关于促进储能技术与产业发展的指导意见〉2019—2020 年行动计划》[2]，涵盖电化学、抽水蓄能和物理储能等多种技术路线和应用场景，提出六方面的行动举措以进一步推进中国储能技术与产业健康发展：①加强先进储能技术研发和智能制造升级；②完善落实促进储能技术与产业发展的政策；③推进抽水蓄能发展；④推进储能项目示范和应用；⑤推进新能源汽车动力电池储能化应用；⑥加强推进储能标准化。在补贴方面，尽管《关于促进储能技术与产业发展的指导意见》提出将建立储能补偿机制，但并未出台明确的直接补偿政策。政府出台《电力需求侧管理

[1] 国家发展和改革委员会，财政部，科学技术部，等 . 五部门关于促进储能技术与产业发展的指导意见 . http://www.gov.cn/xinwen/2017-10/11/content_5231130.htm[2017-10-11].

[2] 国家发展和改革委员会办公厅，科技部办公厅，工业和信息化部办公厅，等 . 关于印发《贯彻落实〈关于促进储能技术与产业发展的指导意见〉2019—2020 年行动计划》的通知 . http://www.gov.cn/xinwen/2019-07/02/content_5405225.htm[2019-07-02].

办法》建立峰谷电价制度体现储能价值，此外还发布《关于促进电储能参与“三北”地区电力辅助服务补偿（市场）机制试点工作的通知》，通过电力辅助服务补偿机制对储能进行间接补偿。2020 年 5 月，国家能源局发布《关于建立健全清洁能源消纳长效机制的指导意见（征求意见稿）》[1]，在加快形成有利于清洁能源消纳的电力市场机制、全面提升电力系统调节能力、着力推动清洁能源消纳模式创新等多方面提出了储能发展的相关意见，要求推动大容量、高安全和可靠性储能发展应用。

5. 各国 / 地区布局比较

综上分析可知，许多国家和地区都认为电化学储能技术是保障电网安全、可靠运行的关键技术之一，高度重视并出台多项政策以推动其发展，从战略规划、研发支持、产业化等多方面加以支持（表 7-1）。

在战略规划方面，欧盟近年来对电化学储能技术开发最为重视，通过“电池 2030+”计划支持电池新概念开发，通过“电池欧洲”技术与创新平台实施研发项目提升技术成熟度，又通过欧洲电池联盟的短期工业化项目进一步实现工业化，形成从概念研发到商业应用的电池研究与创新生态系统。日本对电化学储能技术有着渐进的规划，在 2012 年提出了《蓄电池战略》确定电池研发战略目标，次年更新了《充电电池技术发展路线图》，又在 2016 年的《能源环境技术创新战略》中提出到 2050 年的电池研发目标和重点领域研发路线。美国在 2011 年就提出了 2012 ～ 2016 年的储能技术开发路线图，在 2014 年底发布《储能安全性战略规划》，确定电网部署储能的高层次路线图，2020 年启动“储能大挑战”计划并发布路线图草案，加速对下一代储能技术的开发和商业化。中国在 2021 年和 2022 年先后发布《加快推动新型储能发展的指导意见》和《“十四五”新型储能发展实施方案》，明确提出 2025 年和 2030 年新型储能技术发展原则、发展目标，以及技术攻关重点方向。

在研发支持方面，欧盟的研发计划和举措最多，支持力度最大。根据

[1] 国家能源局综合司 . 国家能源局综合司关于公开征求《关于建立健全清洁能源消纳长效机制的指导意见（征求意见稿）》意见的公告 . http://www.nea.gov.cn/2020-05/19/c_139069819.htm[2020-08-30].

表 7-1　新型高能电化学储能技术竞争态势布局对比

项目	美国	欧盟	日本	中国
战略规划	提出储能技术开发五年路线图；发布《储能安全性战略规划》确定电网安全部署储能路线图	SET-Plan 将储能列为创新优先行动，出台实施计划和路线图；发布“电池 2030+”计划路线图草案确定到 2030 年新概念电池研发目标；基于“电池 2030+”计划、“电池欧洲”技术与创新平台和欧洲电池联盟建立电池研究与创新生态系统	《蓄电池战略》提出电池研发战略目标；更新《充电电池技术发展路线图》；《能源环境技术创新战略》针对储能技术提出 2050 年研发目标和重点领域研发路线	2021 年和 2022 年先后发布《加快推动新型储能发展的指导意见》和《“十四五”新型储能发展实施方案》，明确提出 2025 年和 2030 年新型储能技术发展原则、发展目标，以及技术攻关重点方向
研发支持	《2009 年复苏与再投资法案》公私投入 7.72 亿欧元用于 537 MW 电力储能项目；DOE 电力传输与能源可靠性办公室持续支持储能研发项目，2020 年储能研发预算为 4850 万美元；ARPA-E 在 2009 ～ 2019 年资助 95 个先进储能研发项目；DOE 从 2012 年通过 JCESR 开展 10 年的储能研发，解决相关重大科学挑战；2014 ～ 2018 年储能技术公共研发经费约为 1.24 亿美元	自 2010 年起通过 EERA 的储能联合计划实施储能研发项目；在“地平线 2020”计划方案中新增电池主题计划，2019 年投入 1.14 亿欧元、2020 年投入 7000 万欧元用于电池项目；在 2020 年启动 10 年期“电池 2030+”计划开发超高性能电池概念；2014 ～ 2018 年储能技术公共研发经费约为 3.89 亿美元	NEDO 在 2000 ～ 2019 年开展 10 个国家层面的储能项目，并在 2018 ～ 2022 年投入 100 亿日元支持开发全固态电池，以实现到 2030 年左右全国固态电池全面商用的目的	先后通过科技部的多个 973 计划项目和国家重点研发计划重点专项支持储能研发，最新项目有“智能电网技术与装备”“新能源汽车”“变革性技术关键科学问题”等重点专项
产业化	《可再生与绿色能源存储技术法案》等对储能实施投资税收减免、电网规模储能投资税收优惠；第 841 号法令强制要求配电网运营商允许储能为电力批发市场提供辅助服务；《促进电网储能法案》促进储能与家庭和企业太阳能发电系统的配套部署；加利福尼亚州为代表的部分州政府长期为储能提供补贴	欧洲投资银行为储能投资项目提供贷款；“连接欧洲设施”为其提供风险担保；英国、德国、意大利等国出台了储能补贴政策	日本从 2012 年起陆续对锂离子电池、可再生能源发电配备储能系统、家用电池储能或储热系统进行购置和安装补贴	中国在 2017 年出台政策提出建立储能补贴机制，但目前仅通过峰谷电价制度、电力服务补偿机制间接对储能进行扶持

国际能源署的统计，2014 ～ 2018 年欧盟对储能技术的公共研发经费约为 3.89 亿美元，美国为 1.24 亿美元，日本则为 2.14 亿美元。欧盟自 2010 年起持续通过 EERA 的储能联合计划实施储能研发项目，并在 2018 年在“地平线 2020”计划方案中新增了一个电池主题计划，又在 2020 年启动 10 年期“电池 2030+”计划开发超高性能电池概念，以推动电池技术突破。美国在 2009 年通过《2009 年复苏与再投资法案》对储能进行了重点扶持，除了通过 DOE 持续对储能研发进行资助外，还从 2012 年起成立 JCESR 开展为期 10 年的储能研发，解决储能领域的一系列重大科学挑战。日本 NEDO 在 2000 ～ 2019 年实施了 10 个国家层面的储能项目，并在 2018 ～ 2022 年投入 100 亿日元支持开发全固态电池，以实现到 2030 年左右全固态电池全面商用的目标[1]。中国在储能领域先后通过科技部的多个 973 计划项目和国家重点研发计划重点专项进行支持，如“智能电网技术与装备”“新能源汽车”“变革性技术关键科学问题”等。

在产业化方面，美国在促进市场需求、投资优惠政策、储能补贴等各方面都出台了相关政策举措，欧洲部分国家和日本都对储能实施补贴，中国主要从规划层面出台政策推进储能产业化，缺乏对储能的直接补贴机制。

7.4 我国新型高能电化学储能技术发展建议

7.4.1 机遇与挑战

1. 缺乏政策统筹布局，监管政策和市场设计有待创新

作为一种新兴的能源技术，储能在能源体系中的角色和定位有别于其他以能源品类划分的能源技术，需加深对储能在能源系统中的作用以及能够提供的能源服务的认识。我国现行的储能相关政策大多是在出现电化学储能等新型储能形式之前制定的，存在一定的滞后现象，在研发路线的统筹规划方面存在不足，同时又不能针对储能系统的灵活性属性进行市场设计，无法提供公平的市场监管和竞争环境，在推动电化学储能的大规模部署方面难以起到预期效果。

[1] https://eera-set.eu/news-resources/78:eera-jp-fuel-cells-and-hydrogen-publishes-its-implementation-plan-up-to-2030.html.

2. 技术开发亟待突破，新兴电化学储能技术尚处于实验室阶段

尽管电化学储能是目前最有应用前景的储能技术，但其新兴规模化技术仍处于实验室阶段。全钒液流电池大规模试点刚刚起步，技术可行性已得到初步证明，但在材料与制造工艺方面需进一步突破；小容量锂离子电池已大范围使用，但大容量锂离子电池的产品性能、循环寿命、经济性等方面与国外先进水平仍存在差距；钠离子电池、金属－空气电池等新型电池概念仍在进行实验室探索，需进一步开发和验证；超级电容器还处于探索和示范阶段，在提高能量密度和降低成本方面仍有很大发展空间。

3. 制造能力与国外尚有差距，产业化水平有待提升

国内部分先进企业的生产自动化程度与国外基本相当，但在精密制造、质量管控、产品一致性与可靠性等方面仍有差距，多数企业尚处于半自动化阶段，造成电池生产一致性不高、质量控制能力相对较弱。日本松下和韩国 LG 化学等先进企业走在了高镍正极材料产业化的前列，国内还在小批量生产阶段；国内对硅碳负极的研究主要集中在纳米材料的合金化、碳复合、形貌调控等方面，并取得了一定进展，但仍落后于日本等国家；国产隔膜产品一致性不高，存在孔隙率不达标，厚度、孔隙分布以及孔径分布不均等问题，高端隔膜目前依然大量依赖进口，缺乏核心专利和材料技术；在隔膜产业链上游，如涂布机等核心生产设备也主要依赖进口。因此，在基础材料表面处理工艺、胶黏剂配方工艺、产品冲压拉伸等涉及材料、设备和工艺控制等领域还存在很大提升空间。

4. 电池原材料安全存在风险，电池回收利用体系尚未形成

我国锂、钴等资源的供应存在着较大的潜在风险。我国锂资源丰富，但可利用量较少，原料主要依赖进口。主要原因是产业竞争力较差、产业结构不合理、产品科技含量低、开采难度较大、提锂技术通用性差。钴资源相对匮乏，世界钴矿资源开发项目基本上被加拿大、澳大利亚的矿业公司控制，我国储量仅占世界总储量的 1% 左右，对外依存度长期保持在 80% ～ 90%。电池梯次利用和回收再利用是产业链的重要环节，但我国电池回收利用体系尚未形成，回收利用标准亟待完善，回收利用技术水平仍待提升，缺少相关激励政策措施，市场化回收利用机制尚未建立，回收难、

利用率低、行业发展不规范等问题突出。

7.4.2 发展建议

1. 明确顶层规划，建立电化学储能的中长期发展战略

从国家层面出台电化学储能的顶层发展规划，综合考虑国家能源转型目标和可再生能源及相关基础设施发展规划，明确储能的阶段性发展目标、技术研发重点和产业发展方向，形成电化学储能的长期、持续、稳定的发展环境。

2. 加大技术研发和产业化支持力度，出台激励措施促进储能试点示范

进一步提升和延长锂离子电池的性能及循环寿命，降低成本，促进产业化发展。加快固态电池等新体系电池的研究开发，突破液态金属电池关键技术，布局以钠离子电池、氟离子电池、氯离子电池、镁基电池、锌基液流电池等为代表的新概念电池技术，创新电池材料、突破电池集成与管理技术。加快构建先进电池产业链，促进对先进开采冶炼技术、制造工艺以及拆解回收等技术的前瞻性研究和退役电池性能评价技术研究，推动我国电池制造全产业链的技术和工艺进步。尽快出台激励措施，改变当前试点模式，扩大储能技术的应用场景，积极研究如何扩大辅助服务资金来源以及建立电力用户参与辅助服务分担共享机制，推进电化学储能的试点示范部署。

3. 明确电力辅助服务商身份，建立有利于储能发展的电力市场机制

从政策上尽快明确储能身份，颁发证照，明确独立储能设施并网、接入、归调的方式，允许其作为独立市场主体开展运营，发挥储能技术运行灵活性，从全系统角度优化配置和调用储能，以更好地激发市场主体活力。加快推进电力现货市场、辅助服务市场等的建设进度，通过市场机制体现电能量和各类辅助服务的合理价值，为储能技术提供发挥优势的平台。

4. 加快完善储能设备并网运行相关标准和安全规范

鼓励储能系统开发采用标准化、通用性及易拆解的结构设计，协商开放储能控制系统接口和通信协议等利于回收利用的相关信息，尽快完善出台储能设备并网运行相关标准和安全规范，建立储能监督、管理、审查部门以监督管理储能项目运行情况，促进行业健康有序发展。

本章附录　各国和地区储能研发计划重点

美国	日本	欧洲	中国
（1）液流电池：①开发新型材料/活性物质和电池组件，包括新的电解质、新的氧化还原电对和新型隔膜；②新型电池架构、电池堆栈的设计与研发。 （2）钠离子电池：①开发能够降低电池运行温度的新型电池结构和电池材料；②研发钠-硅离子电池与钠离子电池，降低电池的制造成本和运行温度。 （3）锂离子电池：①针对车用动力电池，致力于提升锂离子电池能量密度、充电速率和安全性；②作为固定电源时，研究降低成本、提高使用寿命和充放电次数的先进理论；③研发新材料、改进制备过程、开发新的电池架构等。	（1）锂离子电池：①提高电解质的生产能力以及单元的量产化技术；②电极材料与电解质的优化；③控制枝晶析出反应；④全固态电解开发；⑤量产技术改善。 （2）锂硫电池：①多硫化物在金属硫化物表面的催化氧化机理研究；②抑制多硫化物穿梭效应；③提高硫正极的导电性；④开发高性能的固态电解质。 （3）锌-空气电池：①开发高效低成本的氧化还原和析氧催化剂；②改善电池密封技术；③锌电极的改性以克服锌溶解和自放电。	（1）化学储能：①研发可扩大储能规模的技术，降低单位成本；②研发新材料与探究电化学反应过程，提升储氢性能；③提升氢气存储、输运的安全性，降低氢气泄漏危险性和减轻氢气对存储系统的腐蚀。 （2）电化学储能：①提升电池充放电次数并延长使用寿命；②优化电池材料的制备过程，降低污染；③系统性设计轻量化结构的电池材料；④开发新型电池单元和电池系统结构，提升其性能；⑤开发先进概念电池，如金属-空气电池、镁离子电池等；⑥降低储能成本，增加寿命，推进电化学储能电网应用；⑦探究影响电池使用寿命的潜在因素；⑧探寻废旧电池的回收利用途径。 （3）电磁储能：①超级电容器的研究，包括寻找工作电压3 V以上的低成本电解质，证明非对称锂离子电容器概念的可行性，开展电池-电容器混合系统的基础和应用研究，深入探究赝电容的机理和研发全固态电解质等；②超导磁储能的研究，包括提升高温超导材料特性，新概念磁体设计研发，开发低温散热器等。	（1）高安全高比能乘用车、高安全长寿命客车动力电池系统技术：①开发先进可靠的电池管理系统和紧凑、高效的热管理系统；②开展模块、系统的电气构型与参数匹配、耐久性和可靠性的设计与验证；③基于热仿真模型、热失控和热扩散致灾分析模型，研究电池系统火灾蔓延及消防安全措施；④开展电池系统的安全设计与防护系统的开发与验证；⑤开展电池系统的轻量化、紧凑化技术以及制造工艺与装配技术研究；⑥开发高安全、高比能乘用车动力电池系统；⑦开展电池系统性能测试评价技术研究。 （2）高比能量锂/硫电池技术：①开展固态聚合物电解质、无机固体电解质的设计及制备技术的研究；②开发宽电化学窗口、高室温离子电导率的固态电解质体系；③研究活性颗粒与电解质、电极与电解质层的固/固界面构筑技术和稳定化技术；④开发固态电极和固态电池的制备技术；⑤开展固态电池的生产工艺及专用装备的研究；⑥开发高安全、长寿命的固态锂电池，实现装车示范。

续表

美国	日本	欧洲	中国
（4）先进铅酸电池：①探究影响铅酸充放电性能的深层次机理，从而延长电池寿命；②从物理、化学和电化学基本原理入手，通过开发先进的设计方法和提升制造工艺实现电池性能大幅提升。 （5）压缩空气储能：①全面评估美国的地质条件并结合地质潜力，探讨发展压缩空气储能的可行性；②研究储能结构的孔隙率、渗透率和饱和度对空气储能系统性能的影响；③研发更高效、安全和部署成本低的压缩空气储能系统。 （6）飞轮储能系统：①提升飞轮的选材标准和生产工艺；②通过消除对国外加工的依赖，开发高质量和高性能材料的自给供应链。 （7）抽水蓄能：技术成熟，需要开展极限测试和研究系统应用的多重价值。 （8）先进储能概念技术开发：开发最先进、最前沿的革新性储能系统，如氮－氧电池、锂－空气电池等	（4）下一代蓄电池技术：①开发分别以锂、镁、铝为负极的新型金属－空气电池；②开发新概念电池，如钠离子电池、氟离子电池等。 （5）热能存储和利用技术：①高导热率、高储热密度的储热材料开发；②开发高效废热回收设备；③开发高性能储热材料的低成本规模化制造技术；④开发可丝网印刷生产的高性能热电转换材料；⑤开发工业锅炉的废热回收技术；⑥开发高效低成本的热电转化技术（如太阳能热发电）	（4）物理储能：①压缩空气储能（CAES）的研究，包括设计开发新型高效的涡轮机、压缩机、储热系统，以及CAES和发电集成技术；②液态空气储能（LAES）的研究，包括设计开发示范集成LAES系统的发电站，开发新材料、新组件（蓄冷器、液态空气储罐、低温泵等），设计新的循环技术，以提升系统的能量效率、LAES电站最佳的运营和输配电模式；③飞轮储能的研究，包括开发新型的高机械强度、轻量化飞轮材料（如碳纤维、玻璃纤维等），开发高性能低成本的永磁电机，提升轴承与制动器性能，引入数控技术提升运行效率，减少空转下的能量损失；④抽水蓄能（PHS）研究，开发可变速抽水蓄能机组技术，提高机组启动可靠性和缩短启动时间，研究开发海水抽水蓄能电站技术，抽水蓄能电站发电工况下的水流特性研究，开发PHS-可再生能源混合发电系统。 （5）热能储存：①显热储能（SES）研究，包括开发大容量储热系统，开发轻量化的储热水箱材料（如碳纤维），优化高温显热储能的运行，研发低成本的蓄热器，研发新型的储热材料，优化SES系统控制和降低熔融盐金属腐蚀；②潜热储能（LHS）研究，包括设计开发放电功率稳定可控的LHS发电系统，减小充放电时的温差，开发能够同时用于SES和LHS系统的相变材料，开发多孔骨架相变储能材料；③热化学储能研究，包括探究试样反应与中规模反应过程差异和效率差异，简化反应过程，研究气态反应物，研究储热材料的热力学动力学特性以及循环稳定性，降低系统成本以及延长使用寿命	（3）动力电池测试与评价技术：①研究动力电池关键材料和单体的性能评测方法，构建“材料—电池—性能”闭环联动评价机制；②研究电池在全生命周期内电性能、安全性能的演化规律，建立仿真分析技术；③开展管理系统的功能评价和性能表征方法的研究，开发软硬件测试设备或装置；④研究电池系统的性能评测方法及面向实际工况的可靠性、热安全和功能安全等评价方法，开展电池热失控和热扩散的致灾分析，研究动力电池安全等级分类标准；⑤开展国内外动力电池系统的对标分析，建立动力电池权威测试评价平台和数据库。 （4）高安全长寿命固态电池的基础研究：①固态电池电极与电解质关键材料体系；②固态电池中热力学、动力学、界面及稳定性研究；③固态电池电芯的设计和制备；④固态电池在全寿命周期中的失效机制及健康状况评估；⑤固态电池的安全性评测方法和标准。 （5）先进飞轮储能关键技术研究：①研究飞轮本体技术；②研制低损耗高速电机及控制系统；③研究高可靠性大承载力轴承系统技术；④研究飞轮储能阵列的控制技术；⑤飞轮阵列系统的集成应用技术。 （6）液态金属储能电池的关键技术研究：①高性能电极和电解质材料；②电池液/液界面的稳定控制技术；③电池的高温长效密封关键材料与技术；④电池循环寿命及失效机制；⑤电池成组技术及能量管理系统

注：美国研究计划资料来源于美国DOE，日本研究计划资料来源于日本最大的公立研究开发管理机构NEDO，欧洲研究计划资料来源于《欧盟储能技术路线图2017》，中国研究计划资料来源于国家重点研发计划“智能电网技术与装备”和“新能源汽车”重点专项。

第 8 章　多能互补综合能源系统

8.1　技术内涵及发展历程

8.1.1　技术内涵

碳中和已成为后疫情时代全球最为紧迫的议题，推动全球新一轮能源革命不断深化，传统化石能源为主的供能模式正在发生重大变革，能源结构逐渐向多元化转型，能源利用方式也在发生重大变化，从追求单一能源品种的低碳、高效利用向开发安全、高效、智能、清洁、多种能源优势互补的综合能源系统转变。开发多种能源协同利用的多能互补综合能源系统已成为各国家和地区新的战略竞争焦点，也成为我国推进能源转型，实现“碳达峰、碳中和”目标的战略重点。

多能互补综合能源系统，是指综合考虑能源生产和物质原料生产，将传统化石能源与各类新能源进行互补耦合，基于能的综合梯级利用原理，对冲消除各种能源的种类劣势，充分发挥各种能源的品质优势，实现不同种类能源和燃料的相互补充与综合利用，从而提高能源利用效率并降低污染物排放。多能互补的内涵是通过多种能源之间的相互补充和梯级利用提升能源综合利用效率，实现资源优化配置和能源利用最大化。多能互补综合能源系统的核心在于互补融合，即是在供能端将化石能源、可再生能源、核能等不同类型的能源进行有机整合，在用能端将电、热、冷、气等不同能源系统进行优化耦合，进一步还能与各类化工生产过程紧密结合，促进动力、化工、环境的协调发展。发展多能互补综合能源系统，有助于推进我国能源革命，构建清洁低碳、安全高效的现代能源体系，是实现“碳达峰、碳中和”目标的必由之路。

8.1.2 发展历程

国内外对多能互补综合能源系统尚无统一定义，复合能源系统（hybrid energy system）、综合能源系统（integrated energy system）、多能系统（multi-energy system）、多能流系统（multi-vector energy system）、区域能源系统（district energy system）等概念中均包含多能互补的含义。在美国、日本、欧洲等发达国家和地区的推动下，多能互补综合能源系统经历了从概念开发到示范推广的过程，各国 / 地区针对其自身能源结构特点，探索发展不同形式的多能互补综合能源系统（图 8-1）。

1. 多能互补综合能源系统概念的提出与发展

多能互补综合能源系统并非一个全新的概念，能源领域中一直存在不同能源协同优化的情况，如冷热电联产（CCHP）机组通过高低品位热能与电能的协调优化，以达到燃料利用效率提升的目的。事实上，多能互补综合能源系统的概念最早来源于热电协同优化领域的研究[1]。

20 世纪 50、60 年代以来，以计算机技术、自动控制技术、通信技术、数据处理技术以及网络技术等为标志的信息与通信技术（ICT）变革创新，为能源系统的多能互补、智慧化发展提供了技术支持。21 世纪初，以可再生能源为核心的新一轮能源革命兴起，集中式化石能源利用开始向分布式可再生能源利用转变。在 ICT 的推动下，先后出现了智能电网（smart grid）、综合能源系统（integrated energy system）和能源互联网（energy internet）等重要理念，利用开源和节流等途径实现能源可持续目标，智能电网、分布式高效电源利用[2]、微网[3]等成了学术界持续关注的热点。2007 年，瑞士联邦理工学院首次在未来能源网络远景项目中提出了“能量枢纽”（energy hub，EH）概念，利用 EH 实现多个能源载体单元的转换、调节和

[1] 余晓丹，徐宪东，陈硕翼，等 . 综合能源系统与能源互联网简述 . 电工技术学报，2016，31(1)：1-13.

[2] Ackermann T, Andersson G, Söder L. Distributed generation: a definition. Electric Power Systems Research, 2001, 57(3): 195-204.

[3] Lasseter R H. Microgrids and distributed generation. Intelligent Automation & Soft Computing, 2010, 16(2): 225-234.

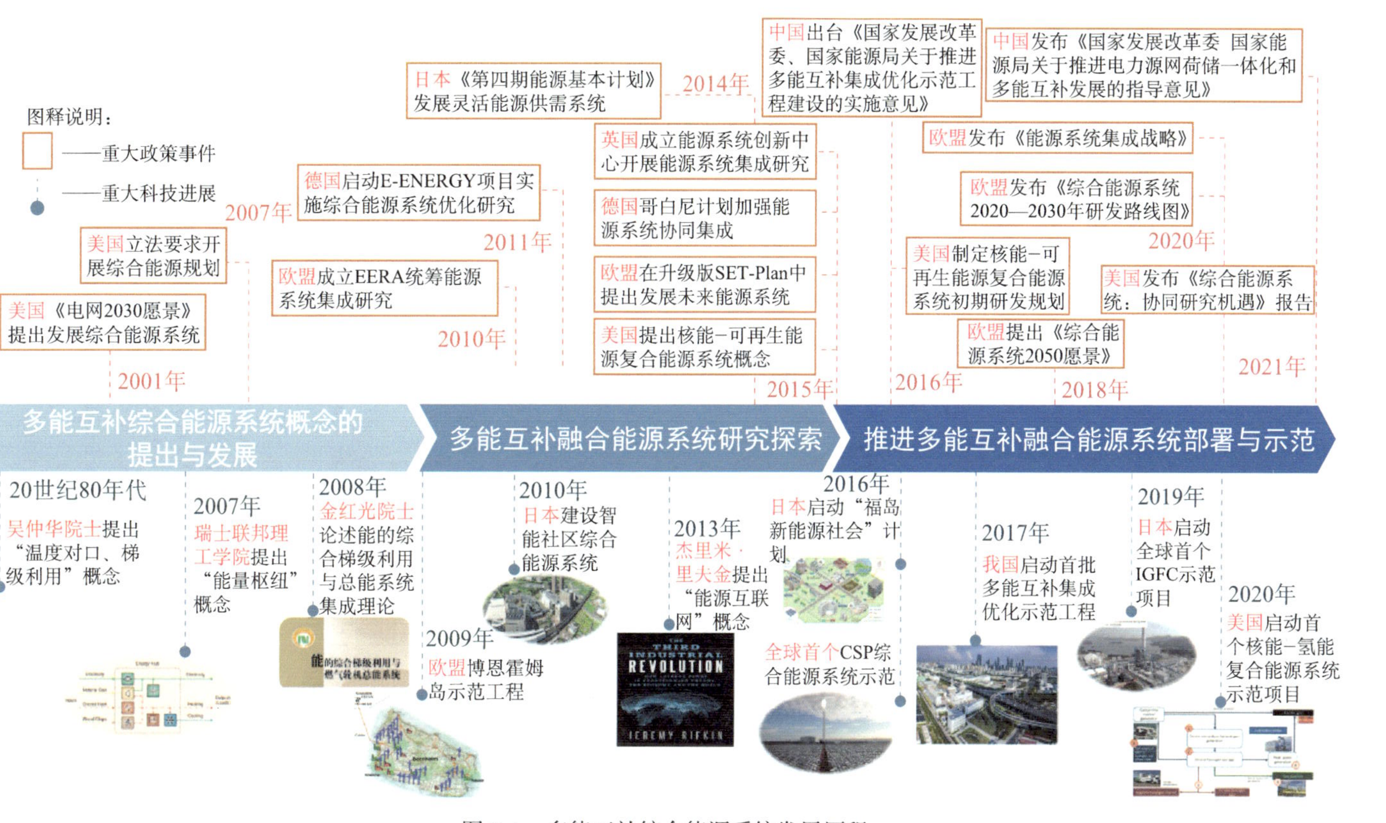

图 8-1　多能互补综合能源系统发展历程

存储[1]。“能源互联网”的概念最早见于美国学者杰里米·里夫金（Jeremy Rifkin）的著作《第三次工业革命》[2]，其核心思想是通过ICT和智能电网，将各类分布式发电设备、储能设备和可控负荷有机统合，从而提供清洁便利的能源供应。

我国吴仲华院士在20世纪80年代初提出了基于能源品位概念的“温度对口、梯级利用”的高效能源利用系统。此后，在能的梯级利用原理与总能系统理论指导下，极大地推动了能源动力系统集成科学问题的开拓，促进了我国燃气轮机总能系统、燃气蒸汽联合循环、整体煤气化联合循环（IGCC）与多联产、分布式能源系统等的发展。基于吴仲华院士的总能系统思想，2008年金红光院士在《能的综合梯级利用与燃气轮机总能系统》[3]专著中，论述了总能系统概念及能的综合梯级利用与总能系统集成理论。

2. 多能互补综合能源系统研究探索

在能源需求大幅度增长与环境保护日益迫切的双重压力下，主要发达国家和地区将注意力投向了未来社会能源的主要承载形式——多能互补综合能源系统，在智能电网、可再生能源、分布式能源等技术变革中，积极推进多能互补综合能源系统研究与探索。

早在2001年，美国能源部就在《电网2030愿景》中提出了发展综合能源系统的计划[4]；2007年颁布的《能源独立和安全法》首次提出智能电网的官方定义[5]，以立法形式要求社会主要供用能环节必须开展综合能源规划；此外，通过SunShot计划[6]推进太阳能的电网集成解决方案。欧盟在

[1] Geidl M, Koeppel G, Favreperrod P, et al. Energy hubs for the future. Power & Energy Magazine IEEE, 2007, 5(1): 24-30.

[2] Rifkin J. The Third Industrial Revolution: How Lateral Power is Transforming Energy, the Economy, and the World. New York: Palgrave Macmillan, 2013.

[3] 金红光，林汝谋. 能的综合梯级利用与燃气轮机总能系统. 北京：科学出版社，2008.

[4] U.S. Department of Energy. “GRID 2030”: A National Vision for Electricity’s Second 100 Years. http://globaltrends.thedialogue.org/wp-content/uploads/2014/12/20050608125055-grid-2030.pdf.

[5] U. S. Congress. H.R.6-Energy Independence and Security Act of 2007. https://www.congress.gov/bill/110th-congress/house-bill/6.

[6] U.S. Department of Energy. SunShot Vision Study. https://www.energy.gov/eere/solar/sunshot-vision-study.

第五研发框架计划（FP5）中就将能源协同优化列为研发重点，并在后续研发框架中进一步深化能源协同优化和综合能源系统的相关研究，另外还在 2010 年成立 EERA，将“能源系统集成”作为 18 个联合研究计划之一。同年，德国发布《能源战略 2050》提出建立以可再生能源为核心的智能电网，并于次年启动 E-ENERGY 研究项目[1]，从能源全供应链、产业链角度实施综合能源系统优化研究。日本在 2010 年成立了日本智能社区联盟，启动“下一代能源和社会系统示范项目”[2]开展智能社区示范工程，积极推进综合能源系统示范建设，以最大限度实现多种可再生能源的整合。

3. 推进多能互补综合能源系统部署与示范

2015 年以后，《巴黎气候协定》的签署带动全球绿色低碳转型大潮愈演愈烈。可再生能源和多种能源集成技术的成熟和成本的降低，以及信息化、数字化技术的革新，有力地推动了多能源协同互补的技术发展。主要国家和地区加快推进多能互补综合能源系统的整体布局和示范部署。美国 2015年启动“电网现代化计划”[3]，成立电网现代化实验室联盟推进构建传统能源与可再生能源、储能和智能建筑整合的现代电网；在《四年度能源技术评估报告》[4]中提出了核能-可再生能源复合能源系统概念，随后推出相应研发计划并进一步发展为“综合能源系统”（IES）计划，同时与 H_2@Scale 研发计划协同支持开发核能 - 氢能复合能源系统；在拜登政府 2050 年清洁能源目标背景下发布《综合能源系统：协同研究机遇》报告[5]，提出了多种类型综合能源系统（HES），并总结了技术研究开发面临的机遇和挑战。欧

[1] German Commission for Electrical, Electronic & Information Technologies of DIN and VDE. The German Roadmap E-Energy / Smart Grid. https://www.smartgrid.gov/document/german_roadmap_e_energy_smart_grid.

[2] METI. スマートコミュニティ実証について . http://www.enecho.meti.go.jp/category/saving_and_new/advanced_systems/smart_community/community.html#masterplan[2021-08-30].

[3] U.S. Department of Energy. Grid Modernization Initiative. https://www.energy.gov/grid-modernization-initiative.

[4] U.S. Department of Energy. Quadrennial Technology Review 2015. https://www.energy.gov/quadrennial-technology-review-2015.

[5] U.S. Department of Energy. Hybrid Energy Systems: Opportunities for Coordinated Research. https://www.nrel.gov/docs/fy21osti/77503.pdf.

盟在 2015 年升级版 SET-Plan[1] 中提出发展可再生能源并将其集成至欧洲能源网络，以及构建未来能源系统；次年成立欧洲能源转型智能网络技术与创新平台（ETIP SNET）指导综合能源系统相关研究、开发与创新。ETIP SNET 于2018年发布《综合能源系统2050愿景》[2]，提出建立一个以多能互补为基础，低碳、安全、可靠、灵活、可获取、低成本的泛欧综合能源系统。2020年，欧盟发布《能源系统集成战略》[3]以加速能源系统集成，并通过《综合能源系统2020—2030年研发路线图》[4]及《2021—2024年研发实施计划》[5]推进综合能源系统重点领域的研发创新及示范。日本 2016 年发布《能源环境技术创新战略》[6]，提出利用大数据分析、人工智能、先进传感和物联网技术构建多种智能能源集成管理系统；同年启动“福岛新能源社会”计划[7]，试点构建基于氢能、完全可再生能源、智慧社区的新型能源系统；2018年发布《第五期能源基本计划》[8]，提出建立以氢能为基础的能源供需体系。

我国也不断加快多能互补综合能源系统整体布局和建设步伐。2016 年出台的《国家发展改革委 国家能源局关于推进多能互补集成优化示范工

---

[1] European Commission. Towards an Integrated Strategic Energy Technology (SET) Plan: Accelerating the European Energy System Transformation. https://ec.europa.eu/energy/sites/ener/files/documents/1_EN_ACT_part1_v8_0.pdf.

[2] ETIP SNET. ETIP SNET VISION 2050—Integrating Smart Networks for the Energy Transition: Serving Society and Protecting the Environment. https://www.etip-snet.eu/wp-content/uploads/2018/06/VISION2050-DIGITALupdated.pdf.

[3] European Commission. Powering a Climate-Neutral Economy: An EU Strategy for Energy System Integration. https://ec.europa.eu/energy/sites/ener/files/energy_system_integration_strategy_.pdf.

[4] ETIP SNET. ETIP SNET R&I Roadmap 2020-2030. https://www.etip-snet.eu/wp-content/uploads/2020/02/Roadmap-2020-2030_June-UPDT.pdf.

[5] ETIP SNET. ETIP SNET R&I Implementation Plan 2021-2024. https://www.etip-snet.eu/wp-content/uploads/2020/05/Implementation-Plan-2021-2024_WEB_Single-Page.pdf.

[6] 総合科学技術・イノベーション会議.「エネルギー・環境イノベーション戦略（案）」の概要. https://www8.cao.go.jp/cstp/siryo/haihui018/siryo1-1.pdf.

[7] METI. 福島新エネ社会構想. http://www.enecho.meti.go.jp/category/saving_and_new/fukushima_vision/.

[8] METI. 第 5 次エネルギー基本計画. http://www.enecho.meti.go.jp/category/others/basic_plan/pdf/180703.pdf.

程建设的实施意见》[1]，提出加快推进多能互补集成优化示范工程建设，并在次年发布首批 23 个示范工程名单[2]。2021 年，我国发布《国家发展改革委 国家能源局关于推进电力源网荷储一体化和多能互补发展的指导意见》[3]，提出了探索源网荷储一体化和多能互补，构建清洁低碳、安全高效的能源体系，保障能源安全，助力实现“碳达峰、碳中和”目标的指导方针。

8.2　重点研究领域及主要发展趋势

8.2.1　重点研究领域

多能互补综合能源系统不是多种能源的简单叠加，而是从系统角度将不同品位的能量进行梯级互补利用，并统筹安排好各种能量之间的配合关系与转换使用，以取得最佳的能源利用效率。潜在颠覆性技术主题聚焦在能的综合互补利用技术、多能系统规划设计及运行管理技术、多能系统智慧化技术和多能系统变革性技术等上。

8.2.1.1　能的综合互补利用技术

1. 可再生能源综合互补利用

可再生能源综合互补利用是利用可再生能源的制冷、采暖和供热、发电，或通过梯级利用方法联产电、冷、热等多种能源产品，以及根据各种可再生能源的特点，实现多能源互补及多产品输出，具有广阔的发展和应用前景。为此，国内外学者纷纷开展了一系列的专题研究。

太阳能热电联产是太阳能热电综合利用的一种途径，具有理论效率高、输出电功率密度高、可靠性高、无污染等优点，具有广阔的应用前景。金红光院士团队为了拓展中温太阳能热化学应用，探索了太阳能与二甲醚互

[1] 国家发展改革委，国家能源局 . 国家发展改革委 国家能源局关于推进多能互补集成优化示范工程建设的实施意见 . http://www.ndrc.gov.cn/zcfb/zcfbtz/201607/t20160706_810652.html[2016-07-06].

[2] 国家能源局 . 国家能源局关于公布首批多能互补集成优化示范工程的通知 . http://zfxxgk.nea.gov.cn/auto82/201702/t20170206_2500.htm[2017-02-06].

[3] 国家发展改革委，国家能源局 . 国家发展改革委 国家能源局关于推进电力源网荷储一体化和多能互补发展的指导意见 . https://www.ndrc.gov.cn/xxgk/zcfb/ghxwj/202103/t20210305_1269046.html[2021-03-05].

补的化学链燃烧冷热电联产系统，但实验发现采用二甲醚或甲醇等二次燃料作为原料气仍需要复杂的化工合成过程，同时燃料化学能和太阳能储存在还原态固体氧载体，不利于下游分布式系统的匹配[1]。为此，研究人员基于上述研究成果进一步探索了一种基于甲烷和太阳能互补的冷热电联产系统（图 8-2），系统的总能效率可达到 80.9%[2]。但在上述方法中，光热转换中热能与太阳能之间的品位差造成的不可逆损失并未减小，因此研究人员提出太阳能光伏 - 光热 - 热化学互补发电系统概念，旨在通过光伏 - 光热 - 热化学互补实现低温低品位热能的品位提升，从而提高太阳能利用效率。研究人员设计开发了太阳能光伏 - 光热 - 甲醇热化学互补原理样机，分析表明，系统太阳能净发电效率达到 39%，可相对电网节约 63% 的化石能源，减排 76% 的 CO_2；通过热化学储能可实现全天 24 h 连续、按需供能[3]。

太阳能互补的联合循环（ISCC）发电利用聚光集热镜场汇集太阳热能，然后引入联合循环系统中，太阳能耦合在联合循环系统不同位置时，可以分别加热系统中做功工质、压缩空气或进入底循环之前的燃气轮机排气，从而将太阳能转化成热能，进而转换成电能。B. Kelly 等[4]对 ISCC 进行了优化研究，发现通过太阳热产生高压饱和蒸汽送入热回收蒸汽发生器中能够提高太阳能利用效率。M. J. Montes 等[5]研究了由太阳能直接蒸汽发生系统和燃气轮机匹配组成的 ISCC 系统性能和经济性，发现这是可以降

[1] He F J, Han T, Hong H, et al. Solar Thermochemical hybrid trigeneration system with CO_2 capture using dimethyl ether-fueled chemical-looping combustion // Proceedings of the ASME 2011 5th International Conference on Energy Sustainability. NY: American Society of Mechanical Engineering, 2011: 1651-1660.

[2] 范峻铭，洪慧，张浩，等 . 中温太阳能驱动甲烷化学链重整冷热电系统及性能研究 . 工程热物理学报，2018，39(3)：465-470.

[3] 李文甲 . 光伏 - 光热 - 热化学互补的太阳能利用理论、方法与系统 . 中国科学院工程热物理研究所博士学位论文，2018.

[4] Kelly B, Herrmann U, Hale M. Optimization studies for integrated solar combined cycle systems. International Solar Energy Conference. American Society of Mechanical Engineers, 2001: 393-398.

[5] Montes M J, Rovira A, Muñoz M, et al. Performance analysis of an integrated solar combined cycle using direct steam generation in parabolic trough collectors. Applied Energy, 2011, 88(9): 3228-3238.

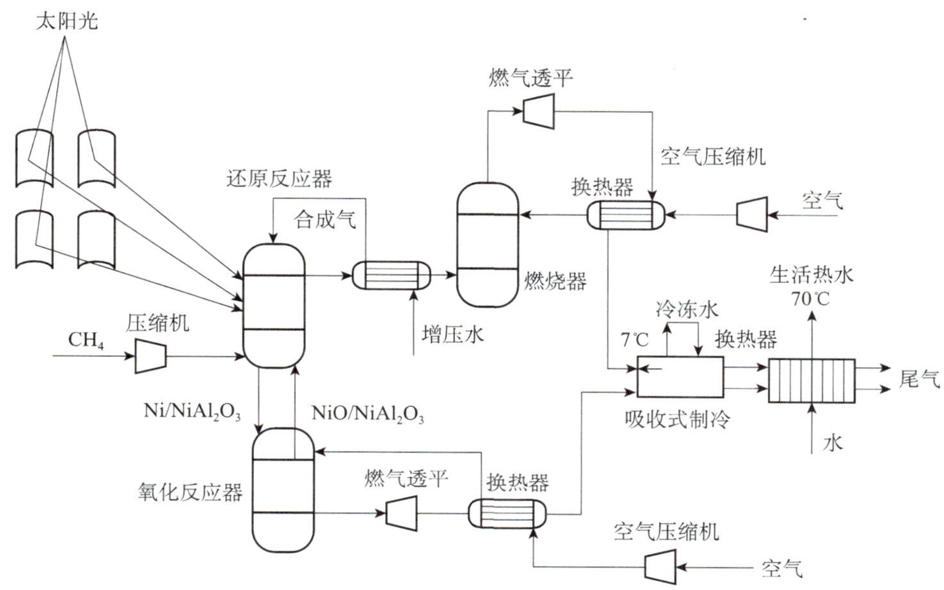

图 8-2　基于化学链重整甲烷中温太阳能互补的冷热电联产系统

低聚光式太阳能发电成本的有效方法。当前发展出的典型 ISCC 集成模式包括太阳能与燃气轮机顶循环集成、太阳能与朗肯底循环集成、同时集成在顶循环与底循环等。

生物质冷热电联产系统具有多种应用形式，能够有效利用能量梯级利用原理将冷、热、电加以集成，充分发挥中低温余热的作用，提高整个系统的能源利用率。目前生物质气化多联产仍处于开发和示范阶段，美国、芬兰、瑞典、丹麦等国家处于世界领先水平。美国的生物质整体气化联合循环发电技术（BIGCC）处于全球领先地位；芬兰已建成了十多个生物质热电联产工厂，区域电力与供热分别有 31% 和 74% 来自热电联产[1]。国内方面，相关机构和企业近年来加快了应用示范的步伐。2014 年，河北承德建设了以杏壳为原料的生物质气化发电、活性炭、肥、热多联产系统，为世界首创的稻壳气化发电联产炭基肥、供热工业化项目，每年发电

[1] 詹翔燕 . 以生物质气化多联产为核心的区域综合能源系统优化研究 . 厦门大学硕士学位论文，2019.

2100万kW·h，生产活性炭6000 t、热水20万t、液体肥料600 t[1]。2018年，浙江华尚新能源股份有限公司研发的国内首台套生物质多联产装置在浙江正式投产使用，可同时生产生物醋液、生物质活性炭和生物质燃气，是我国可再生资源利用的一次技术突破和创新[2]。2021年6月，黑龙江庆翔热电有限公司在绥化市庆安县的80 MW生物质热电联产项目一次顺利并网，是全球首台单机容量最大的以农业废弃物为燃料的生物质热电联产机组[3]。

可再生能源与氢能融合利用能够有效地破解可再生能源应用过程中长期存在的弃光弃风问题，提升了能源利用效率，引起了国际社会的广泛关注。德国在可再生能源和氢能融合利用方面走在世界前列。早在2011年，德国意昂电力公司和绿色和平能源（Greenpeace Energy）等能源公司就开展了6 MW“风－氢”示范项目，在用电需求高峰时段优先将风电全部并入电网，在电力需求低谷时段，利用风电制氢存储过剩电力，再通过天然气管网掺氢输送至附近热电厂进行热电联供[4]。此外，Audi公司于2013年在德国建成了6 MW“光伏－氢－甲烷”示范项目（E-Gas项目），通过光伏发电制取氢气，再与CO_2重整制成甲烷，年产甲烷能力达到1000 t。2017年，Exytron公司推出了全球首个集成可再生能源制氢和CO_2回收利用的综合系统（图8-3）。该系统利用可再生能源富余电力来电解水制氢产生氢气和氧气，将氢气送入反应器与CO_2催化制甲烷，甲烷作为燃料与产生的氧气燃烧产生热能推动蒸汽涡轮机发电，其燃烧产物只有CO_2和水，两者均会被回收再利用，前者用于催化产甲烷，后者用于产氢，实现净零排放[5]。

---

[1] 合肥德博生物能源科技有限公司. 关于提名推荐2019年国家科学技术奖励项目的公示. http://www.hfdepo.com/display.asp?id=319[2019-01-04].

[2] 国内首台套生物质多联产装置投产. http://www.newenergy.org.cn/swzn/xydt_15713/201808/t20180810_418231.html[2018-08-10].

[3] 关于黑龙江庆翔热电有限公司庆安县1×80 MW农林生物质热电联产示范项目水土保持监督检查. http://hljqingan.gov.cn/wap/topnews/1243.html[2020-10-30].

[4] Dvorak P. A Novel Way to Store Excess Wind Power: As H_2 in Gas Lines. https://www.windpowerengineering.com/novel-way-store-excess-wind-power-h2-gas-lines/[2013-11-26].

[5] Exytron: The World’s First “Power-to-Gas” System with Integrated CO_2 Collection and Reuse. https://www.carboncommentary.com/blog/2017/7/24/exytron-the-worlds-first-power-to-gas-system-with-integrated-CO_2-collection-and-reuse[2017-07-24].

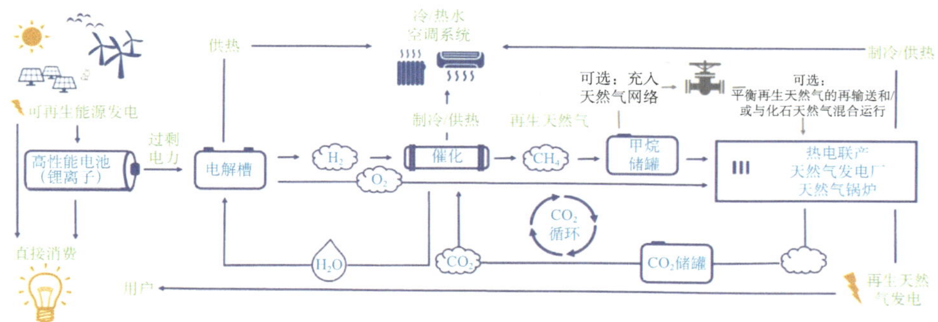

图 8-3　集成可再生能源制氢和 CO_2 回收利用的综合系统

2. 化石燃料与其他能源协同清洁利用

可再生能源辅助燃煤发电通过整合可再生能源，为改造传统燃煤发电、提高可再生能源利用率提供了有效途径，用于辅助燃煤发电的可再生能源主要有太阳能、生物质能、地热能等（图 8-4）[1]。

太阳能辅助燃煤发电不仅弥补了太阳能热利用的间歇性、效率低等缺陷，而且利用了传统燃煤发电系统的一些固有优势，如效率高、规模大、可靠性高等，近年来引起了很多关注和研究[2]。Y. Qin[3] 等最早提出了利用太阳能热辅助燃煤发电的概念，M. Suresh 等[4] 基于能量、㶲、环境和经济性影响对太阳能与燃煤发电集成系统进行了研究，还有学者对太阳能集热系统替代发电机组不同换热设备的机组性能、影响等进行了比较分析，探索理想的集成及运行控制方式。我国起步相对较晚，华北电力大学杨勇平教授团队较早对太阳能热辅助燃煤发电系统开展研究探索，以节能减排相

[1] Yang Y P, Li C Z, Wang N L, et al. Progress and prospects of innovative coal-fired power plants within the energy internet. Global Energy Interconnection, 2019, (2): 160-179.

[2] Zhai R R, Peng P, Yang Y P, et al. Optimization study of integration strategies in solar aided coal-fired power generation system. Renewable Energy, 2014, 68 (3): 80-86.

[3] Qin Y, Hu E, Yang Y, et al. Evaluation of solar aided thermal power generation with various power plants. International Journal of Energy Research, 2011, 35(10): 909-922.

[4] Suresh M, Reddy K S, Kolar A K. 4-E (Energy, Exergy, Environment, and Economic) analysis of solar thermal aided coal-fired power plants. Energy for Sustainable Development, 2010, 14(4): 267-279.

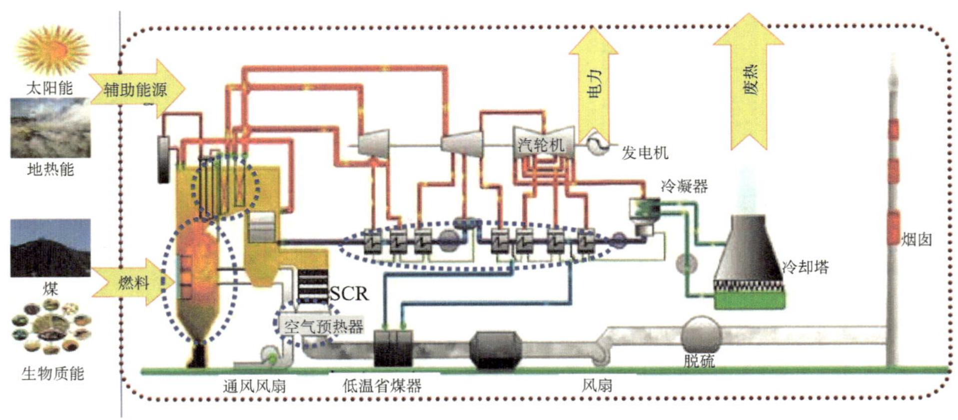

图 8-4 可再生能源辅助燃煤发电系统示意图

关理论为基础，对抛物槽式太阳能集热器开展了热力学分析[1]，并以此为基础构建了槽式太阳能与燃煤发电机组耦合系统的拓扑模型和实时动态计算模型，首次搭建了互补发电系统的仿真测试平台。此外，中国科学院工程热物理研究所、天津大学等也通过实验及模拟等方法针对太阳能与燃煤机组耦合、储能等领域开展了大量研究与实践分析。2014 年，我国首个光煤互补示范项目——大唐天威嘉峪关 10 MW 光煤互补项目一期 1.5 MW 项目完成与大唐八〇三燃煤电厂热力系统的连接工程建设，实现了联合运行。

生物质能辅助燃煤发电以生物质气化为基础，生物质与煤的掺混燃烧可以大大降低煤耗，而且当生物质与煤混烧时，生物质燃料碱金属和 Cl 的含量通过煤的加入得到稀释，锅炉运行中出现的积灰结渣等一系列问题可以得到有效解决，因此在全世界范围得到广泛应用，一些国家生物质发电量占总发电量的比例高达 15%～20%[2]。欧盟国家在燃煤耦合生物质发电方面已经有了 30 余年的推广应用经验，英国 Drax 电厂 6 台 660 MW 燃煤锅炉均改造成配备生物质单独磨制的混烧锅炉，是世界上容量最大的采用生

[1] Yang Y P, Cui Y H, Hou H J, et al. Research on solar aided coal-fired power generation system and performance analysis. Science in China, 2008, 51(8): 1211-1221.

[2] 张东旺，范浩东，赵冰，等 . 国内外生物质能源发电技术应用进展 . 华电技术，2021，43(3)：70-75.

物质单独处理、磨制的生物质混烧煤粉炉电厂，每年用于混烧的生物质为 150 万 t，可减排 200 万 t CO_2[1]。芬兰 Alholmens Kraft 550 MW 热电厂拥有目前国外生物质与煤混烧容量最大的循环流化床（CFB）机组，燃料为煤（10%）、泥煤（45%）、森林废弃物（10%）和工业废木材（35%）[2]。

燃料热转功与电化学转化结合，即将热转功热力学循环过程与燃料化学能通过电化学反应直接转化为电能的过程（如燃料电池）有机结合，实现燃料化学能与热能综合梯级利用等。其中 IGFC 就是典型技术，可大幅提高煤炭发电效率，实现 CO_2 及污染物近零排放，被视作未来最有发展前景的 CO_2 近零排放煤气化发电技术。美国 DOE 和日本 NEDO 均长期持续投入巨资进行 IGFC 技术研发、示范和部署应用。DOE 于 1999 年成立固态能源转化联盟（SECA）开发百兆瓦级 IGFC 系统，2018 年该联盟完成了 200 kW 的 SOFC 发电系统（IGFC 核心组件）测试工作[3]，但在兆瓦级 SOFC 的开发以及成本目标上还远未达标，尤其在 100 kW 至 1 MW 级 SOFC 系统成本方面迟迟未有进展，一定程度上影响了美国 IGFC 的研发和部署进程。日本是世界上研究 IGFC 技术较早的国家之一，早在 2003 年就推出微型燃料电池研究计划，以促进其在小型发电厂领域和家庭的应用；2012 年启动“煤气化燃料电池联合循环发电（IGFC）实证事业”，计划在 2025 年左右开发大型商业化 IGFC，净热效率达到 55%，单位 CO_2 排放量减少到 590 g/（kW · h）左右；2019 年启动全球首个 IGFC 示范项目实证研究，目标是在 2022 年开发出 500 MW 配备碳捕集系统的商用 IGFC 系统，并且 CO_2 捕集率达到 90%[4]。我国《能源技术革命创新行动计划（2016-2030 年）》和《电力发展“十三五”规划》均将 IGFC 列为战略性能源新技术。国家重点研发计划在 2017 年对 IGFC 项目进行了立项，由国家能源投资集

[1] 毛健雄 . 燃煤耦合生物质发电 . 分布式能源，2017，2(5)：47-54.

[2] Modern Power Systems. Alholmens：The World’s Largest Biofuelled Plant. https://www.modernpowersystems.com/features/featurealholmens-the-world-s-largest-biofuelled-plant-part-1/[2021-08-30].

[3] National Energy Technology Laboratory.200 kW Solid Oxide Fuel Cell (SOFC) Prototype System Overview. https://netl.doe.gov/node/9486[2021-08-30].

[4] NEDO. 世界初、石炭ガス化燃料電池複合発電（IGFC）の実証事業に着手 . https://www.nedo.go.jp/news/press/AA5_101103.html.

团有限责任公司（简称国家能源集团）牵头。2020 年 10 月，国家能源集团北京低碳清洁能源研究院自主研发国内首套 20 kW 级 IGFC 系统试车成功，验证了新型发电技术的可行性，为兆瓦级联合煤气化燃料电池发电示范系统的建设与运营奠定了基础[1]。

3. 化工动力多联产

化工动力多联产主要是指热转功的热力循环与化工等其他生产过程有机结合，如热能（工质的内能）与化学能的有机结合、综合高效利用，温度对口的热能梯级利用，以及与化学能梯级利用的有机结合，突破传统联合循环概念，实现领域渗透的系统创新。鉴于上述技术潜在的发展和应用潜力，国内外学者纷纷开展了一系列的专题研究。

由于多联产系统存在不同集成类型（串联、并联或串并联），为了探究不同集成类型的优劣势，王逊等[2]通过系统模拟，着重分析了分配比对串并联系统和并联系统特性影响，分析了由于采用不同的弛放气和副产蒸汽利用方式引起的燃气轮机和系统特性变化，发现串并联系统较并联系统供电效率提高 3 个百分点以上；但需要针对不同功能目标和设计条件，进行系统集成与优化整合。金红光院士团队[3][4]提出并设计了中低温太阳能驱动甲醇裂解互补的联合循环系统，实现了将低品位的太阳热能高效转换为高品位燃料化学能的过程，率先开拓了中低温太阳能与化石燃料互补发电新方向。于戈文等[5]应用 Aspen 模拟软件设计并模拟了 3 个不同工艺路线多联产系统，系统开展了基于 CO_2 捕集的煤基费－托合成油－动力多联产系

[1] 低碳院自主研发国内首套 20 kW 级 IGFC 系统试车成功 . https://www.nicenergy.com/dtyww/dtxw/202010/e664e4e5c8784ea6b03ffa3ba6ea67f9.shtml[2020-10-29].

[2] 王逊，肖云汉．串并联与并联形式的联产系统效率比较 . 中国电机工程学报，2005，25(2)：144-149.

[3] Hui H, Jin H, Sui J, et al. Mechanism of upgrading low-grade solar thermal energy and experimental validation. Journal of Solar Energy Engineering-Transactions of the Asme, 2008, 130(2): 247-266.

[4] Liu Q B, Jin H G, Hong H, et al. Performance analysis of a mid-and low-temperature solar receiver/reactor for hydrogen production with methanol steam reforming. International Journal of Energy Research, 2011, 35(1): 52-60.

[5] 于戈文，王延铭，杨小丽，等 . 基于 CO_2 捕集的煤基费托合成油－动力多联产系统㶲分析 . 化工进展，2017，36(10)：3682-3689.

统㶲分析，实验发现化工端合成气分流比是影响多联产系统㶲值和碳捕集效率的关键因素。

与传统煤基多联产和生物质基多联产比较，煤与生物质共气化多联产将 2 种气化原料的各自优势有效结合，不仅能获得较高热效率，还可有效节约煤炭用量。目前，对上述多联产系统研究多集中在气化原料输入与产品输出方式、气化方式、系统集成方式与热力性能等方面。陈国艳等 [1] 在 850 ～ 950℃气化温度下通过煤与美国红柳共气化发现，增加生物质的比例，合成气中 H_2、CO、甲烷含量先减少后增加；Thengane 等 [2] 与 Liu 等 [3] 通过对高灰分生物质和高灰分煤的共气化及生物质加入对烧结燃料反应性能影响研究表明，煤的存在一定程度上提高了气化温度进而增加了气化反应速率，而生物质加入能改善混合燃料的反应性能，且生物质质量分数较高时可增加碳转化率并降低焦油的转化率。张岁鹏 [4] 开展了煤与生物质共气化并联型液体燃料 – 动力多联产系统设计与优化研究，发现在相同生物质质量分数下，随着费 – 托合成侧合成气分流比增加，多联产系统热效率在逐渐升高。

尽管已经开展众多科学研究，但总体而言，化工动力多联产系统集成和设计优化缺乏深度研究，尚未形成完整的理论体系，优化方法、评价准则等基础问题也亟待突破。

8.2.1.2　多能系统规划设计及运行管理技术

多能互补综合能源系统作为多能互补在区域供能系统中最广泛的实现形式，其多种能源的源、网、荷深度融合、紧密互动对系统分析、设计、运行提出了新的要求。传统能源系统相互独立的运行模式无法适应综合能

[1] 陈国艳，李伟莉，张保森，等 . 煤与生物质共气化及炭黑的生成特性 . 煤炭转化，2016，39(1)：35-39.

[2] Thengane S K, Gupta A, Mahajani S M. Co-gasification of high ash biomass and high ash coal in downdraft gasifier. Bioresource Technology, 2019, 273: 159-168.

[3] Liu C, Zhang Y Z, Zhao K, et al. Effect of biomass on reaction performance of sintering fuel. Journal of Material Science, 2019, 54: 3262-3272.

[4] 张岁鹏 . 煤与生物质共气化并联型液体燃料 – 动力多联产系统设计与优化研究 . 内蒙古科技大学硕士学位论文，2020.

源系统多能互补的能源生产和利用方式，需要从系统层面分析整个能源系统并设计多能系统规划及运行管理技术，进而提高系统鲁棒性和用能效率，并显著降低用能价格。

1. 多能流混合建模

多能流混合建模描述了各个能源系统运行和互补转化特性。混合建模作为多能互补系统的统一描述是集成优化和其他关键技术的基础，主要包括两种类型。一是多能互补静态建模：EH模型反映了能源系统间的静态转换和存储环节，用于含有冷热电气系统的耦合关系描述，并被广泛应用于各类综合能源系统相关研究中（如综合能源系统的规划、分布式能源系统管理、需求管理控制、区域能源系统运行调度等）。该模型反映了能源在传输和转换环节的静态关系，而无法描述综合能源系统内复杂多样的动态行为。二是多能互补动态建模：多能互补动态模型一般包括动态EH和动态能源连接器模型，分别描述转换机组和能流传输的动态特性。动态EH在静态模型的基础上，考虑能源转换机组在状态切换时的动态特性；动态能源连接器描述了电能、液态工质或气态燃料输送环节的静态特征和动态变化规律，研究两端传递和协调反馈环节，对多个能源输送环节进行统一和协调控制。

自2007年EH概念被提出以来，许多研究者对其进行了优化和改进，在EH的输入、转换、储存和输出等方面已有大量研究。Mitchell等将电力、沼气和天然气作为EH的能量输入，优化了EH模型的电负荷和热负荷供应，提供了造纸厂最低成本和最大限度使用沼气的设计方案[1]。Orehounig等使用EH模型规划了瑞士村庄的能源供应系统，基于EH分析提出的解决方案增加了可再生能源份额，降低了碳排放[2]。Maroufmashat等用EH模型研究了包含加氢站的智能社区能源网络，确定了最佳能源转换

[1] Mitchell P, Skarvelis-Kazakos S. Control of a biogas co-firing CHP as an Energy Hub//2015 50th International Universities Power Engineering Conference (UPEC). UK, 2015: 1-6.

[2] Orehounig K, Evins R, Dorer V. Integration of decentralized energy systems in neighbourhoods using the energy hub approach. Applied Energy, 2015, 154: 277-289.

和存储运行方案[1]。Ma 等开发了集成风电、光伏发电和储能的 CCHP 系统的 EH 模型，提出了微能源网能流的通用建模方法[2]。从输出角度来看，需求预测对 EH 模型的准确性极为重要，Shariatkhah 等利用马尔可夫链蒙特卡罗方法模拟热负荷的动态变化，研究了热负荷对基于 EH 模型的多能互补系统性能的影响[3]。目前，大多数 EH 模型仍以电力和天然气作为主要的能量输入形式，对可再生能源的关注相对较少；能量转换主要关注利用热电联供系统（CHP）或 CCHP 生成电、热、冷，对输出水和燃料方面的研究较少；在存储方面，电动汽车等潜在储能单元应予以考虑；在输出方面，应增加供水、氢气等需求。另外，缺乏对 EH 内部真实物理结构建模以及模型背后的机理解释，对 EH 模型如何体现基尔霍夫定律、朗肯循环以及卡诺循环等定律尚未阐明，有必要进行深入研究。

2. 多能系统协同控制

多能互补综合能源系统中存在多种形式的能源，因此需要协调优化控制以确保系统的安全稳定运行。多能互补协调优化控制系统需要将智能电网、非可再生能源、可再生能源、储能系统、电负荷、热负荷、气负荷等相结合。根据负荷预测、分布式能源发电预测、电价及气价等信息，通过合理的控制策略，对各类能源进行优化调度，实现高效、稳定、可靠、经济运行。目前，针对微电网、能源互联网电力控制方面的研究较多，多能互补综合能源系统的协调优化控制研究尚处于初级阶段。针对多能互补综合能源系统的能量优化调度研究也尚未形成体系，需要针对复杂能源网络下的各种能源系统的运行及生产调度进行研究，其本质是复杂网络有约束的规划问题。

基于多智能体的分布式协同控制是实现多能互补系统协调控制的重要

[1] Maroufmashat A, Fowler M, Khavas S S, et al. Mixed integer linear programing based approach for optimal planning and operation of a smart urban energy network to support the hydrogen economy. International Journal of Hydrogen Energy, 2016, 41(19): 7700-7716.

[2] Ma T, Wu J, Hao L. Energy flow modeling and optimal operation analysis of the micro energy grid based on energy hub. Energy Conversion and Management, 2017, 133: 292-306.

[3] Shariatkhah M H, Haghifam M R, Mohesn R M, et al. Modeling the reliability of multi-carrier energy systems considering dynamic behavior of thermal loads. Energy and Buildings, 2015, 103: 375-383.

途径，利用信息通信技术，多能互补系统内的各分布式设备可以实现协同合作，对整个系统内的可控能源进行协同调度，实现故障诊断、故障恢复、状态监控、系统控制等功能，保证系统的安全、稳定运行。Ren 等[1]针对含分布式电源的配电网络设计了一种多智能体系统，利用各智能体的自治性、主动性和社会性等特征，实现对各节点设备的实时控制，确保系统的可靠运行。Teng 等[2]开发了混合式多智能体系统，各智能体在多层分散模式下工作，通过不同层级和同层级智能体间的协同合作应对故障问题，实现故障检测和自愈控制。上述研究仍专注于利用多智能体实现电力协同策略，多能互补系统的冷、热等能源的调度比电力调度更加滞后，且不同类型能源系统的运行约束和控制变量也有所不同，因此多能互补系统的协同调度更为复杂，需考虑不同能源形式的多时间和空间尺度的协同调度策略。

多目标优化方法可以在多个目标中进行折中权衡，因此可用于考虑最小化成本、最优化性能、最大化可靠性、最低排放的复杂多能互补系统[3]。在多目标优化问题求解方面，遗传算法是一种较为常用的启发式算法，适合求解大型且综合的优化问题。Shang 等[4]利用遗传算法提出了 CHP 系统的集成存储发电调度模型。Lin 等[5]针对社区综合能源系统提出了一种两阶段多目标调度策略，由多目标最优潮流计算和多属性决策两个阶段组成，并利用遗传算法对第一阶段进行了求解，确定了最佳日前调度方案。交叉熵算法是一种精度较高的启发式算法，Wang 等[6]基于多目标交叉熵算法提

---

[1] Ren F, Zhang M, Sutanto D. A multi-agent solution to distribution system management by considering distributed generators. IEEE Transactions on Power Systems, 2013, 28(2): 1442-1451.

[2] Teng F, Sun Q Y, Xie X P, et al. A disaster-triggered life-support load restoration framework based on multi-agent consensus system. Neurocomputing, 2015, 170: 339-352.

[3] Sheikh S, Malakooti B. Integrated energy systems with multi-objective. IEEE 2011 EnergyTech, 2011: 1-5.

[4] Shang C, Dipti S, Thomas R. Generation and storage scheduling of combined heat and power. Energy, 2017, 124: 693-705.

[5] Lin W, Jin X, Mu Y, et al. A two-stage multi-objective scheduling method for integrated community energy system. Applied Energy, 2018, 216: 428-441.

[6] Wang L, Li Q, Ding R, et al. Integrated scheduling of energy supply and demand in microgrids under uncertainty: A robust multi-objective optimization approach. Energy, 2017, 130: 1-14.

出了一种鲁棒多目标优化的微电网综合调度策略，可有效减小不确定性影响，实现最佳的经济效益和环境效益。然而，启发式算法基于直观或经验构造，只能给出一个近似最优解，无法保证求得最优解。粒子群算法是另一种常用的求解方法，曾鸣等[1]以最小化系统成本和污染排放为目标函数，建立了同时兼顾“源 – 网 – 荷 – 储”中需求侧资源的优化调度模型，并用多目标粒子群优化算法进行求解，获得了相应的优化调度策略。群搜索算法以其良好的全局搜索能力被用于多目标优化问题，Zheng 等运用多目标群搜索算法对包含风电、分布式区域供热 / 供冷的大型综合能源系统的运行优化进行了研究[2]；另外，研究团队还基于该算法提出了电、天然气网络的协调调度策略[3]。

3. 综合能量管理系统

能量管理系统是系统稳定运行的重要保障，通过信息流调控能量流可以保障多能互补系统安全高效运行。尽管面向传统电网的能量管理系统经过 50 多年的发展已经较为成熟，却无法直接用于多能流耦合的多能互补系统，亟须发展面向多能互补系统的综合能量管理系统。综合能量管理系统的主要对象包括用户负荷、分布式电源、交易中心等，核心模块包括预测、分析和决策环节，通过对能流信息进行分析处理和全局优化管理，将电网、可再生能源、非可再生能源、储能、电负荷、热负荷、气负荷等有机结合，从而制订不同能源出力和不同形式能量的合理转换计划，进行多维综合决策，有效利用可再生能源，在用能端合理分配负荷，并在储能端优化储能装置的充放电策略，其功能框架如图 8-5 所示[4]。

---

[1] 曾鸣，杨雍琦，刘敦楠，等 . 能源互联网“源 – 网 – 荷 – 储”协调优化运营模式及关键技术 . 电网技术，2016，40(1)：114-124.

[2] Zheng J H, Chen J J, Wu Q H, et al. Multi-objective optimization and decision making for power dispatch of a large-scale integrated energy system with distributed DHCs embedded. Applied Energy, 2015, 154: 369-379.

[3] Zheng J H, Wu Q H, Jing Z X. Coordinated scheduling strategy to optimize conflicting benefits for daily operation of integrated electricity and gas networks. Applied Energy, 2017, 192: 370-381.

[4] 刘秀如 . 多能互补集成优化系统分析与展望 . 节能，2018，37(9)：28-33.

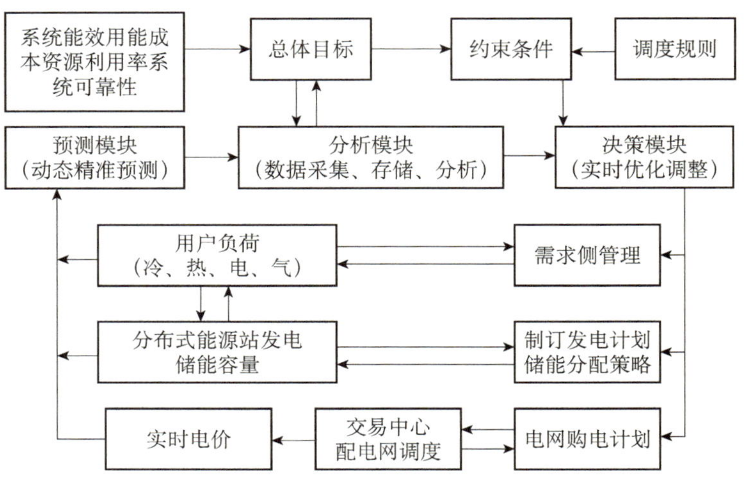

图 8-5　综合能量管理系统功能框架

目前，国内外在多能互补系统综合能量管理方面的研究仍处于初级阶段，尚未形成基础理论体系，也缺乏成熟的系统应用研究。许多研究以微电网为对象，已有部分微电网具备了初步的综合能量管理功能，实现了基础优化调度，但尚未实现多能流的高级分析决策[1]。微电网的能量管理研究往往专注于离线日前优化调度，且假设基于对可再生能源发电、需求和市场的准确预测。然而，可再生能源具有间歇性和波动性，一些负荷（如电动汽车）在时间和空间上都不确定，电力市场价格也具备随机性，因此这一假设难以实现。为了解决这一问题，一些研究者使用随机规划方法基于蒙特卡罗模拟进行不同场景的能量管理研究。Su 等[2] 考虑了集成风能、太阳能、插电式电动汽车、分布式发电机和分布式储能的微电网，通过随机调度优化降低微电网的运行成本和功率损耗，并提高对波动性可再生能源的适应，通过仿真验证了随机微电网能量调度模型的有效性和准确性。

---

[1] 孙宏斌，潘昭光，郭庆来．多能流能量管理研究：挑战与展望．电力系统自动化，2016，40(15)：1-8.

[2] Su W, Wang J, Roh J. Stochastic energy scheduling in microgrids with intermittent renewable energy resources. IEEE Transactions on Smart Grid, 2014, 5(4): 1876-1883.

Farzan 等[1]对不确定条件下微电网的日前调度和控制进行了研究，开发了可规避风险的随机规划优化模型。季振亚等[2]针对广泛普及电动汽车的情景，提出了一种包含随机优化与并行求解算法的快速能量管理策略。尽管上述方法考虑了微电网的不确定性，但计算量过大，且不适应环境的实时变化。Siano 等[3]使用全连接神经网络结合最优潮流，考虑需求侧管理和主动管理，提出了智能电网和微电网的实时能量管理系统。鲍薇[4]针对多电压源型微源组网的微电网，提出了一种多时间尺度协调控制的能量管理策略，实现微电网的安全稳定运行。Huang 等[5]开发了微电网实时能量管理的在线自适应算法，可适应变化的环境。Zhang 等[6]研究了包含 CHP、储能和可再生能源的微电网系统的能量管理系统，采用改进的李雅普诺夫（Lyapunov）优化方法设计了一种用于低复杂度微电网的实时运行能量管理策略。Shi 等[7]考虑了基础配电网及相关电力流和系统运行约束，开发了一种在线能量管理系统，将其建模为随机最优潮流问题，采用李雅普诺夫方法进行优化并用于实际微电网。

多能互补系统的综合能量管理研究可以微电网的研究成果为基础，但需解决“多能流耦合”“多时间尺度”“多管理主体”三方面问题，建立包含实时建模与状态估计、安全分析与安全控制、优化调度以及能量管理的理论体系，开发综合能量管理系统，并在实际多能互补系统中进行验证。

---

[1] Farzan F, Jafari M A, Masiello R, et al. Toward optimal day-ahead scheduling and operation control of microgrids under uncertainty. IEEE Transactions on Smart Grid, 2015, 6(2): 499-507.

[2] 季振亚，黄学良，张梓麒，等．基于随机优化的综合能源系统能量管理．东南大学学报（自然科学版），2018，48(1)：45-53.

[3] Siano P, Cecati C, Yu H, et al. Real time operation of smart grids via FCN networks and optimal power flow. IEEE Transactions on Industrial Informatics, 2012, 8(4): 944-952.

[4] 鲍薇．多电压源型微源组网的微电网运行控制与能量管理策略研究．北京：中国电力科学研究院，2014.

[5] Huang Y, Mao S, Nelms R M. Adaptive electricity scheduling in microgrids. IEEE Transactions on Smart Grid, 2014, 5(1): 270-281.

[6] Zhang G L, Cao Y, Cao Y S, et al. Optimal energy management for microgrids with combined heat and power (CHP) generation, energy storages, and renewable energy sources: energies. Energies, 2017, 10(9): 1288.

[7] Shi W, Li N, Chu C, et al. Real-time energy management in microgrids. IEEE Transactions on Smart Grid, 2017, 8(1): 228-238.

8.2.1.3 多能系统智慧化技术

能源系统智慧化具有智能化、清洁化和去中心化三个主要特点：①智能化，体现在能源管理系统平台的应用上，借助互联网及能源大数据分析，使能源的利用更加便捷高效，更加人性化；②清洁化，一方面体现在能源结构的优化上，另一方面，智慧能源将实现碳减排的实时监控与可视化管理，引领节能减排和提升能效的新风向；③去中心化，体现在通过能源的互联互通推动能源在不同区域的优化配置，减少远距离集中式供应，增加近距离小范围的自我消纳。

传统化石能源公司正在从设计、建造、控制、运维、检修等全产业链入手，推动化石燃料应用数字化转型升级。德国意昂电力公司基于大数据技术实现实时用电查询，除了能够监测电网状态和测量用户用电外，还可将历史 24 个月的电表数据存储并加密保护，提供实时用电消费计算及实时查询[1]。英国国家电网公司完成了基于大数据技术测量设备资产信息、设备运行数据、天气信息、腐蚀速率等相关信息，并实现资产战略管理。中国国家电网有限公司应用大数据技术对电网的变压器开展了预测性检修分析，以较高的准确率预测出设备运行的未来状态，预判设备发生故障的可能性，从而达到基于设备的状态来指导检修的目的[2]。国华北京燃气热电厂率先建成国内智能化程度最高、用人最少、近零排放的智能生态燃气电厂，实现一键启停、无人值守、三维展示、智能巡检等关键应用[3]。

除了针对设备和运营管理的智能化技术手段之外，通过智能化手段实现人与人、人与设备之间的智能交互以及对人及其行为的智能安全防护，也是化石燃料智能化应用的重要关键技术，主要包括智能交互、智能

---

[1] E.ON. How Artificial Intelligence is Accelerating the Energy Transition. https://www.eon.com/content/dam/eon/eon-com/Documents/en/new-energy/20191202-1022-in150-25039-yearbook-artinelli-170x240-online-5.pdf[2019-12-02].

[2] 中国电子技术标准化研究院. 大数据标准化白皮书（2018）. http://www.cesi.cn/201803/3709.html[2018-03-29].

[3] 国家能源集团：数字驱动转型发展 智慧引领国家能源. http://www.sasac.gov.cn/n4470048/n13461446/n15927611/n15927638/n16135038/c16934327/content.html[2021-02-04].

定位、智能行为管理等[1]。例如，智能交互主要利用移动终端、增强现实（AR）、虚拟现实（VR）等技术，实现跨平台、跨区域的多维现场多方交互协作；智慧定位技术被广泛地应用于智能燃煤发电的人员和设备定位，为智能巡检、智能安防、违章自动报警等提供技术基础。瑞典国有电力公司 VattenFall 与荷兰初创公司 PowerPeers 合作，构建数字化、互动式能源区块链平台[2]。

光伏和风能等可再生能源存在分散性、间歇波动性等问题，进一步大规模部署面临严峻挑战，而数字技术则是解决上述问题的关键手段。以光伏为例，数字化智慧解决方案能够提高光伏运维各个环节的效率，降低相关人工成本，进一步提升其行业竞争力。例如，无人机巡检能为光伏公司节省大量的劳动力和时间，大疆经纬 M300RTK 无人机可以将 500 MW 光伏电站原本 3 个月的人工巡检时间大幅压缩到 5 h；国家电力投资集团有限公司、中国华电集团有限公司、中国广核集团有限公司、中国三峡新能源（集团）股份有限公司、中国大唐集团新能源股份有限公司等企业，都已开展了无人机智能巡检常态化应用[3]。利用大数据建模分析，可以实现对光伏的在线预测、发电量模拟、实时监测、设备预警和诊断等，大幅提高电站运行的安全性和稳定性。Geostellar 和 SolarGIS 公司均是“光伏大数据 + 分析 / 模拟”领域的翘楚。Geostellar 通过其线上数据分析及搜索系统，为用户提供光伏电站设计、融资、安装和维护等服务，力争成为“太阳能市场的 Google”。SolarGIS 则综合精确的辐射信息、气象信息及地理信息，建立太阳能辐射预报与光伏发电功率预报，提供太阳能资源评估和光伏数据模拟服务，是“最优秀的太阳能资源前期工具”。

风力发电也具有波动性和间歇性，大规模并网运行会影响电力系统运行的安全稳定，而且在高风力等级条件下还可能造成风机损坏，利用数字技术开展天气预报数值模型构建，进行实时气象数据、电站运行状态数据

[1] 华志刚，郭荣，汪勇 . 燃煤智能发电的关键技术 . 中国电力，2018，51(10)：8-15.

[2] Blockchain Hackaton Put Focus on Solar Panels. https://group.vattenfall.com/press-and-media/newsroom/2019/blockchain-hackaton-put-focus-on-solar-panels.

[3] 尚特杰电力科技 . 为什么说无人机智能巡检诊断系统是光伏行业的“侦察兵”？http://guangfu.bjx.com.cn/news/20210629/1161137.shtml[2021-06-29].

等收集和分析，对提高电站运行的安全性和电力系统的稳定性意义重大。风电场数字化运营已成为业内共识，而数据分析则是关键所在。美国通用电气公司推出了数字化风电场，依托工业互联网技术融合工业设备和分析软件，打造全球最高效的风电场，可将风电场的年发电量提高达20%[1]。远景能源有限公司基于 EnOSTM 平台打造了智慧风场软件解决方案，实现了从风机数据采集、集中监控，到损失电量分析、基于机器学习的设备健康度预警、功率预测等全方位服务功能[2]。

多能互补综合能源系统的智慧化基于传统能源、可再生能源转化利用过程的智慧化，同时还需将信息系统和多能源系统进行深度融合，应用先进的感知决策技术、计算技术和多种优化控制技术的信息物理融合系统架构。构建多能源信息物理融合系统，其关键技术在于以下几个方面[3]。

（1）双向通信网络建立，涉及实时、准确、全面的感知采集，可靠、标准化、高扩展的数据传输和多层级、多接口、大规模、分散化数据的实时精准控制。

（2）系统态势感知，应用态势感知技术，能够对多能系统运行状态进行感知，实时监控系统中的不确定因素，并预测出不确定因素可能造成的后果以及系统未来运行状态，生成决策，并做到防患于未然。目前的研究难点在于在多批量、多目标、多任务情况下如何快速有效地获取所需要的信息、态势感知的结果，以及决策缺乏准确性、对态势感知结果的评估不够完善。

（3）多源大数据处理，即通过大数据技术对多能融合系统的多源数据进行分析，包括影响风能、太阳能的气象数据和地理位置数据，可再生能源和传统化石燃料发电的实时运行数据，用户用电数据等，以支撑系统的优化运行。

（4）多源协同优化控制，在多源输入的情况下，需建立三个层级的协同优化控制架构，即物理层的本地控制、区域协同控制层的分层控制和协

---

[1] GE. The digital transformation of wind energy's operational data into value is key. https://www.ge.com/renewableenergy/wind-energy/onshore-wind/digital-wind-farm.

[2] 机电商报．远景能源：全面拥抱风电数字化新时代．http://www.meb.com.cn/news/2017_11/06/6044.shtml[2017-11-06].

[3] 善金鹏．分布式发电信息物理融合系统架构研究．电力信息与通信技术，2019，17(3)：73-78.

同优化层的中央协同控制。

多能互补综合能源系统需要进行可靠性分析与评估，考虑不同能源子系统之间、能源网络与信息网络之间的耦合关系，以及多重不确定因素对多能互补系统的影响，构建可靠性评估框架。与电力信息物理系统不同，多能互补系统的信息物理系统侧重于实现多种能源网络的互联，其可靠性分析也更加复杂，难点集中在不同能源网络之间的耦合、信息网络与能源网络的复杂交互机理、不同能量载体的时间特性不尽相同等方面。相应的可靠性分析方法有关联特性矩阵法、随机过程模型、博弈论、图论、自动细胞机、状态映射方法、蒙特卡罗模拟法等。其中，蒙特卡罗模拟法应用较为广泛，基于该方法的综合能源信息物理系统可靠性评估框架如图 8-6 所示 [1]。

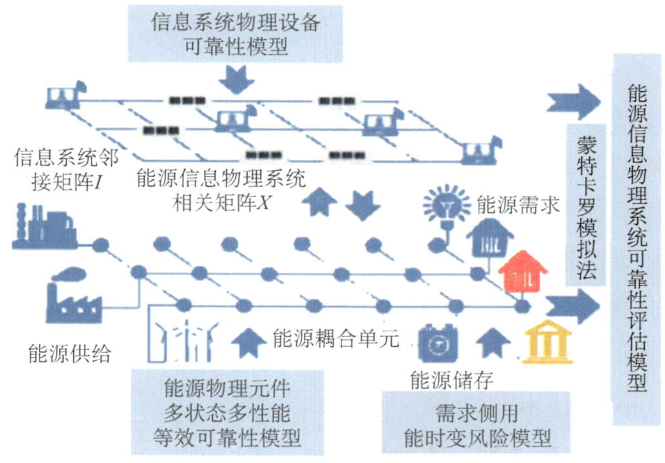

图 8-6　综合能源信息物理系统可靠性评估框架示例

智慧能源管控技术通过对综合供能区域范围内能源生产、转换、调度、传输、存储及消费等环节进行智能化优化协调，经过分析规划、运行控制等过程，形成能源“生产 - 供能 - 消费”联动一体的智慧管控，主要包括 [2]：①建立合理的管控功能框架，包括信息采集及控制终端系统，通

[1] 加鹤萍，丁一，宋永华，等 . 信息物理深度融合背景下综合能源系统可靠性分析评述 . 电网技术，2019，43(1)：1-11.

[2] 张伟波，谢玉荣，杨帆，等 . 多能互补分布式综合供能系统及典型开发方案研究 . 发电技术，2020，41(3)：245-251.

信、云服务与存储系统和功能应用软件系统等，利用互联网、大数据、云计算等技术实现多元能源之间互动、供能与用能之间互动、供能与蓄能之间互动等；②通过能源管理系统，借助数据统计与分析、负荷数学模型预测、最优化数学模型（如综合效率最优、经济性最优、可再生能源占比最优等）等方式，对生产、转换、调度、传输、存储及消费等环节进行动态监测，实现多能互补综合能源供能系统最佳运行；③匹配综合供能系统容量小、系统复杂的特点，建立设备智能诊断平台，提前预判设备运行情况并及时干预消除设备故障，对已经出现运行故障的设备给出故障原因分析及维护方案，方便运维人员及时排除故障；④匹配综合供能系统特点，搭建“远程集控、少人值守”系统，实现区域化管理，同时利用“远程专家库”实现专家共享与远程技术诊断。

8.2.1.4 多能系统变革性技术

随着对多能互补综合能源系统的探索和深入，一些新型变革性技术逐渐体现出对能源互补融合的促进作用，除了规模化高比能储能技术，“电转化为多种能源载体”、氨技术等逐渐受到学界和业界重视。上述技术为能源系统赋予更多灵活性，使多能系统应用场景更加多样化。随着技术的进展，在经济性方面其也呈现出较大潜力，有望成为构建清洁高效的多能互补综合能源系统的变革性技术。

1. Power-to-X 技术

Power-to-X（简称 PtX）技术目前尚无通用说法，可称之为“电力多元转换”或“电转化为多种能源载体”，通常指将电力（尤其是可再生能源电力）转化为氢气、化学品、燃料，以及其他类似的转换选项。利用 PtX 技术的灵活性，能够提高能源系统的总体效率，还可增强能源系统对高比例可再生能源的整合。同时，可再生能源电力与 PtX 技术的结合能够应用于多个行业，减少化石能源的使用，促进终端用能部门脱碳。因此，PtX 技术是未来多能互补综合能源系统的重要元素，也是实现碳中和目标的关键途径。

随着能源系统转型需求的日益迫切，PtX 技术引起了国际社会的广泛重视。国际能源署的氢能技术合作计划设立了第 38 项任务——“电转化为氢能和氢能转化为其他能源载体”（Power-to-Hydrogen and Hydrogen-to-X），注重将电转化为氢气并应用于多种用途[1]。咨询机构 Frontier Economics 受世界能源理事会（World Energy Council）德国分部委托，在 2018 年开展了编制 PtX 国际路线图研究[2]，重点针对可再生能源电力转换为合成燃料等绿色产品，如氢、氨、甲烷、甲醇、柴油、汽油和煤油等，提出了 2020 ～ 2050 年形成全球 PtX 市场的发展路线（图 8-7）。欧洲生物能源技

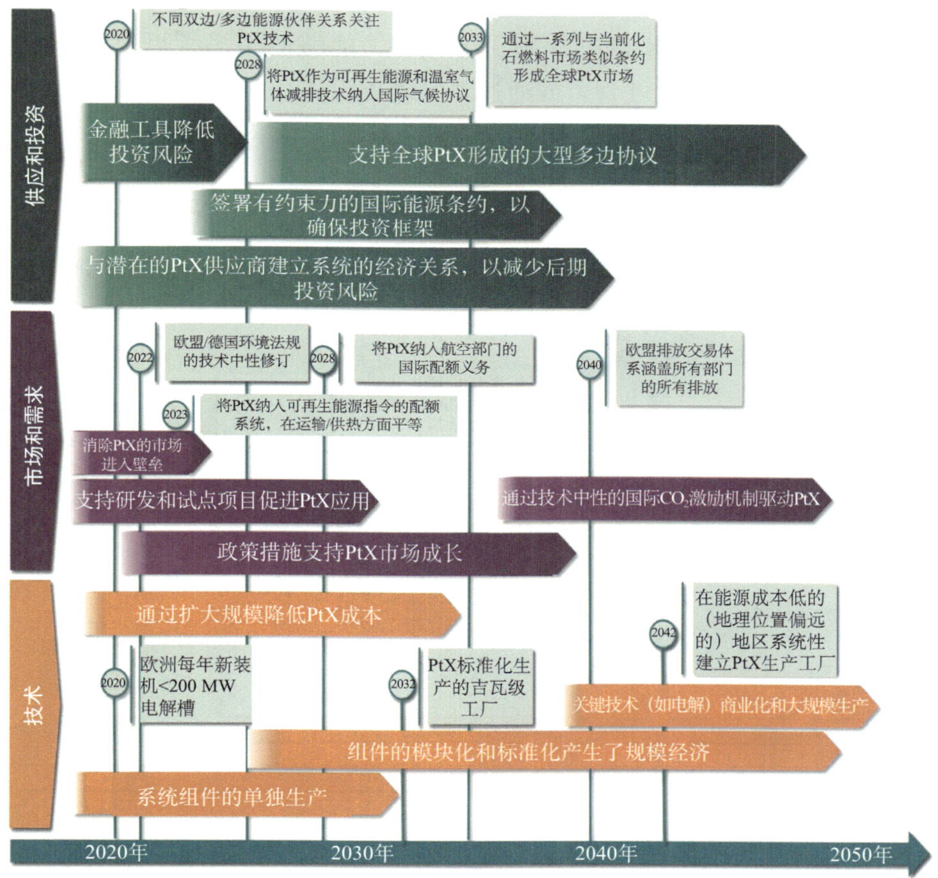

图 8-7　世界能源理事会发布 PtX 国际路线图

[1] IEA Hydrogen. Task 38: Power-to-Hydrogen and Hydrogen-to-X. https://www.ieahydrogen.org/task/task-38-power-to-hydrogen-and-hydrogen-to-x/.

[2] Frontier Economics. International Aspects of a Power-to-X Roadmap. https://www.weltenergierat.de/wp-content/uploads/2018/10/20181018_WEC_Germany_PTXroadmap_Full-study-englisch.pdf[2018-10-18].

术与创新平台（ETIP-Bioenergy）在《2030-2050 年电力合成燃料在欧洲交通系统中的作用》[1] 报告中，探讨了“电力合成燃料”(e-fuel）的概念，即由可再生电力制氢的“绿色氢气”与 CO_2 合成制备燃料，具备应用潜力的燃料主要有甲烷、氢气等气体燃料和氨、甲醇、二甲醚、汽油、柴油、航空燃油等液体燃料。

学术界也对 PtX 技术开展了多项研究。Wulf 等 [2] 基于价值链阐述了 PtX 概念（图 8-8），PtX 以电解制氢为核心，能够使用多种可再生能源，生产的氢气可混入天然气管道或通过氢气基础设施分配，也可进一步生产甲烷、甲醇以及其他燃料和化学品，应用于交通、工业、住宅等。

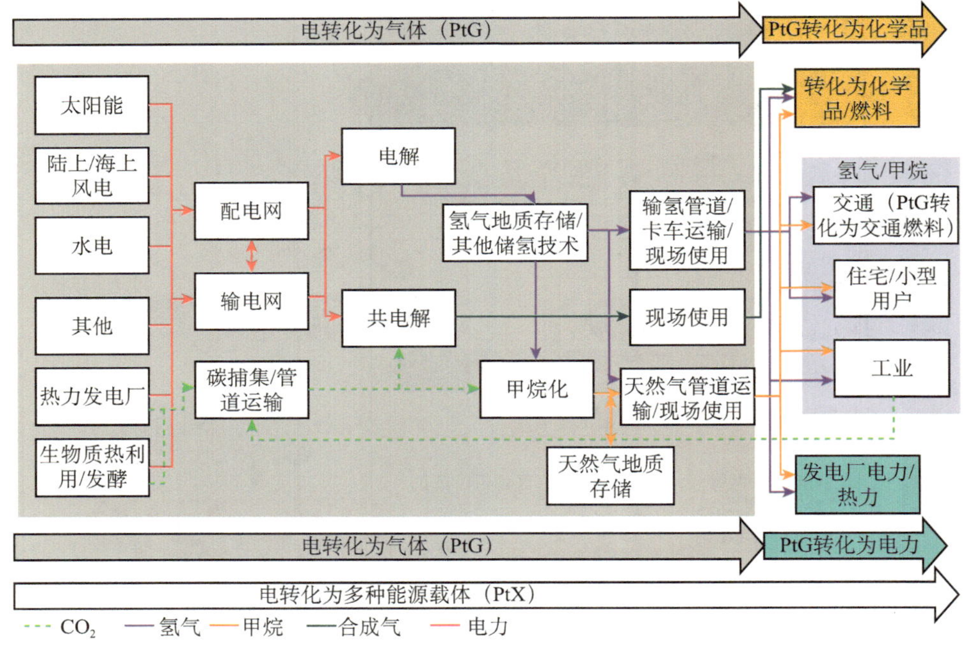

图 8-8 PtX 概念总览

[1] ETIP-Bioenergy. A Look into the Role of E-Fuels in the Transport System in Europe (2030-2050). http://www.etipbioenergy.eu/images/Concawe_A%20look%20into%20efuels%20in%20transport%20system_Oct19.pdf.

[2] Wulf C, Linssen J, Zapp P. Review of power-to-gas projects in Europe. Energy Procedia, 2018, (155): 367-378.

Daiyan 等[1]认为，PtX 的核心技术是电解，如利用可再生能源电力将水分解成氢气和氧气 / 氯气，将氮氧化物 / 氮气分解成氨气，或将 CO_2 分解成 CO、合成气和甲酸。此外，PtX 还可二次转化，如利用绿氢甲烷化、加氢和费 - 托合成等生产碳氢化合物产品，通过哈伯 - 博施法生产氨（图 8-9）。

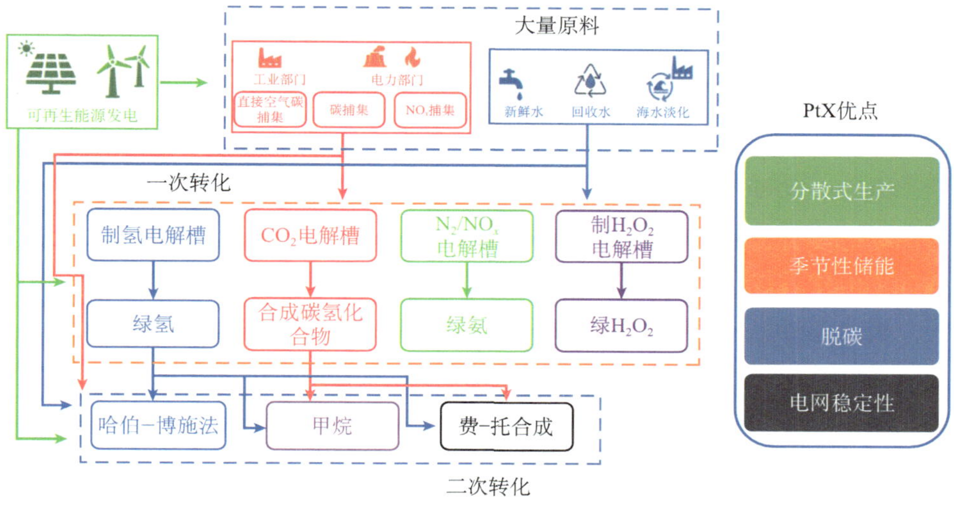

图 8-9　PtX 转化示意图

基于上述认知，PtX 具有潜力的技术路径有以下六条。

（1）电转化为氢（Power-to-H_2）。受规模经济、催化材料、用电成本制约，目前可再生能源电解制氢尚不具备成本竞争力。淡水资源也是制约因素之一，一些研究开始专注于使用废水或海水为原料，其中废水制氢技术更为成熟，已开发出一些商业系统[2]。

（2）电转化为一氧化碳 / 合成气 / 甲酸（Power-to-CO/syngas/formic acid）。使用可再生能源和低成本过渡金属催化剂，电解 CO_2 可以转化为 CO、甲酸和乙醇，成本分别为 0.6 美元 /kg、0.79 美元 /kg、1.46 美元 /kg，而当前化石燃料生产的 CO、甲酸和乙醇价格分别为 0.06 美元 /kg、0.74

[1] Daiyan R, MacGill I, Amal R. Opportunities and challenges for renewable Power-to-X. ACS Energy Letters, 2020, 5(12): 3843-3847.

[2] Paudel S, Kang Y, Yoo Y S, et al. Hydrogen production in the anaerobic treatment of domestic-grade synthetic wastewater. Sustainability, 2015, 7(12): 16260-16272.

美元 /kg、1 美元 /kg[1]。CO_2 原料成本极为重要，迫切需要开发能够直接转化 CO_2 烟气的耐杂质催化剂，基于胺的碳捕集技术从排放密集型行业购买 CO_2 并在附近设置 PtX 设施，可以实现低成本供应，使用直接空气碳捕集（DAC）技术从空气中获取 CO_2 则不会限制 PtX 工厂的地理位置，但其捕集成本很高（0.094 ～ 0.232 美元 /kg），有待进一步研发以降低成本。美国 DOE 最新资助的 DAC 项目通过开发高容量 DAC 接触器、低成本风能驱动 DAC 接触器以及具备再生功能的结构材料来增加捕集率，降低能耗，进而达到降低成本的目的 [2]。

（3）电转化为氨（Power-to-NH_3）。2019 年，全球氨肥市场规模达到约 700 亿美元，由需要高压和高温的哈伯 - 博施法生产，并采用高纯度氢气（由化石燃料产生）和氮气（空气液化获得）为原料 [3]。为了促进脱碳，当前正探索一些可再生能源转化为氨的路线，包括：在使用哈伯 - 博施法过程中使用可再生氢；通过电解将氮气电化学还原为氨［即电化学氮还原（NRR）］；等离子体驱动的空气转化为氨；将纯空气氧化为硝酸盐和亚硝酸盐，随后还原为氨；从发电厂以硝酸盐和亚硝酸盐的形式捕集 NO_x，然后电化学 NO 还原（NORR）为氨。采用绿氢的哈伯 - 博施路线应用逐渐增多，能耗从 15 kW · h/kg NH_3 降至 8 kW · h/kg NH_3[4]。此外，NORR 技术也逐渐得到关注 [5]，在电催化剂设计和反应机理方面仍需进一步研究。

（4）电转化为甲烷（power-to-methane）。CO_2 甲烷化技术在世界各地广泛部署，利用成熟的萨巴蒂尔反应（Sabatier reaction）生产合成天然气，

[1] Jouny M, Luc W, Jiao F. General techno-economic analysis of CO_2 electrolysis systems. Industrial & Engineering Chemistry Research, 2018, 57(6): 2165-2177.

[2] DOE Announces $12 Million For Direct Air Capture Technology. https://www.energy.gov/articles/doe-announces-12-million-direct-air-capture-technology[2021-08-30].

[3] MacFarlane D R, Cherepanov P V, Choi J, et al. A roadmap to the ammonia economy. Joule, 2020, 4 (6): 1186-1205.

[4] Smith C, Hill A K, Torrente-Murciano L. Current and future role of haber-bosch ammonia in a carbon-free energy landscape. Energy & Environmental Science, 2020, 13(2): 331-344.

[5] Long J, Chen S, Zhang Y, et al. Direct electrochemical ammonia synthesis from nitric oxide. Angewandte Chemie International Edition, 2020, 59(24): 9711-9718.

可以利用过渡金属（在约400℃时选择性可接近100%）来提升经济性[1]，进一步还可使用可再生能源电力驱动的加热器和 / 或通过直接收集太阳光红外辐射作为热源。电转化为甲烷为 CO_2 制甲烷的脱碳提供了一条可行的路径，其商业可行性高度依赖于可再生电力、热能以及 CO_2 原料的成本[2]。据预测，通过优化和系统工程，其成本可能会降低到 20 美元 /GJ，使该技术具有潜在的竞争力[3]。

（5）电转化为甲醇（power-to-methanol）。CO_2 转化为甲醇具备较大吸引力，因为甲醇易于储存、运输和生产。现有电转化为甲醇的商业技术主要以蒂森克虏伯伍德公司（Thyssenkrupp Uhde）的甲醇技术为代表，该技术利用碱性电解槽产生的可再生氢气和加氢装置内的废 CO_2 为原料，具有商业规模的乔治·奥拉（George Olah）可再生甲醇工厂等试点工厂已经投入运营[4]。

（6）电转化为 H_2O_2（power-to-H_2O_2）。H_2O_2 市场主要通过成熟的两步蒽醌路线（Riedl-Pfleiderer工艺）供应[5]，但其使用的氢气由化石燃料生产，还使用了有害有机溶剂和昂贵的铂催化剂。为了通过规模经济降低成本，大多数 H_2O_2 生产设施都是大规模和集中式的，但这样增加了运输和储存过程的安全和成本问题。电转化为 H_2O_2 将克服上述问题，尽管产量低，但可再生 H_2O_2 能够满足大多数水处理和消毒需求。

研究者也对 PtX 技术示范项目进行了回顾分析，最早相关的项目可追

---

[1] Held M, Schollenberger D, Sauerschell S, et al. Power-to-Gas: CO_2 methanation concepts for SNG production at the engler-bunte-institut. Chemie Ingenieur Technik, 2020, 92(5): 595-602.

[2] Garg B, Haque N, Cousins A, et al. Techno-economic evaluation of amine-reclamation technologies and combined CO_2/SO_2 capture for Australian coal-fired plants. International Journal of Greenhouse Gas Control, 2020, 98: 103065.

[3] Guilera J, Morante J R, Andreu T. Economic viability of SNG production from power and CO_2. Energy Conversion and Management, 2018, 162: 218-224.

[4] Chehade Z, Mansilla C, Lucchese P, et al. Review and analysis of demonstration projects on power-to-X pathways in the world. International Journal of Hydrogen Energy, 2019, 44(51): 27637-27655.

[5] Wenderich K, Kwak W, Grimm A, et al. Industrial feasibility of anodic hydrogen peroxide production through photoelectrochemical water splitting: a techno-economic analysis. Sustainable Energy & Fuels, 2020, 4(6): 3143-3156.

溯到 1988 年，就全球而言，欧洲是 PtX 技术示范的领先地区[1]。Wulf 等[2]分析了 2000 年至 2020 年 6 月欧洲启动的 220 个 PtX 项目，其技术成熟度都在 5 级及以上，分布在欧洲 22 个国家，其中德国数量最多。分析结果显示，碱性电解槽仍大量应用，聚合物电解质电解槽在 2015 年以后应用逐渐增加，固体氧化物电解槽的应用相对较少，有些新的尝试是碱性固体聚合物电解质电解槽，但规模较小，仅用于实验室研究；应用领域涵盖气体或液体燃料、工业应用、热力或发电、与天然气网络掺混等。2020 年 6 月，欧洲一个行业合作联盟 Norsk e-Fuel 宣布在挪威部署欧洲第一个商业规模 PtX 项目[3]，主要生产航空燃料等液体燃料，将集成 DAC 技术，首家工厂将于 2023 年投产，产能为 1000 万 L/a，2026 年将扩大为 1 亿 L/a，每年可降低 25 万 t 航空碳排放。2021 年 2 月，哥本哈根基础建设基金（CIP）与 5 家合作伙伴公司宣布，将在丹麦西海岸埃斯比约镇建造欧洲最大 PtX 设施[4]，包括 1 GW 电解设备，将把风力涡轮机的电力转换为绿氨，用于农业部门的绿色肥料以及航运业绿色燃料，余热用于家庭供暖，计划于 2026 年投产，每年将减少约 150 万 t 碳排放。

随着各国政府、研究界、化石燃料等行业公司对 PtX 技术的日益重视和相关示范项目的增多，预计 PtX 技术将从早期千瓦级小规模个人 / 家庭应用，过渡到几兆瓦至几十兆瓦规模的商业和工业应用，最终发展至数百兆瓦至吉瓦级的大规模中心，其发展路线如图 8-10 所示[5]。

---

[1] Thema M, Bauer F, Sterner M. Power-to-Gas: electrolysis and methanation status review. Renewable and Sustainable Energy Reviews, 2019, 112: 775-787.

[2] Wulf C, Zapp P, Schreiber A. Review of power-to-x demonstration projects in Europe. Frontiers in Energy Research, 2020, 8: 191.

[3] Norsk e-Fuel is Planning Europe's First Commercial Plant for Hydrogen-Based Renewable Aviation Fuel in Norway. https://renewable-carbon.eu/news/norsk-e-fuel-is-planning-europes-first-commercial-plant-for-hydrogen-based-renewable-aviation-fuel-in-norway/[2021-08-30].

[4] CIP Announces Plans to Build Europe's Largest Power-to-X-Facility，with the Support of Market Leaders within the Agriculture and Shipping Industries. https://cipartners.dk/2021/02/23/cip-announces-plans-to-build-europes-largest-power-to-x-facility-with-the-support-of-market-leaders-within-the-agriculture-and-shipping-industries/[2021-02-23].

[5] Daiyan R, MacGill I, Amal R. Opportunities and challenges for renewable power-to-X. ACS Energy Letters, 2020, 5(12): 3843-3847.

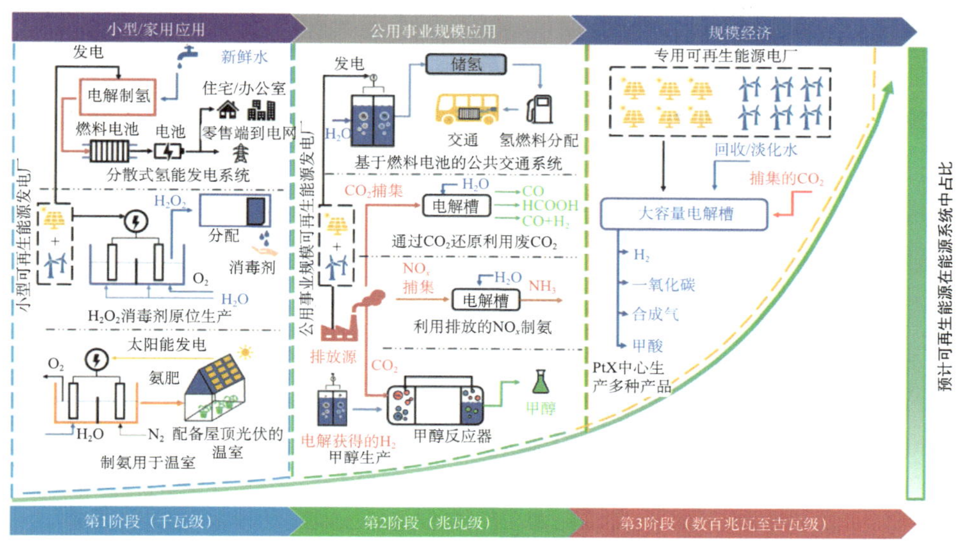

图 8-10　PtX 部署路线图

2. 氨燃料技术

氨是一种无碳富氢化合物，具有价格低廉、易液化、易储存、易运输、产业基础完善等优势，同时作为氢能的理想载体，其燃烧值和辛烷值高且不会产生温室气体。因此，氨被视为有助于推动脱碳进程、实现 CO_2 净零排放的新一代绿色替代燃料。随着环境污染、温室效应与能源短缺的加剧，氨燃料技术越来越受到各国家和地区的关注。例如，日本把氨燃料作为向氢经济社会转型的主要脱碳燃料[1]，在《2050绿色增长战略》中部署发展氨燃料产业，提出到 2030 年实现 20% 氨混烧技术普及化，到 2050 年实现纯氨燃料发电，构建全球氨燃料供应链。

目前，氨燃料技术主要应用在绿氨合成、氨燃料发动机、氨燃料电池、氨燃料混烧等领域，具体如下。

（1）绿氨合成：氨生产依赖于具有百年历史的哈伯－博施法，但该能源和资源密集型工艺导致温室气体的排放，因此开发可再生能源驱动的新

[1]「カーボンリサイクル・次世代火力発電等技術開発／アンモニア混焼火力発電技術研究開発・実証事業」に係る実施体制の決定について. https://www.nedo.go.jp/koubo/EV3_100227.html.

型绿色合成氨过程成为重要课题。绿氨合成主要包括多相催化、电催化、光催化和化学链等[1]方式，技术路线大致有两条：一条是可再生能源制氢和氮气进行反应生成氨；另一条则是直接以氮气和水反应生成氨，该路线跳过制氢过程，但效率较低，尚处于研究实验阶段。NRR是一种较前沿的合成方法，相关研究旨在提升NRR反应效率。澳大利亚莫纳什大学提出一种新型零碳排放氨合成方法，在NRR系统引入四烷基磷盐作为质子源，在室温和正常大气压下合成氨，氨产率也高于传统工艺[2]。由于NRR能量利用率较低，研究人员进一步探索NORR方法。中国科学院大连化学物理研究所肖建平等[3]研究表明，电化学NORR比NRR更具活性，并提出将工业烟气和汽车尾气中排放的一氧化氮电催化还原合成氨气。天津理工大学刘熙俊等在环境条件下通过铌单原子位催化实现了高效的NO-NH_3电催化转化。华南理工大学王海辉教授团队提出了电驱动硝酸盐还原合成氨的策略，为常温常压下电化学合成氨和氮肥循环利用提供了新的思路[4]。此外，将太阳能、风能等可再生能源与化学链过程相耦合，作为一种替代合成氨方式得以发展[5]。

（2）氨燃料发动机：以氨为组分的混合燃料在车用发动机上应用可获得较好的性能。早在1941年，比利时A. Macq就提出将氨作为燃料应用于发动机，并将氨成功地应用到从轻型到重型的各种车辆上，采用增压技术和废气燃料重整技术来满足发动机的动力性能要求[6]。20世纪60年代，美

[1] 郭建平，陈萍．多相化学合成氨研究进展．科学通报，2019，64(11)：1114-1128.

[2] Suryanto B H R, Matuszek K, Choi J, et al. Nitrogen reduction to ammonia at high efficiency and rates based on a phosphonium proton shuttle. Science, 2021, 372(6547): 1187-1191.

[3] Long J, Chen S M, Zhang Y L, et al. Direct electrochemical ammonia synthesis from nitric oxide. Angewandte Chemie International Edition, 59(24): 9711-9718.

[4] Chen G F, Yuan Y F, Jiang H F, et al. Electrochemical reduction of nitrate to ammonia via direct eight-electron transfer using a copper-molecular solid catalyst. Nature Energy, 2020, 5(8): 605-613.

[5] 冯圣，高文波，曹湖军，等．化学链合成氨研究进展．化学学报，2020，78(9)：916-927.

[6] Macq A. Emploi de l’Ammoniaque comme combustible de remplacement. Compte-rendu des Journées d’Etudes sur les combustibles et carburants nationaux, Louvain, 1941: 286-309.

国国家航空航天局成功地将氨燃料运用于 X-15 型试验机[1]。1966 年，E. S. Starkman 等[2]结合已有的理论和试验进行了氨燃料重整技术研究。2000 年后，氨燃料的研究得到了飞速发展，降低氨混燃料的氮氧化合物排放成为研究的重点，从燃料组分、引燃剂、降低尾气 NO_x 排放等多方面进行了研究[3]。俄罗斯 Energomash 公司从 2012 年开始研制采用氨炔混合燃料的新型火箭发动机。雷神技术公司 2021 年获得美国 ARPA-E 资助，研制以液态氨作为燃料和冷却剂的涡轮电动航空推进系统[4]。

（3）氨燃料电池：氨是解决燃料电池氢能来源的有效途径，且在催化剂的作用下，氨燃料在相同的温度下能够达到与氢燃料相近的功率密度。20 世纪 60 年代就已经有用氨作为燃料电池燃料源的实验，瑞典阿西亚电气公司曾为瑞典海军设计过一台采用游离氨和液氧工作的 200 kW 燃料电池，以驱动潜水艇[5]。2000年以来，Wojcik 等[6]首次尝试将氨作为直接燃料用于以铂为电极、YSZ 为电解质层的 SOFC，在 800℃条件下输出最大功率密度为 50 mW/cm^2。2014 年，日本京都大学[7]计划采用镍基陶瓷、锆类陶瓷、锰氧化物分别作为正极、负极和电解质膜制备氨燃料 SOFC，目标是发电效率超过 45%。此外，学者还研究催化活性对氨 SOFC 性能的影响。2006 年，中国科学技术大学马千里[8]的研究表明氨可代替氢作为 SOFC 的燃料，且性能几乎相同。2007 年，中国科学院大连化学物理研究所张丽

[1] Seaman R W, Huson G. The choice of NH_3 to fuel the X-15 rocket plane. 8th NH_3 Fuel Association Conference, 2011.

[2] Starkman E S, Newhall H K, Sutton R, et al. Ammonia’ as a spark ignition engine fuel: theory and application. Challenge, 1966, 75: 3-25.

[3] 郭朋彦，申方，王丽君，等 . 氨燃料发动机研究现状及发展趋势 . 车用发动机，2016，(3)：1-5，13.

[4] 雷神技术公司开发氨燃料涡电航空发动机 . http://www.cannews.com.cn/2021/01/13/99318836.html[2021-01-13].

[5] 李莉 . 氨与燃料电池 . 能源技术，2005，(3)：102-105.

[6] Wojcik A, Middleton H, Damopoulos I. Ammonia as a fuel in solid oxide fuel cells. Journal of Power Sources, 2003, 118: 342-348.

[7] 丸山正明 . 日本开始研发氨燃料电池，目标是发电效率超过 45%. 功能材料信息，2014，(1)：55-56.

[8] 马千里 . 氨燃料质子导体固态氧化物燃料电池的研究 . 中国科学技术大学博士学位论文，2006.

敏等[1]以氢气和氨气作为燃料考察不同温度的管状 SOFC 电池性能，对比发现两者功率密度相差不大，表明氨可以作为 SOFC 的替代燃料。特拉华大学[2]开发出一种新型氨燃料电池，峰值功率密度达到 135 mW/cm^2，大大缩小与氢燃料电池的性能差距。郭朋彦等[3]认为，基于质子传导型直接氨 SOFC 将是主要发展方向，利用可再生能源来合成氨及氨的回收利用技术是氨燃料电池未来的发展趋势。

（4）氨燃料混烧：日本把氨燃料作为向氢经济社会转型的主要脱碳燃料，2021 年，NEDO 宣布启动“火力发电厂推广使用无 CO_2 排放氨燃料技术研发”和“1000 MW 燃煤电厂 20% 氨混煤燃烧示范研究”两个主题，支持燃煤电厂混氨燃烧发电技术研发和实证研究，推进用氨燃料代替化石燃料[4]。同年，日本 IHI 公司完成了世界首个 2000 kW 级燃气轮机燃烧超过 70% 液氨的项目[5]。日本最大的发电公司 JERA 在其 2050 年零碳排放路线图[6]中提出发展氨混热电技术，到 2030 年实现 20% 氨混烧技术，到 2040 年实现 100% 纯氨燃料发电；并与全球领先氨气生产企业雅拉国际（ASA）签署战略协议[7]，合作开发蓝氨 / 绿氨[8]的生产、输送和供应链。日本三菱电力公司正在开发一种以氨气为燃料的 40 MW 燃气轮机用于发电，目标是在 2025 年后投入商业使用。

---

[1] 张丽敏，丛铀，杨维慎，等 . 直接氨固体氧化物燃料电池 . 催化学报，2007，(9)：749-751.

[2] 美国开发出将氨用于燃料电池的技术 . https://cloud.tencent.com/developer/news/418454[2019-08-20].

[3] 郭朋彦，聂鑫鑫，张瑞珠，等 . 氨燃料电池的研究现状及发展趋势 . 电源技术，2019，43(7)：1233-1236.

[4] アンモニア混焼技術の実用化へ向けた技術開発を加速 . https://www.nedo.go.jp/news/press/AA5_101432.html.

[5] 日本 IHI 成功在燃气轮机上首次燃烧 70% 含量液氨 . https://new.qq.com/omn/20210402/20210402A03AWU00.html.

[6] JERA Zero CO_2 Emissions 2050. https://www.jera.co.jp/english/corporate/zeroemission/.

[7] Yara and JERA Sign Green Ammonia MoU. https://www.world-energy.org/article/17637.html.

[8] 蓝氨是在化石燃料提炼过程中利用碳捕集与封存技术；而绿氨则来自可再生能源的氢气作为原料，中间不产生碳排放。

8.2.2　主要发展趋势

能的综合互补利用技术应基于能的综合梯级利用原理，不断深化对能源的“量”、“质”和“势”的理解，进一步探索基于多能源的能势高低对化学能和热能进行逐级、有序转化和释放的梯级利用途径，深入研究各个能量转化和利用过程的品位关联，耦合多能源清洁燃料转化和动力循环，拓展化学能与物理能的综合梯级利用研究。着重发展太阳能、燃料化学能等能质与能势匹配，化学能梯级定向协同转化，可再生能源与氢能融合利用，能源动力系统温室气体控制，化工动力多联产等技术。

多能系统规划设计及运行管理技术方面，需要从系统层面分析整个能源系统并设计多能系统规划设计及运行管理技术。其中，多能流混合建模应进一步关注波动性、间歇性可再生能源输入带来的复杂问题，输出角度关注水、燃料等更多输出形式，储能方式除储电、储热等外，还应将电动汽车、能源载体（如氢）等考虑在内，对模型机理研究也有待深入。多能系统协同控制需要将智能电网、传统能源、可再生能源、储能、电 / 热 / 气负荷、燃料流等相结合，针对复杂能源网络下各种能源系统的运行优化及生产调度进行深入研究，进一步发展多目标优化、分布式协同控制等方法。多能互补系统的综合能量管理尚处于研究初级阶段，许多研究以微电网研究为基础进行拓展研究，但需解决“多能流耦合”“多时间尺度”“多管理主体”三方面问题，探索多能系统的实时建模与状态估计、安全分析与安全控制、优化调度以及能量管理。

多能系统智慧化技术重点在于明晰一次能源、二次能源的横向多能互补机理与数字技术的融合机制，为构建智慧化多能融合系统提供理论基础；同时，结合数字技术开展灵活性资源分析，为多元能源梯级优化互补利用提供理论指导，优化多能互补梯级利用模型。多能系统与信息系统的深度融合应重点结合双向通信网络、系统态势感知、多源大数据处理、多源优化控制等技术构建多能源信息物理融合系统，同时开展可靠性分析与评估、智慧能源管控技术的研究。

多能系统变革性技术应进一步探索 PtX、氨技术等在多能互补综合能源系统中的融合，基于物理能与化学能的综合互补利用原理，探索电转化作为氢、一氧化碳 / 合成气 / 甲酸、氨、甲烷、甲醇、过氧化氢等物质过程与动力循环过程的有机结合方式，提升能源利用效率和系统灵活性，并发展相应的终端应用技术，如以氢、氨为燃料的发动机、燃气轮机、燃料电池等，促进终端用能部门的广泛脱碳。

8.3 颠覆性影响及发展举措

8.3.1 技术颠覆性影响

1. 提升能源利用效率，增强能源供应可靠性，降低温室气体排放

多能互补综合能源系统能够应对多种能源在空间和时间上的不均匀分布，因地制宜，综合利用，实现各种能源之间的良性互动，促进可再生能源的消纳，通过对多种能源资源的优势互补和综合利用提升能源利用效率，减少水耗等。通过发展多能互补综合能源系统，能够间接实现终端用能部门的可再生能源电气化，促进海运、航空、钢铁等难以脱碳行业的碳减排。根据欧盟的分析[1]，到 2050 年实现更加一体化的能源系统将使欧盟能源消费总量比 2015 年减少 1/3，支持 GDP 增长 2/3。多能互补综合能源系统应用多种灵活的能量转换和存储方式，使能源系统可靠性得以大幅提升。通过优化能源消费结构和提升能效，有助于构建更为安全的能源体系，缓解能源供应紧张问题，确保总体能源供应安全。

2. 促进能源转型的良性发展和相关产业的可持续转型，提升经济竞争力

多能互补综合能源系统的发展，还可促进在相关行业生态系统中推广更可持续和高效的技术和解决方案，进而促进行业可持续转型，提升行业经济竞争力。多能互补综合能源系统催生多样化的能源服务，极大地丰富能源服务市场，催生相关新业态。电池储能、氢能、氨技术、电动交通、智能家电等相关行业有望蓬勃发展，带动全产业链的良性循环。电、热、

[1] European Commission. In-depth Analysis in Support of the Commission Communication COM(2018) 773. https://ec.europa.eu/clima/system/files/2018-11/com_2018_733_analysis_in_support_en.pdf[2018-11-28].

气网络的更紧密结合为电力和天然气市场的套利提供了机会，能源网络的智慧化也将极大促进数字技术及产业的发展。

8.3.2　各国 / 地区发展态势与竞争布局

1. 美国

美国DOE近年来极为重视综合能源系统的开发，在2015年发布的《四年度能源技术评估报告》中提出了核能－可再生能源复合能源系统（NR HES）概念，主要包括三类系统：核能－可再生能源一体化耦合能源系统、核能－可再生能源热耦合能源系统、核能－可再生能源电力耦合能源系统。2016 年，在 DOE 核能办公室的支持下，爱达荷国家实验室与橡树岭国家实验室共同出台《核能－可再生能源复合能源系统 2016 年技术开发计划方案》[1]，制定了 NR HES 的初期研发规划，目标是到 2030 年实现试点示范，主要研究工作集中在集成技术、通信、系统控制与新兴子系统技术开发。

在 NR HES 技术开发计划基础上，DOE 核能办公室启动“综合能源系统”计划[2]，由爱达荷国家实验室主导，进一步推进基于核能的综合能源系统技术开发，重点围绕系统模拟、系统运行和实验测试三方面开展工作。2020 年 9 月，爱达荷国家实验室、橡树岭国家实验室和阿贡国家实验室共同为该计划制定了《综合能源系统2020路线图》[3]，指出了发展核能综合能源系统的关键反应堆技术，并提出了相应研发及示范路线图，其中轻水堆综合能源系统将在 2025 年以后实现吉瓦级商业化部署，小型模块化反应堆综合能源系统将在 2028 年以后扩大规模以迈向完全商业化，先进反应堆（钠冷快堆、高温气冷堆、熔盐堆）综合能源系统将在 2032 年以后实现示范。在该计划中，氢能被列为优先发展的技术之一，并与 DOE 的氢能重大研发计划 H_2@Scale 协同支持开发核能－氢能复合能源系统。

为实现拜登政府提出的 100% 清洁能源目标，DOE 梳理总结了前期

---

[1] Nuclear-Renewable Hybrid Energy Systems: 2016 Technology Development Program Plan. https://www.osti.gov/biblio/1333006[2016-03-01].

[2] Integrated Energy Systems. https://ies.inl.gov/SitePages/Home.aspx.

[3] Integrated Energy Systems: 2020 Roadmap. https://inldigitallibrary.inl.gov/sites/sti/sti/Sort_26755.pdf.

的研究探索经验，综合考虑下属 9 个国家实验室综合能源系统研发基础和能力，于 2021 年 4 月发布了《综合能源系统：协同研究机遇》报告[1]，系统探讨了综合能源系统技术研究开发面临的机遇和挑战，提出在控件开发和测试、工厂级设计优化、综合能源系统组件的开发和测试、项目示范以及优化的集成耦合策略几个领域开展研究工作。DOE 在该报告中将综合能源系统划分为：①电力综合能源系统（electricity-only HES），将多种发电技术与储能技术融合，其输出仅为电能；②多能流综合能源系统（multi-vector HES），融合了多种发电、储能和转换技术，但其输出包括电力和至少一种其他形式能源或非能源产品，如热能、氢、氨、甲醇、海水淡化、材料、液体燃料等。

2. 欧盟

欧盟较早提出多能融合系统的类似概念并付诸实施，在 FP5 中就将能源协同优化列为研发重点，在第六研发框架计划（FP6）和 FP7 中进一步深化了能源协同优化和综合能源系统相关研究。2007 年，欧盟委员会制定了综合性能源科技发展战略——SET-Plan，并于 2010 年成立了 EERA，将“能源系统集成”作为 18 个联合研究计划之一。

在 SET-Plan 计划框架下，欧盟创建了 ETIP SNET，指导综合能源系统相关研究、开发与创新活动。ETIP SNET 下设 6 个工作组[2]，分别为：①可靠、经济、高效的能源系统（Reliable, Economic and Efficient Energy System），该工作组致力于以可承受的投资和运营成本推动有助于整体能源系统优化的商业模式和技术趋势，关注的灵活性技术有新型输配电、储能、需求响应、灵活发电以及与其他能源网络的协同作用（即电、气、热网的耦合）；②储能技术和系统灵活性（Storage Technologies and System Flexibilities），该工作组致力于与储能解决方案相关的技术和市场开发，以确保电力输配所需的灵活性水平；③灵活发电（Flexible Generation），该工

[1] Energy Department Unlocks Innovative Opportunities for Coordinated Research on Hybrid Energy Systems. https://www.energy.gov/index.php/eere/articles/energy-department-unlocks-innovative-opportunities-coordinated-research-hybrid-energy.

[2] ETIP SNET. Working groups. https://www.etip-snet.eu/about/working-groups/.

作组致力于发电商业模式和技术趋势，考虑传统火力发电灵活性贡献，以及高效热力发电系统（如微型热电联产、工业联产）、热分配（如区域供热）、储能和可再生能源优化；④电力系统数字化及用户参与（Digitisation of the Electricity System and Customer Participation），该工作组致力于将 ICT 作为发电、输送及终端用能整个价值链的普遍工具的方法及影响；⑤在商业环境中实施创新（Innovation Implementation in the Business Environment），该工作组致力于建立项目信息通用平台，开发判断能源转型中的系统需求的方法，审查相关报告确定可能减缓商业模式部署的经济、社会、技术、法律等障碍，寻求创新解决方案以最大化研究创新活动的效益；⑥国家利益相关方协调组（National Stakeholders Coordination Group），该工作组为能源系统和网络领域的国家研发利益相关者提供了一个交流平台，支持 SET-Plan 行动 4 [1] 的实施。

2018 年 6 月，ETIP SNET 提出了《综合能源系统 2050 愿景》，即“建立低碳、安全、可靠、灵活、经济高效的泛欧综合能源系统，到 2050 年实现完全碳中和与循环经济，同时在能源转型期间增强在全球能源系统领域的领导地位”。基于《综合能源系统 2050 愿景》，ETIP SNET 于 2020 年 7 月发布了《综合能源系统 2020—2030 年研发路线图》，明确了 2020 ～ 2030 年综合能源系统研究创新的重点领域和优先活动，总预算为 40 亿欧元，将围绕六大研究领域（消费者、产消合一者和能源社区；系统经济性；数字化；系统设计和规划；灵活性技术和系统灵活性；系统运行）进行共计 120 项研究和示范任务。欧盟计划分 4 个阶段实施，第一阶段（2021 ～ 2024 年）研发实施计划于 2020 年 5 月发布，预算共约 9.55 亿欧元。

为加速能源系统转型并刺激欧洲经济复苏，欧盟于 2020 年 7 月发布《能源系统集成战略》，作为“欧盟复苏计划”的一部分，提出了促进欧洲能源系统集成以到 2050 年实现“气候中性的欧洲”愿景，将实施 38 项行动计划，从立法、财政、技术研发、监管等全方位促进能源系统集成。欧盟指出，能源系统集成将为欧洲向绿色能源转型提供框架，能源系统应作

[1] SET-Plan 行动 4：提高能源系统灵活性、安全性和智能化。

为一个整体进行规划和运行，将不同能源载体、基础设施和消费部门联系起来，其中包含三个相辅相成的概念：①以能效为核心的“循环”能源系统；②扩大终端用能部门的直接电气化；③在直接加热或电气化不可行、效率不高或成本较高的终端应用中使用可再生和低碳燃料（包括氢）。

3. 日本

日本能源资源较为匮乏，能源消费严重依赖进口，能源安全风险较高。经历福岛核事故后，日本政府在《第四期能源基本计划》[1]中将安全性确定为能源战略的基本方针之一，提倡发展灵活的能源供需系统，实现多种能源之间的无缝衔接与互补。2016 年 4 月，日本公布了能源中、长期战略，在面向 2030 年的《能源革新战略》[2]中将“构建新型能源供给系统”列为三大改革主题之一，在面向 2050 年的《能源环境技术创新战略》中针对能源系统集成领域，提出利用大数据分析、人工智能、先进传感和物联网技术构建多种智能能源集成管理系统。

同时，日本政府高度重视将氢能纳入未来的综合能源体系中，在 2013 年的《日本再复兴战略》中将发展氢能上升为国策，并在 2014 年公布了《氢能和燃料电池战略路线图》[3]。2017年底，日本发布《氢能基本战略》[4]，确定了到 2030 年左右实现氢能发电商业化的目标。2018 年 7 月，日本发布《第五期能源基本计划》，提出建立以氢能为基础的二次能源结构，充分利用人工智能和物联网等技术构建多维、多元、柔性的能源供需体系。

2016 年 9 月，日本经济产业省提出了“福岛新能源社会”计划，通过在福岛推广可再生能源、构建氢能社会模式、建立智慧社区三大举措，建立新型能源系统，以实现到 2040 年左右一次能源完全由可再生能源提供的目标。该计划于 2017 年正式启动，计划分三阶段进行，2017 ～ 2021 年的

[1] METI. 第 4 次エネルギー基本計画 . http://www.enecho.meti.go.jp/category/others/basic_plan/past.html#head.

[2] METI. エネルギー革新戦略（概要）. http://www.meti.go.jp/press/2016/04/ 20160419002/20160419002-1.pdf.

[3] METI.「水素・燃料電池戦略ロードマップ」. https://www.meti.go.jp/committee/kenkyukai/energy/suiso_nenryodenchi/report_001.html.

[4] METI. 水素基本戦略 . http://www.meti.go.jp/press/2017/12/20171226002/2017122 6002-1.pdf.

总预算已达到 3356 亿日元。经过第一阶段的努力，福岛可再生能源发电装机容量达到计划启动前的两倍以上。2021 年，考虑到政府新提出的 2050 年碳中和气候目标，经济产业省宣布对计划进行修订[1]，进一步扩大可再生能源部署并推进形成氢能示范区。

4. 中国

随着我国能源革命的持续深入，加大风能、太阳能、核能等清洁能源的开发是目前我国能源战略的主要方向，发展多能互补的分布式供能技术，有助于改革能源供给侧结构，构建现代能源体系。2016 年 2 月，国家发展和改革委员会、国家能源局、工业和信息化部联合发布了《关于推进“互联网+”智慧能源发展的指导意见》[2]，提出了能源互联网十年发展的顶层设计。同年 7 月，出台《国家发展改革委、国家能源局关于推进多能互补集成优化示范工程建设的实施意见》，明确提出在“十三五”期间建成多项国家级终端一体化集成供能示范工程及国家级风光水火储多能互补示范工程。根据这一实施意见，2017 年 1 月《国家能源局关于公布首批多能互补集成优化示范工程的通知》公布了首批 23 个多能互补集成优化示范工程项目。2017 年 10 月，国家电网有限公司发布了《关于在各省公司开展综合能源服务业务的意见》，将提供多元化分布式能源服务、构建终端一体化多能互补的能源供应体系列为综合能源服务业务的重点任务。2021 年 2 月，出台《国家发展改革委 国家能源局关于推进电力源网荷储一体化和多能互补发展的指导意见》，提出了探索源网荷储一体化和多能互补，保障能源安全，助力实现“碳达峰、碳中和”目标的指导方针。2021 年 6 月，国家能源局印发《能源领域 5G 应用实施方案》[3]，提出“综合能源+5G”的应用场景和主要任务。

---

[1] METI. 福島新エネ社会構想の改定について . https://www.enecho.meti.go.jp/category/saving_and_new/fukushima_vision/pdf/fukushima_vision_rev_summary_ja.pdf.

[2] 国家发展和改革委员会，国家能源局，工业和信息化部 . 三部门关于推进“互联网 +”智慧能源发展的指导意见 . http://www.ndrc.gov.cn/zcfb/zcfbtz/201602/t20160229_790900.html[2016-02-29].

[3] 国家发展和改革委员会，国家能源局，中央网信办，等 . 关于印发《能源领域 5G 应用实施方案》的通知 . http://www.nea.gov.cn/2021-06/11/c_1310003081.htm[2021-06-11].

在推动技术研发方面，“十三五”以来，我国政府愈加重视多能互补系统相关技术的研发，2016年6月出台的《能源技术革命创新行动计划（2016-2030年）》，提出了现代电网、能源互联网的技术创新路线图[1]。2016年7月，国务院印发《“十三五”国家科技创新规划》，部署了面向2030年的一批“科技创新2030—重大项目”，其中“智能电网”专项聚焦部署大规模可再生能源并网调控、大电网柔性互联、多元用户供需互动用电、智能电网基础支撑技术等重点任务，实现智能电网技术装备与系统全面国产化，提升电力装备全球市场占有率。国家重点研发计划先后启动了“智能电网技术与装备”和“可再生能源与氢能技术”重点专项。其中，“智能电网技术与装备”重点专项实施时间为2016～2020年，目标是2020年实现我国在智能电网技术领域整体处于国际引领地位，关注大规模可再生能源并网消纳、大电网柔性互联、多元用户供需互动用电、多能源互补的分布式供能与微网、智能电网基础支撑技术5个技术方向。“可再生能源与氢能技术”重点专项实施时间为2018～2022年，聚焦太阳能、风能、生物质能、地热能与海洋能、氢能、可再生能源耦合与系统集成技术6个技术方向。

5. 各国/地区布局比较

综上分析可知，美国、欧盟、日本等发达国家/地区在多能互补综合能源系统的布局规划有所不同。欧盟对综合能源系统出台了专门的综合性战略《能源系统集成战略》，从立法、财政措施、研发部署、市场监管、基础设施等多个方面规划了相关行动举措。在研发方面基于SET-Plan框架，利用EERA和ETIP两大平台统筹基础研究到产业化示范，同时还制订了远景目标、中期路线和短期计划，从多个层面推进相关研发创新活动。日本对多能互补系统没有专门出台发展规划，在前期推广智慧社区的经验基础上，以氢能为核心，将福岛作为重要试点探索完全脱碳的未来多能互补综合能源系统。美国对多能互补综合能源系统也未出台专门战略，早期通

[1] 国家发展和改革委员会，国家能源局. 能源技术革命创新行动计划（2016—2030年）. http://www.gov.cn/xinwen/2016-06/01/5078628/files/d30fbe1ca23e45f3a8de7e6c563c9ec6.pdf[2016-06-01].

过 NR HES 技术开发计划支持对 NR HES 概念的探索，进而发展为“综合能源系统”计划，并由承担计划的相关国家实验室共同制定了研发路线图，还在 NREL 专门设立大型研发平台推进能源系统研究、开发和示范。另外，DOE 在 2021 年发布的《综合能源系统：协同研究机遇》报告对综合能源系统进行了总结和梳理，提出了未来研发指导建议。相比上述国家和地区，中国的举措相对落后，缺乏整体规划，在技术研发上也没有设立专门的重大研发计划，对多能互补综合能源系统尚未形成系统性认知。

8.4　我国多能互补综合能源系统发展建议

8.4.1　机遇与挑战

1. 缺乏国家层面的顶层设计和政策引导，处于无序开发状态

多能互补综合能源系统涉及多种能源种类，输出形式可能涵盖电、气、热（冷）、燃料、化学品等，技术领域多，应用范围较广。技术研发需要多个领域协同发展，其示范也需要多部门配合联动。当前我国多能互补综合能源系统相关关键技术研发缺乏国家层面的政策统筹规划和重大研发计划支持，处于各自独立发展的情况，容易出现发展不均衡问题，缺乏政府部门协调也使得大规模区域级多能互补综合能源系统的示范面临较大困难。

2. 技术开发和示范应用尚处于初级阶段，关键技术有待加强

发展多能互补综合能源系统面临在不同时间尺度上将波动性可再生能源和传统燃煤发电，以及将储能技术和能源转换技术集成到能源系统中的问题，不同能源品种的有效融合及其与电、气、热等能源网络的连接是一个重大挑战。我国多能互补综合能源系统的发展尚处于起步阶段，对能源的综合梯级利用已探索出一些适合我国国情的高效清洁多能融合分布式能源系统，但在多能融合能源系统的规划设计、多能流建模、综合能量管理及协调优化方面与发达国家仍有一定差距，能源系统的智慧化发展处于起步阶段，PtX、氨技术等变革性技术研究较少，对多类型多能互补系统的示范应用也仍在探索。

3. 市场化风险较高，社会认知度低，推广部署较为困难

发展多能互补综合能源系统需要在典型地区开展大量示范项目以获取经验，探索最佳实践，同时吸引行业参与。目前，区域层面缺乏以政府为主导的综合供能统筹规划，电、热（冷）、气、水等来自独立的投资主体，难以实现多能互补、协调供能以及能源网络的最优化调度等。同时，一些关键技术尚未市场化，导致系统总投资成本高，再加上缺乏配套的税收、节能、贷款等激励制度，使得多能互补综合能源系统的一些优势（如消纳高比例可再生能源、降低碳排放等）无法完全变现，难以吸引投资者。另外，多能互补综合能源系统往往需要部署在相应的终端应用行业中，可能需要配套建设基础设施或进行设备改造，这也导致了投入成本偏高，缺乏市场竞争力。

8.4.2 发展建议

1. 注重多能互补系统顶层架构设计和区域多样化系统方案开发

我国具有“富煤、少油、贫气”的能源资源特点，能源消费结构以煤炭为主，2020年煤炭在我国能源消费总量中仍占约56.8%[1]。调整能源结构、减少煤炭消费、增加清洁能源供应成为我国能源革命的重要任务。应根据我国能源资源结构特点，做好多能互补综合能源系统整体布局规划。从能源全系统层优化现有能源系统，着力发展融合化石能源、可再生能源和核能的多能互补系统，突破各能源子系统的互补和综合利用技术。同时，根据不同地区的能源资源特点、用户需求特征等，因地制宜开发多样化的多能互补系统方案，总结不同地区能源系统的共性进行集中开发，避免重复导致的资源浪费。

2. 政府部门出台多层次支持政策和做好规划协调

政府相关部门宜从总体布局、关键技术研发、示范项目部署、技术应用补贴等多层面出台相关政策。另外，多能互补综合能源系统的部署往往

[1] 国家统计局 . 中华人民共和国 2020 年国民经济和社会发展统计公报 . http://www.stats.gov.cn/tjsj/zxfb/202102/t20210227_1814154.html[2021-02-27].

跨部门、跨区域、跨领域进行，因此也需政府做好协调规划工作，为多能互补综合能源系统的部署提供良好的政策环境。政府规划时宜尽量覆盖整个价值链的利益相关方，综合征求建议和意见，达成共识，以最大可能地调用各方力量。在技术研发和部署过程中引入私营企业的力量，促进公私合作，充分利用市场促进相关技术发展。

3. 加大研发投入，增强试点示范以降低部署风险

深化对多种能源综合互补利用的能势表征及匹配等理论研究，同时开展关键技术研发，如不同规模分布式多能互补能源系统、智能微网、适合多能互补系统的复杂多能流建模和能量管理技术、需求侧管理技术等，并开发电与气、热、燃料的转化子系统集成方案，构建常规和非常规、化石和非化石、能源和化工以及多种能源形式相互转化的多能互补综合能源系统。多能互补系统的复杂仅通过数值模拟和实验室研究无法充分理解，集成至能源系统和大规模示范是重要途径。应在多能互补示范项目基础上，继续针对典型地区探索示范不同类型多能融合系统，并发展以用户为核心、灵活自主的区域能源社区模式，充分发挥本地能源资源特色，增强用户参与，降低部署风险。在供能侧，海岛地区基于风能、波浪能和分布式光伏等可再生能源，结合大容量储能和电解制氢系统，实现多种能源载体之间的灵活转换；在煤炭资源地区，通过发展化工动力多联产系统满足当地电 / 热 / 冷 / 燃料需求，同时带动产业联动发展和转型。在用户侧，通过部署电制热 / 冷、智能电表、智能家电、车辆到电网、燃料电池汽车及加氢站网络，促进终端电气化和智慧化；区域能源市场应开发多种服务模式，促进当地能源社区充分参与，实现能源自主和低成本获取，并确保用户获得最佳的用能体验。

4. 深度融入数字化技术发展多能互补智慧能源系统

深度集成数字化技术，有助于促进能源供应和需求更好地相互作用，实现多能互补综合能源系统的先进规划、运行、保护、控制和自动化。我国正处于“新基建”蓬勃发展时期，通过 ICT、大数据、人工智能、区块链、物联网等技术的发展和相应基础设施建设，可在能源生产和消费侧全面推进系统转型，同时为传统能源行业提供产业升级的新产品、新服务和

新模式，构建包含传统能源物理基础设施和新型数字基础设施的新一代多能互补智慧能源系统。在生产端，应将数字化技术应用于能源供应的预测和决策，促进多种能源资源的稳定接入以及电、热、气等多种能源形式的互补利用，实现能源供应多元化、智慧化。在消费端，通过智能传感、大数据、人工智能等技术，发展用户行为精准预测，结合电动汽车智能充电、储能电池、PtX 等技术调节用户消费行为，灵活配置需求侧资源，通过点对点交易、聚合商等提高用户参与度并降低用能成本，实现更高效、灵活、可靠的能源资源调度和使用。

第9章 颠覆性技术创新前瞻性治理进展与研究

颠覆性技术以快速潜入和替代的方式对传统或主流技术产生革命性影响，引发规则和格局革命性地变迁，对国家安全、社会进步、经济增长和人民福祉具有深刻影响。同时，技术变革带来的不确定性、风险和替代阵痛也引发各界忧虑，对现有技术治理体系提出诸多挑战，促使治理模式从应对型向前瞻性治理转变。在《颠覆性技术创新研究——生命科学领域》中提出了颠覆性技术创新前瞻性治理的核心研究框架，包括促进式保障和引导式监管，共十项核心要素，倡议立足全局视角，开展全面、动态和持续的前瞻性治理。

在前期研究的基础上，研究组持续监测世界主要国家和地区开展技术前瞻性治理的新思路、新方法、新举措和新实践，并选取产业发展保障和风险管理两个核心要素开展深入专题研究，提出颠覆性技术创新前瞻性治理的理念和具体思路，以期为科技决策者、管理者提供参考和借鉴。

9.1 颠覆性技术创新前瞻性治理的全球实践

9.1.1 促进式保障的管理实践

1. 前瞻性部署人工智能、先进材料、航空航天等，从顶层设计层面保障颠覆性技术的快速发展

美国、英国、日本等从顶层设计层面开展颠覆性技术的前瞻性布局和治理。在国家战略部署、发展规划实施、研究制度建设、发展路线图设计等方面纷纷采取相关举措，以人工智能、量子信息、纳米材料、氢能、5G、航空航天等技术作为引领全球技术革命、立足未来产业前沿的

重点发展领域，前瞻性思考未来技术变革所带来的影响，并提出应对方案（表 9-1）。

表 9-1　颠覆性技术战略规划与政策设计（案例）

战略规划与政策	发布时间	发布机构	内容要点
《2019 年国家人工智能研发战略规划》	2019 年 6 月	美国白宫科技政策办公室人工智能特别委员会	自 2016 年奥巴马政府首版规划发布后的第一次更新，旨在指导国家人工智能研发与投资，为改善和利用人工智能系统提供战略框架。规划包括八个重点领域：人工智能研究投资、人机协作开发、人工智能伦理法律与社会影响、人工智能系统的安全性、公共数据集、人工智能评估标准、人工智能研发人员需求、公私伙伴关系
《国防技术框架》《国防创新优先事项》	2019 年 9 月	英国国防部	阐明国防将如何应对未来几年技术变革的步伐，其中，《国防技术框架》规定了国防部对最有可能改变军事能力的技术领域的评估；国防创新优先事项确定了与民政部门的合作可以在哪些方面帮助国防部解决最紧迫的问题
5G+ 战略	2019 年 4 月	韩国科学技术信息通信部	以 5G 商用化为契机，带动 5G 上下游产业发展，并将 5G 全面融入整个国家社会经济当中，使韩国成为引领全球 5G 新产业、领先实现第四次工业革命的国家
"登月" 型研究开发制度	2019 年 3 月	日本综合科学技术创新会议	展望未来社会，面向社会挑战，针对那些虽然困难，但一旦完成就会产生巨大影响力的研究目标（"登月" 目标）展开构想，在从事前沿研究的顶尖研究者的组织指挥下，聚集世界范围内的智慧，以实现研究目标

2. 建立多类型专门管理和研究机构，探索颠覆性技术组织管理新模式

颠覆性技术的发展需要有专门的管理和研究机构，以及柔性、长效、权责清晰的创新管理机制。英国、日本等通过成立专门的基金及管理机构、专业会议及委员会等形式，推动人工智能技术、机器人技术、量子技术、新型精准农业技术、未来飞行技术、能源技术等的发展和进步，消除技术壁垒并加速技术商业化的进程，实现专业化、针对性的颠覆性技术研发管理和激励（表 9-2）。

表 9-2　颠覆性技术组织管理模式创新（案例）

基金或管理机构	成立时间	成立国家	内容要点
产业战略挑战基金	2016 年 11 月	英国	汇集领先的研究和业务部门，应对当今社会和工业的巨大挑战，英国政府承诺在 4 年内增加 47 亿英镑的研究与开发经费，以巩固英国科学和商业的核心支柱
机器人革命实现会议	2014 年 9 月	日本	研究制定研发目标和产业化路线，加速人工智能与机器人技术研发和应用，预测探讨新技术应用为经济社会带来的影响，研究制定相关政策措施等
新产业结构部门会议	2015 年 8 月		
IoT 推进国际财团	2015 年 10 月		
人工智能技术战略会议	2016 年 4 月		

3. 加强研发经费投入，利用租税优惠政策，广泛支持颠覆性技术及战略优先领域的发展

颠覆性技术研发主体既需要经费“开源”，也需要支出“节流”。英国、法国等从宏观层面上主要采取提高研发经费占 GDP 比例、研发税收抵免、基金注资、促进全球合作等方式；从微观层面上面向能源能效、医疗保健机器人、量子技术、新兴精准农业技术、太空技术、空间资源探测技术、海事技术等颠覆性技术和战略优先领域开展广泛支持，经费从数百万英镑到数千万英镑不等，实现研发资源向颠覆性技术创新的倾斜（表 9-3）。

表 9-3　颠覆性技术资源配置强化（案例）

资源配置措施	发布时间	发布机构	内容要点
《国际研究与创新战略》	2019 年 5 月	英国商业、能源与产业战略部	阐述英国如何发展其国际研究和创新合作伙伴关系，以帮助实现现代产业战略的目标。战略中的具体措施涉及全球合作伙伴、一揽子激励措施和财政支持、可持续未来的合作伙伴等
《战略合作伙伴协议》	2019 年 1 月	法国国家投资银行与法国国家科研署	法国国家投资银行与法国国家科研署在法国教研部部长的见证下签署《战略合作伙伴协议》，协同推进对颠覆性技术创新项目的支持。两家资助机构各有分工：法国国家投资银行主要支持企业创新，法国国家科研署主要支持公共研究以及公私合作研究，其战略合作将有效贯通创新链条上下游，为法国的颠覆性技术创新提供有力支持

4. 支持教育、培训及全球合作，储备国家人才并建立全球人才网络

创新驱动的实质是人才驱动，人才是颠覆性技术创新的核心。英国等国家在人才资源优化方面开展诸多实践，对内采取完善技术教育体系、增加教育投资、增加技术对口学位、建立国家再培训计划等措施，对外着力构建全球人才网络，支持其想法和个人发展（表 9-4）。

表 9-4 颠覆性技术人才资源优化（案例）

人才资源优化措施	发布时间	发布机构	内容要点
《产业战略：建设适应未来的英国》白皮书	2017 年 11 月	英国商业、能源与产业战略部	白皮书中“人才”关键措施提到：建立与世界一流大学相匹配的技术教育体系，与世界一流的高等教育体系并肩作战；在数学、数字和技术教育方面再投资 4.06 亿英镑，以帮助解决科学、技术、工程和数学（STEM）技能的短缺；建立新的国家再培训计划，将为民众接受再培训提供制度保障。政府首批拨款 6400 万英镑，用以培养数字与建筑人才
新增博士学位	2019 年 10 月	英国商业、能源与产业战略部等多部门	英国宣布投入 3.7 亿英镑，为生物科学和人工智能领域提供 2700 个新的博士学位
《国际研究与创新战略》	2019 年 5 月	英国商业、能源与产业战略部	战略中的第二项具体措施为联系研究人员和企业家，支持他们的想法和个人发展，建立全球人才网络

5. 巩固基础设施建设，为颠覆性技术试验及推广提供基础保障

科技基础设施是实现科学技术创新升级、颠覆性技术研发突破的重要基础保障。英国、法国等国家通过持续性的资金投入，推动交通、住房、数字、试验、群智汇聚基础设施的建设，保障颠覆性技术的试验及测试，补贴和推动相关产业的快速发展（表 9-5）。

表 9-5 颠覆性技术科研基础设施建设（案例）

基础设施建设措施	发布时间	发布机构	内容要点
《产业战略：建设适应未来的英国》白皮书	2017 年 11 月	英国商业、能源与产业战略部	白皮书中“基础设施”关键措施提到：将国家生产力投资基金增加到 310 亿英镑，以加强对交通、住房和数字基础设施的支持；通过 4 亿英镑的充电基础设施投资以及额外的 1 亿英镑扩展插电式汽车补贴来支持电动汽车；通过超过 10 亿英镑的公共投资来增强数字基础设施，其中 1.75 亿英镑用于 5G，2 亿英镑用于本地，以鼓励全光纤网络的推出

续表

基础设施建设措施	发布时间	发布机构	内容要点
《第 4 次科学馆培育基本计划》（2019 ～ 2023 年）	2019 年 3 月	韩国科学技术信息通信部	通过加强与国民交流的科技文化平台功能，建设以全体国民的创意源泉开启未来的科学馆。该计划包括四大战略：通过基础设施建设加强全国科学馆功能；增加创造性的优质科学文化内容；培养与提升科学馆专业人员能力；加强合作并完善法规

6. 支持创新型企业孵化，把握产业科技变革的重大机遇

企业作为科技创新的重要主体，在颠覆性技术创新中的地位尤其重要，是技术研发走向产业应用的关键环节。英国等国家通过加强政府 - 产业合作伙伴关系、投资孵化创新型和高潜力业务、评估中小企业生产率增长措施等方法，支持中小型创新企业孵化和长足发展，使其把握未来科技变革的重大机遇（表 9-6）。

表 9-6　颠覆性技术产业发展保障（案例）

产业发展保障措施	发布时间	发布机构	内容要点
《产业战略：建设适应未来的英国》白皮书	2017 年 11 月	英国商业、能源与产业战略部	白皮书中“商业环境”关键措施提到：发起和推动领域行动，促进政府和行业之间的伙伴关系，旨在提高领域生产率，首批领域行动涉及生命科学、建筑、人工智能和汽车领域；推动超过 200 亿英镑的投资，以用于创新和高潜力业务，包括建立新的 25 亿英镑的投资基金，该基金将在英国商业银行孵化；对可能最有效地提高中小企业生产率和增长的行动进行审查，包括如何解决生产力低下企业的“长尾巴”
产业投资	2019 年 9 月	英国商业、能源与产业战略部	英国政府宣布进行 9800 万英镑的投资，使英国研究人员和小型企业都能抓住未来科学、创新和行业中的巨大机遇

9.1.2　引导式监管实践

1. 强化治理主体颠覆性技术风险管理意识，提升风险管理技能

面对颠覆性技术可能带来的国家安全、经济发展和社会风险等问题，英国等通过发布战略框架、指南建议、评估工具等方式，提高利益相关者和从业人员的事前风险评估管理意识，加强其风险管理技能（表 9-7）。

表 9-7　颠覆性技术风险管理（案例）

风险管理措施	发布时间	发布机构	内容要点
《先进核技术战略》	2019 年 7 月	英国商业、能源与产业战略部	旨在获取技术最大效益的同时，评估并降低其潜在伤害和风险
《英国反无人机战略》	2019 年 10 月	英国内政部	
《智能安全工具指南》	2019 年 4 月	英国国家网络安全中心	可用于评估智能工具的网络安全性。该指南从确定需求、处理数据、可用技能和资源、充分利用人工智能等方面提出了一系列的问题，可帮助使用者确定“智能”解决方案是否会给自己带来安全方面的净收益

2. 多元共治背景下，审视现有治理规范，培育传统行业转型发展新动能

公共政策治理是实现颠覆性技术负面效应最小化的有力保障，涉及公众参与、公正公平、多元共治、转型升级、公私及全球合作等多个方面。美国、英国等政府在其行政命令和战略规划中多次提及公民自由、隐私安全、国际合作等问题，并给出相应指导原则和解决方案，以期充分发挥技术潜力（表 9-8）。

表 9-8　颠覆性技术公共政策治理（案例）

公共政策治理措施	发布时间	发布机构	内容要点
“维护美国人工智能领导地位”行政命令	2019 年 2 月	美国总统行政命令	命令强调：在促进创新和技术进步的同时，应培养公众对人工智能技术的信任与信心，保护公民的自由、隐私以及价值观，充分发挥人工智能技术的潜力。具体措施包括通过设计提高公平、透明度和问责制；建立道德人工智能；设计符合伦理道德的人工智能体系
能源治理规范变革的社会咨询	2019 年 7 月	英国商业、能源与产业战略部	英国面向社会开展能源治理规范变革的咨询。现有的能源治理规范存在分散、缺乏协调、缺乏变革激励措施、复杂等问题，不适应当下的能源治理，因而面向外界开展能源治理规范变革的咨询工作，希望建立易于理解、具有前瞻性、灵活、符合政府能源愿景的能源治理新规范

3. 加强框架指南制定及国际合作，研究建立道德、伦理、法律的共识

颠覆性技术日益广泛的应用对社会文化产生变革性的影响，其隐私、安全、开放、社会价值等伦理问题也相应地增加，也给法律监管带来新的挑战。美国、英国、欧盟、韩国等纷纷制定了多项伦理准则规范和伦理方案，并从法律风险分析到法律空白审查，再到新法律的研究制定，纷纷开展颠覆性技术的法律规制实践（表 9-9）。

表 9-9 颠覆性技术伦理和法律治理（案例）

伦理和法律治理措施	发布时间	发布机构	内容要点
人工智能伦理准则	2019 年 4 月	欧盟委员会	旨在提升人们对人工智能产业的信任。欧盟委员会同时宣布启动人工智能伦理准则的试行阶段，邀请工商企业、研究机构和政府机构对该准则进行测试
数据伦理框架	2019 年 8 月	英国数字、文化、媒体和体育部	指导政府及公共部门合理且负责任地使用数据，框架提出了五项具体行动：定义和理解公共利益和用户需求、促进多元化/多学科的专家参与、知悉并遵守相关法律和行为准则、审查数据的质量和局限性、评估更广泛的政策影响
《未来交通》预见报告	2019 年 1 月	英国政府科学办公室	该报告指导交通部的工作，通过建立灵活的监管框架，鼓励形成新的运输方式和新的商业模式。报告中提到已经审查 4 个相关领域的监管措施，包括零排放车辆、自动驾驶车辆、无人机和未来飞行以及海事自治。除此之外，还将在其他领域进行审查
加密货币制度化和相关税收方案	2019 年 10 月	韩国总统直属第四次工业革命委员会	委员会敦促政府尽快制定与加密货币制度化相关的税收方案。并表示，政府应意识到区块链是必然趋势，尽快确定给予基于区块链的加密货币法律地位

9.1.3 典型治理案例解析

从人工智能到生物技术等新兴技术突破预示着第四次工业革命正在迫近，它将重塑每个国家的几乎所有部门，因此需要推动监管改革以支持创新。而有关数据统计表明，英国只有 29% 的企业认为政府监管有助于创新产品和服务进入市场，如监管机构未能在 2 ～ 3 年内跟上颠覆性变化的步伐，92% 的企业会感受到负面影响。在此背景下，2019 年 6 月，英国政府出台《第四次工业革命的监管政策白皮书》（以下简称“白皮书”），阐述英

国在这一快速技术变革时期维持世界领先监管体系的计划，是其进入第四次工业革命时保持世界领先监管环境的长期战略。

白皮书面向第四次工业革命的监管提出了六项承诺，即面向未来、关注结果、支持实验、改善咨询访问、建立对话、引领世界，以此为基础制定相应监管计划和措施，总结归纳如下。

1. 必要的体制和机制创新

建立监管地平线委员会，确定技术创新的影响，并向政府建议需要进行哪些监管改革来支持快速、安全地推出创新成果。委员会向政府定期提交创新情况报告，并就监管改革的优先事项提出建议。委员会与泛监管环境相契合，和数据伦理与创新中心等专业机构互补，就如何推进监管改革提出详细的专家建议。

建立对话机制，与社会和行业就如何监管技术创新建立对话，并让创新者对相关监管方法充满信心。同时，要求监管地平线委员会确定更多公众参与创新监管的优先事项。例如，在技术构成复杂的情况下，更多的公众参与可能会促使政府形成对更加合理监管框架的思考。此外，政府部门和监管机构将继续引导公众参与政策制定。

2. 先进的监管理念和思想

建立以结果为中心、灵活的监管体系，并更好地使用监管指导、行为准则和行业标准进行补充立法，使创新能够在保护公民和环境的同时实现蓬勃发展。以结果为中心的“技术中立”立法着重于实现公民和环境期望的“现实世界”结果。它使得企业能够以灵活的、最有效的合规方式实现这些结果，并降低消费者成本。它使企业可以更自由地尝试新的想法、技术、商业模式和实践。它可以鼓励企业更加谨慎地思考如何最好地实现监管目标，而不是机械地遵循监管机构制定的规则。

3. 可靠的监管技术和措施

在监管下开展广泛实验和测试，支持和激励新技术的突破。英国在金融科技方面提出的“监管沙箱”，就是被全球很多国家广泛效仿的先进监管形式。所谓“监管沙箱”，就是通过提供一个缩小版的真实市场和宽松版的监管环境，在保障消费者权益的前提下，鼓励金融科技初创企业对创新的产品、服务、商业模式和交付机制进行大胆操作。采用“沙箱”测试，不仅能够让监管机构较为清晰地看待监管制度与创新的辩证关系，及时发现市场过度行为以及因限制创新而有损消费者长远利益的监管规定，并在第一时间进行调整，使得适度监管、包容监管等创新监管精神“开花结果”。

改善监管政策的咨询访问，支持创新主体在监管环境中发挥积极作用，并就其创新主张获得及时、全面的反馈。企业家和创新型企业应该能够轻松地在英国的监管环境中找到适合自己的监管方式，并获得关于其新颖主张的及时、全面的反馈。英国在生命科学领域中发挥了主导作用，在医药科学研究、医疗保健和商业方面具有优势。为了支持这些创新进入市场，药品和保健品管理局（MHRA）创新办公室提供了关于创新药物、医疗设备或制造工艺开发的监管建议咨询途径。该服务自 2013 年开通以来越来越受欢迎，2018 年共接受了 190 次咨询。该服务有助于那些从事创新研究的人员能够清楚地了解监管信息。

建立数字监管导航器，以帮助企业了解监管环境，并在适当的时间与监管机构就其提案进行沟通。英国确保使数字监管导航器与行业领域相结合，以增强政府在税收、贸易和投资等领域业务服务的数字化水平。

4. 广泛的国际合作与监督

与全球伙伴合作，减少创新产品和服务贸易的监管障碍，使英国成为第四次工业革命监管的全球领导者。

与志同道合的国际合作伙伴开展合作，通过采用国际标准、互认协议和自由贸易协定等机制，减少贸易监管壁垒。金融行为监管局已通过 2018 年创建的全球金融创新网络带头开展国际合作，包括澳大利亚证券和投资委员、新加坡金融管理局等共 29 个组织。该网络已试行一种跨境测试平台，允许公司同时在多个司法管辖区试验和推广新技术，实时了解产品或服务在市场中的运作模式。

继续发挥英国在标准方面的全球领导力。英国标准协会为智能城市制定了一系列突破性的标准，已传播到全球 60 多个国家，被作为国际标准采用。国际上对智慧城市标准的认可有助于提高英国在先进城市服务方面的声誉，以英国的良好实践塑造全球市场。

9.2 前瞻性治理风险管理与产业发展保障模式研究

9.2.1 风险管理

世界经济论坛管理委员会成员、第四次工业革命中心主任穆拉特·松梅兹（Murat Snmez）认为，“所有机构都必须通过正确的政策、规划与合作方式，让技术革新为人类构建更美好的未来，同时避免技术泛滥带来的风险”。颠覆性技术创新作为一项高度系统复杂、变革效应明显的活动，在促进社会进步、经济增长和人类福祉的同时，可能会伴随着技术安全降低、传统产业淘汰、人员失业等风险。然而，人类对事物的认识发展具有历史性、阶段性的局限。2017 年度卓越风险管理调查报告第十四期《颠覆性技术风险管理提上日程》[1] 显示，企业对颠覆性技术使用的认知严重滞后于技术实际使用情况，对颠覆性技术风险评估不足，建议将颠覆性技术风险评估纳入企业全面风险管理中。由此可见，颠覆性技术创新亟须前瞻性的风险管理。

因此，在梳理世界主要国家颠覆性技术风险管理实践和案例的基础上，结合风险管理相关理论方法，分别从风险识别、风险评估、风险应对和控制三个方面阐述颠覆性技术风险管理的理念和思路，以期为相关技术治理主体提供参考和启发。

9.2.1.1 风险识别

风险识别是指利用感知、判断或归类等方式对现实的和潜在的风险因素、风险事件及其发生环境和条件进行鉴别的过程，是风险管理的第一步，也是风险管理的基础。只有持续预测潜在颠覆性技术对象、准确识别颠覆性技术创新风险，方能开展针对性的技术风险评估，实现精准合理风险应对和控制。

[1] Marsh & McLennan Companics. 颠覆性技术风险管理提上日程 . file:///C:/Users/zxc/AppData/Local/Temp/MicrosoftEdgeDownloads/9ee0245a-ac8e-426d-bd87-3ec0212f8601/Excellence%20in%20Risk%20Management%20XIV%202017-zh-cn.pdf.

1. 开展颠覆性技术持续性预测，评估技术颠覆潜力，预见技术研发和应用前景

明确潜在颠覆性技术对象及技术颠覆潜力，预见其研发和应用前景，是颠覆性技术风险识别的基础和前提，是开展针对性、个性化技术风险管理的重要环节。历史表明，许多新兴或前沿技术并未产生预期的颠覆性影响。例如，由于技术不成熟和市场需求低迷等原因，人工智能在 20 世纪 60 ～ 70 年代和 80 ～ 90 年代经历了两次寒冬期，技术发展进入低谷。因此，开展颠覆性技术的预测，不仅要预测技术本身，也要预见技术研发和应用的前景。一方面，建立颠覆性技术持续性预测模型和系统，坚持持续性、开放性、易用性和减少偏见的原则，实现分析数据多元化、分析工具多元化、预测方法多元化、预测团队多元化，同时预测系统应具有广泛且可靠的外部环境支持，可输出直观易懂的颠覆性技术预测结果。另一方面，在明确潜在颠覆性技术对象之后，应对其可行性及实现周期、研发成本、投资机会、应用领域、市场需求、社会政治等多方面因素进行综合考量和预判，评估技术的发展前景和颠覆性潜力。综合上述两方面的预测结果，再开展颠覆性技术的风险识别和管理。

2019 年 11 月，日本科技政策研究所（NISTEP）发布了《第 11 次科技预测调查综合报告》[1]，此次调查以 2040 年为目标，绘制了“科学技术发展下社会的未来图景”，为制定科技创新相关的国家战略和下一期科学技术基本计划作出了贡献。此次技术预见综合了地平线扫描、社会未来愿景研究、基于德尔菲调查的科技未来愿景研究（技术选择）、社会未来图景研究等多个步骤和多元化的方法，最终选择了 7 个最主要的技术方向，重要性较高的五大领域分布在健康・医疗・生命科学领域、信息与通信技术・分析・服务领域、材料・设备・工艺领域、城市・土木・建筑・交通领域、宇宙・地球・海洋・基础科学领域。

北约科技组织（NATO Science & Technology Organization）于 2020 年

[1] 文部科学省科学技術・学術政策研究所（NISTEP、所長：磯谷桂介）. 第 11 回科学技術予測調査 S&T Foresight 2019 総合報告書［NISTEP Report No.183］の公表について. https：//www.nistep.go.jp/archives/42863.

5 月 发 布《科 技 趋 势：2020-2040》（*Science & Technology Trends 2020-2040*）[1]，分析评估未来20年在大数据、人工智能、自主技术、空间技术、高超音速、量子信息、生物技术、材料技术等 8 个领域的新兴与颠覆性技术发展趋势及其潜在影响，以增强北约科技组织决策者对科技发展影响军事能力的理解。

2. 立足技术研发及应用全过程，融合多元主体和多维方法，识别颠覆性技术创新风险

颠覆性技术创新风险识别旨在全面梳理风险因素（风险源），综合研判潜在的风险事件及其发生条件，为损失评估奠定基础。风险因素是引起或增加风险事件发生的机会或放大损失程度的条件，它是客观存在、难以避免的，是损失产生的间接原因，而风险因素导致的风险事件则是损失产生的直接原因。举例来看，人工智能算法和模型构建需要有大量的训练数据，因而这些数据的安全存储和隐私保护就是风险因素。当发生数据泄露或被盗取等风险事件时，会带来一系列隐私泄露或违法犯罪案件，造成人身伤害或财产损失。

颠覆性技术的风险因素主要分为内部风险因素和外部风险因素。内部风险因素是颠覆性技术本身的不确定性所致损失可能性，常见内部风险因素包括技术水平不成熟、技术机理不明确、技术实现不可行等。例如，基因编辑技术的脱靶效应可能带来未知的严重后果、核聚变反应堆的安全隐患等。外部风险因素是技术产生的颠覆性效应与已有事物和现有秩序相违背所致损失可能性，包括对现有社会秩序、产业经济、伦理准则、法律框架等冲击和变革引发的负面影响，如产业淘汰、人员失业、法律空白等。

颠覆性技术创新是一个复杂、系统且涉及多个创新单元的技术发展和应用过程，因而其风险识别也是一项烦琐且细致的工作。识别颠覆性技术创新的风险，需要关注从科学原理设计到技术原理设计、从技术方案实施到颠覆性技术创新产品产出和应用的全过程各个环节。首先，应将颠覆性

[1] NATO Science & Technology Organization. Science & Technology Trends 2020-2040. https://www.nato.int/nato_static_fl2014/assets/pdf/2020/4/pdf/190422-ST_Tech_Trends_Report_2020-2040.pdf.

技术利益相关主体纳入风险识别的工作中，包括政府机构、企业与生产商、高校与科研机构、社会公众等，整合不同主体对颠覆性技术决策管理、投资收益、知识产权、科技落后、发展应用等风险的识别目标，协调各目标间的差异，保障颠覆性技术风险识别的全面性和合理性。其次，应充分借助相关分析方法和工具，如访谈法、问卷调查法、头脑风暴法、德尔菲法、系统动力学模型、风险清单法等，从技术内部和外部风险因素出发开展识别工作，明确风险和损失的诱因。最后，分析和预判与上述风险因素相对应的、可能发生的风险事件，假设出风险事件的发生环境和条件，为风险评估和应对提供目标和输入。

2019 年 10 月，英国内政部发布《英国反无人机战略》（UK Counter-Unmanned Aircraft Strategy）[1]，旨在减少对无人机的恶意或非法使用，减轻对英国国家安全和关键国家基础设施的威胁。在无人机风险识别方面，英国拟采取的措施包括：①整合跨政府部门专业知识，确保对各种风险有清晰的认识；②利用英国执法和情报机构以及国际合作伙伴获取广泛信息，了解恶意或非法使用无人机的意图；③引入新的国家标准，规范安全事件的记录和报告模式，加强对无人机非法使用规模的认识；④加强英国政策制定者 / 监管机构与无人机组件 / 售后市场产品的制造商的沟通交流，了解相关组件用于非法目的的潜在途径。在无人机风险持续跟踪方面，英国拟采取的措施包括：①广泛利用情报界以及科技合作伙伴（如政府首席科学顾问、行业及学术界专家学者）资源；②与无人机制造商保持沟通联系，了解无人机技术的发展趋势以及潜在的非法使用路径；③开展广泛的行业合作（无人机以外的行业），了解无人机在其行业内的商业应用计划，评估和解决潜在的威胁漏洞。

9.2.1.2　风险评估

风险评估是风险管理中的量化环节，计算风险事件的发生概率和所致损失程度，评估整体风险水平，定位关键风险。通过构建颠覆性技术风险

[1] Home Office. UK Counter-Unmanned Aircraft Strategy. https://www.gov.uk/government/publications/uk-counter-unmanned-aircraft-strategy.

评估体系和分级策略，实现技术风险应对和控制的因类施策。

1. 建立颠覆性技术风险评估体系，综合评价风险事件的发生概率和所致损失程度

在技术风险识别分析的基础上，构建颠覆性技术风险评估体系，采用合理的指标因子和评估方法，评价风险事件的发生概率和所致损失程度。一方面，应从风险事件发生可能性、预期发生时间、所致损失程度等维度构建风险评价指标因子，考虑到颠覆性技术的研发复杂性和变革性效应，可从技术不确定性所致损失和技术颠覆已有秩序所致损失两个角度开展损失程度的评价。另一方面，应融合多种规范方法开展颠覆性技术风险事件发生概率和所致损失程度的定量评估计算，常用方法包括层次分析法、故障树分析法、决策树法、人工神经网络、事件序列图、贝叶斯方法、模糊综合评价方法等。

2019年4月，英国国家网络安全中心发布了智能安全工具指南[1]，旨在评估智能工具的网络安全性。该指南对智能安全工具的考虑分为四个部分，即确定需求、处理数据、发现可用技能和资源、充分利用人工智能，在每个部分都提出了一系列问题，这些问题将帮助人工智能用户确定智能解决方案是否对自身特定安全需求切实可行并具有优势。

2. 建立颠覆性技术风险分级策略，评估技术整体风险水平，定位关键风险

对颠覆性技术的风险进行分级，评估技术整体风险水平和关键风险，将直接为风险应对控制策略提供参考。建立风险分级策略，一方面，需明确颠覆性技术风险分级准则，基于风险事件的评估计算结果，依据阈值或对比排序可分为重大风险、较大风险、一般风险和低风险，辅助定位技术关键风险；另一方面，需构建颠覆性技术风险矩阵，从可能性、紧迫性和严重性三个维度定位风险事件所处位置，评估发展某项颠覆性技术面临的整体风险水平。

[1] NCSC. Getting the Most from Artificial Intelligence. https://www.ncsc.gov.uk/collection/intelligent-security-tools/getting-the-most-from-artificial-intelligence.

9.2.1.3　风险应对和控制

风险应对和控制是风险管理中的最终执行环节，在相应原则的指导下，通过制定方案，并开展实施和跟踪评估，形成建制化、动态性的颠覆性技术应对和控制体系。

1. 确立前瞻、主动、全面、先进的风险应对控制原则，保障颠覆性技术健康持续发展

对于颠覆性技术，应首先予以激励促进和发展保障，同时也要兼顾前瞻、主动、全面、先进的风险应对和控制。其中，前瞻性和主动性主要体现在对潜在技术风险采取预防性风险应对和控制策略，并主动实施和跟进，而非亡羊补牢或事后被动补救；全面性指不仅要应对技术本身不确定性造成的风险，也要疏解技术颠覆已有秩序引发的结构性阵痛；先进性则是指借助大数据、云计算、人工智能等先进理念和手段，赋能实时、高效、精准的颠覆性技术风险应对和控制。

2. 构建完善的颠覆性技术风险应对和控制体系，因类施策处置技术风险

风险识别和评估的最终目的是服务于风险应对和控制，构建完善的颠覆性技术风险应对和控制体系，依据风险的可能性、紧迫性和严重性，因类施策处置技术风险。首先，在广泛参与和讨论的基础上，建立完善的风险应对控制方案，明确实施主体和切入时机，按照风险类别和所致损失程度的大小，分别制定风险规避、风险降低、风险转移和风险接受的应对控制方案和详细措施；其次，按照所制定的风险应对控制方案和措施开展风险处置工作，同时应赋予实施主体相应的处置权力、处置方法和工具支撑；最后，建立相应的绩效指标，针对风险应对和控制效果开展定期审查和跟踪评估，并在必要时更新方案及相应措施，确保颠覆性技术风险应对和控制的合理性和科学性。

9.2.2　产业发展保障

颠覆性技术产业发展保障旨在营造良好的颠覆性技术产业研发环境，

扩大颠覆性技术创新产品的推广和应用渠道，同时，也应缓解技术创新扩散带来的颠覆性效应以及随之产生的产业替代和转型阵痛。颠覆性技术创新需要有政府主导、行业多主体参与的前瞻性产业发展保障布局和措施，政府的政策工具与行业的协同机制应双管齐下、互为补充，共同促进颠覆性技术的健康持续发展。

本节在梳理世界主要国家颠覆性技术产业发展保障措施及案例的基础上，从政府视角和行业视角分别阐述颠覆性技术产业发展保障的理念和思路，以期为相关技术治理主体提供参考和启发。

1. 积极实施具有针对性、包容性的产业技术政策，发挥企业创新主体优势，建立开放、动态的颠覆性技术产业研发环境

以人工智能、量子信息技术、可控核聚变等为代表的颠覆性技术拥有强大的经济带动性，对经济社会发展全方位都具有巨大价值，然而，颠覆性技术研发作为一项复杂的系统性工程，单方面的市场资源投入难以形成引发产业变革的创新成果，因而需要政府的持续引导、促进和干预。一方面，在市场需求不断扩展、生存竞争逐步加剧的双重压力下，企业已成为颠覆性技术创新的重要主体，针对其研发需求，政府应推动财政支持、金融促进、租税优惠、法规保障、应用普及等产业技术政策工具和资源向研发型企业适当倾斜，充分发挥企业技术创新主体优势。另一方面，颠覆性技术具有研发周期长、风险大、短期效果不明显等特点，而企业往往致力于追逐短期利益最大化，且中小型企业抗风险能力差，难以开展持续深入的创新研究，不利于形成重大的颠覆性技术创新成果，因此产业技术政策应具有较强的开放性和包容性，建立积极容错、长期动态的产业技术研发环境。

2017 年 11 月，英国政府发布《产业战略：建设适应未来的英国》白皮书[1]，提出产业发展新战略以促进经济发展，应对“脱欧”挑战。白皮书明确了未来英国引领全球技术革命、立足未来产业前沿的四项重大挑

[1] HM Government. Industrial Strategy：Building a Britain fit for the future. https://assets.publishing.service.gov.uk/government/uploads/system/uploads/attachment_data/file/664563/industrial-strategy-white-paper-web-ready-version.pdf.

战——人工智能与数据驱动型经济、基础设施、清洁经济和未来流动性，并针对这四项重大挑战制定了相关发展政策。随后，航天[1]、人工智能[2]、汽车[3]、建筑[4]、生命科学[5]、核能[6]等 10 个领域的具体行动计划陆续发布。

2019 年 3 月，韩国产业通商资源部制定《第 7 次产业技术创新计划》（2019～2023 年）[7]，确定 2019～2023 年产业技术研发的中长期政策目标、投资计划以及系统运作方向。该计划重点推进四大发展战略，包括：加强战略性投资，提升产业全球竞争力；建立技术开发体系，引领产业创新；建设产业技术基础，优化国家创新体系；构建研发成果转化支撑体系，使成果迅速进入市场。

2. 发挥政府财政的引导作用，建立合理的技术创新金融支持体系，强化租税优惠政策，给予颠覆性技术产业研发持续的财政金融支持

加强政府财政的先期投入和支持，营造可信、稳定的产业研发环境。颠覆性技术创新研发过程复杂且历时漫长，具有高风险性和不确定性，而企业技术创新资金来源单一，以自有资金为主，难以抵御研发失败或长期套牢的风险。因此，在颠覆性技术研发初期、应用场景不明确时，应以政府财政的先期投入为主，充分发挥其引导作用，营造可信、稳定的产业研发环境。2019 年 1 月，法国国家投资银行与法国国家科研署在法国教研部

[1] Department for Transport and Department for Business, Energy & Industrial Strategy, Aerospace: Sector Deal. https://www.gov.uk/government/publications/aerospace-sector-deal.

[2] Department for Business: Energy & Industrial Strategy and Department for Digital: Culture, Media & Sport, Artificial Intelligence Sector Deal. https://www.gov.uk/government/publications/artificial-intelligence-sector-deal.

[3] Department for Business, Energy & Industrial Strategy, Automotive Sector Deal. https://www.gov.uk/government/publications/automotive-sector-deal.

[4] Department for Business, Energy & Industrial Strategy, Construction Sector Deal. https://www.gov.uk/government/publications/construction-sector-deal

[5] Department for Business, Energy & Industrial Strategy, Office for Life Sciences, and Life Sciences Organisation. https://www.gov.uk/government/publications/life-sciences-sector-deal.

[6] Department for Business: Energy & Industrial Strategy, Nuclear Sector Deal. https://www.gov.uk/government/publications/nuclear-sector-deal.

[7] 제 7 차 산업기술혁신계획（'19～'23) 요약본 . https://www.motie.go.kr/common/download.do?fid=bbs&bbs_cd_n=6&bbs_seq_n=65482&file_seq_n=1.

部长的见证下签署《战略合作伙伴协议》[1]，协同推进对颠覆性技术创新项目的支持。两家资助机构各有分工：法国国家投资银行主要支持企业创新，法国国家科研署主要支持公共研究以及公私合作研究，其战略合作有效贯通创新链条上下游，为法国的颠覆性技术创新提供了有力支持。

建立合理的金融支持体系，营造全链条、多元化的金融支持环境。颠覆性技术创新不仅需要政府财政的先期投入，还需要企业和社会多渠道的金融支持。因此，应建立合理的、适用于颠覆性技术创新的金融支持体系，实现全链条、多元化的技术创新金融支持。具体地，发挥金融市场作为社会信息中心的功能，实现具有颠覆性潜力技术创新的早期甄别；利用基金、风投、信贷、融资等多种资金筹集手段，保障颠覆性技术创新获得持续、充足的资金支持；发挥基金组织、投资公司、债权人、股东等角色的技术治理主体作用，监控颠覆性技术创新全过程，防范潜在的技术研发和产品应用风险；以多经济主体参与的方式分散颠覆性技术无法实现、产品难以推广等创新失败风险，增强研发型企业的抗风险能力。

强化租税优惠政策，构建全方位租税优惠体系，营造普惠、降负的产业生存环境。除资金开源外，企业还需要更大力度的租税优惠实现资金节流。构建全方位的租税优惠体系，通过减税降负、投资抵减、孵化基地、研发激励等措施，引领颠覆性技术创新企业充分发挥研发主体作用，营造普惠、降负的产业生存环境。英国《产业战略：建设适应未来的英国》白皮书[2]中提出，改善英国的税收体系以支持创新，从2018年1月起，政府把大型企业研发支出抵扣比例从11%提升到12%。此外，英国政府还引入新的“先进清关服务”，为研发支出退税提供便利，以推动企业投资决策。政府还同企业一道，确保企业能从研发税收优惠政策中受益。

---

[1] MERSI. La recherche source d’innovations de rupture: Bpifrance et l’Agence nationale de la recherche signent un partenariat stratégique. http://www.enseignementsup-recherche.gouv.fr/cid138161/partenariat-strategique-entre-bpifrance-et-l-a.n.r.-sur-la-recherche-source-d-innovations-de-rupture.html.

[2] HM Government. Industrial Strategy: Building a Britain Fit for the Future. https://assets.publishing.service.gov.uk/government/uploads/system/uploads/attachment_data/file/664563/industrial-strategy-white-paper-web-ready-version.pdf.

3. 探索建立新时代知识产权制度，加快新技术标准体系建设，提升颠覆性技术研发活力，促进创新突破和产业转化

探索建立新时代知识产权制度，提升颠覆性技术创新活力。当前世界各国的知识产权制度仍主要以电气时代知识产权国际公约为基础[1]，呈现出不适应变革需求的滞后性。信息、生命和能源等领域的一些颠覆性方向正催生出新技术和新业态，也对当下的知识产权制度提出了新需求和新挑战，如大数据的知识产权归属和隐私问题、人工智能所著内容的版权保护问题、胚胎干细胞技术的可专利性问题等，因此需要探索建立新时代的知识产权制度。首先，建立多治理主体参与的知识产权制度协同设计机制，有关政府部门应与行业协会或技术共同体保持密切联系，积极了解领域前沿技术动态，掌握新技术可能带来的知识产权问题，协调企业、高校、科研机构等各方的利益诉求，协商知识产权管理和保护问题；其次，前瞻性预判颠覆性技术可能带来的知识产权新问题和新需求，加强个性化、特色化的知识产权战略研究和设计；最后，利用颠覆性技术赋能知识产权运营服务，例如，利用人工智能技术提高知识产权审查效率和质量，高效利用海量知识产权信息，降低知识产权保护与运用成本。

加快技术创新标准化建设，引领颠覆性技术创新突破和产业转化。标准化水平是国家经济社会发展水平的重要标志，是创新发展的引领和推动力量。目前，中国已经基本形成覆盖第一、第二、第三产业和社会事业各领域的标准体系。然而，对标国际先进水平，中国标准化工作仍需加快推进[2]。颠覆性技术创新作为建设世界科技强国的重要战略路径，有着浓厚的“辟蹊径”意味，即另辟蹊径、开拓新路。恰逢我国在人工智能、量子信息技术等颠覆性技术方向上具有一定先发优势，如若能抓住这一机遇，制定颠覆性技术创新标准，将使我国占据科技创新的“蹊径”，引领全球颠覆性技术创新突破和产业转化。加快技术创新标准化建设，一方面，应开展持

[1] 尹锋林，肖尤丹．以人工智能为基础的新科技革命对知识产权制度的挑战与机遇．科学与社会，2018，8(4)：23-33.

[2] 半月谈．以标准化引领创新发展：中国标准走向世界．http://www.chinanews.com/business/2017/07-20/8282608.shtml[2017-07-20].

续的标准化战略研究，加强企业创新主体的标准化意识，积极参与和主导国际标准的制定；另一方面，培育发展标准化服务业，引进和培养标准化服务人才，建立完善的标准化服务机制，致力于提升我国标准化水平。

4. 完善并强化实施政府采购制度，加强面向社会和公众的宣传推广，建立颠覆性技术创新产品的顺畅供销渠道，推动技术创新的转化

完善并强化实施政府采购制度，给予颠覆性技术创新转化的第一推动力。政府支持颠覆性技术创新，除了财政金融支持、租税优惠、知识产权等供给侧措施外，还可从需求侧入手，带动创新产品的需求和销售。颠覆性技术创新产品往往从新市场切入，在上市早期很难有迫切的用户需求和成规模的商用市场，此时政府采购将发挥至关重要的作用。美国经济史的研究表明，美国计算机、喷气式发动机、半导体和互联网等几乎所有颠覆性技术创新的产品试用机会和初始市场都是由美国政府通过包括国防订货在内的政府采购提供的[1]。因此，需要完善并强化实施政府采购制度，给予颠覆性技术创新转化的第一推动力。一方面，明确我国需重点关注和建设的颠覆性技术领域和行业，建立政府采购白名单，制定激励政府部门采购颠覆性技术创新产品的优惠政策，如优惠采购、优先采购、唯一采购、配额采购、固定比例采购等措施；另一方面，完善政府采购的相关配套措施，充分利用大数据、云计算、人工智能等先进信息技术，为政府采购创新产品提供高效易用的平台工具，同时建立创新产品采购的实时跟踪评价机制，保障采购部门与创新产品供应商间的良好互动反馈。

加强面向社会和公众的宣传推广，推动颠覆性技术创新产品的顺畅供销。除公共部门外，私营机构和普通公众也是颠覆性技术创新产品的重要潜在需求方。加强面向社会和公众的宣传推广，保障其在技术原理、产品特性、功能实现、使用方法等方面获取详细全面的信息。此外，充分保障社会和公众消费者的权益，建立完善的售后渠道，消除消费者的疑虑和担忧，推动颠覆性技术创新产品的顺畅供销。

[1] 贾根良．政府采购：美国技术创新最强大的政策工具．https://www.sohu.com/a/313912147_425345[2019-05-14].

5. 预判颠覆性技术创新对社会经济的变革效应，积极引导在位企业转型升级，实施社会再培训计划，培育创新发展的新动能

积极引导在位企业转型升级，培育企业创新发展的新动能。颠覆性技术创新在带来社会经济增长的同时，也会给经济体系和市场环境带来重大变化，以往稳定、可预测的商业环境将不复存在，在位企业可能会在变革浪潮中承受较大冲击，传统行业将迎来一系列的调整阵痛。因而，需要政府积极引导在位企业转型升级。首先，在颠覆性技术及其变革效应预见的基础上，梳理明确可能被颠覆的传统行业和在位企业，建立待转型升级的行业企业清单；其次，开展调查评估，深入了解传统行业和在位企业在应对颠覆性技术创新时的对策和未来战略，包括企业发展方向、应对颠覆性技术创新的措施及效果、期望得到的支持等；最后，建立颠覆性技术创新发展公共服务平台，为传统行业和在位企业提供咨询、培训和科研支持等服务，指导其实施技术竞争、技术转型或应用转型等应对路径。

实施社会再培训计划，促使劳动力获得适应新常态的职业技能。在传统行业和在位企业承受颠覆性技术创新冲击的同时，人员失业风险和就业安置问题随之而来。20 世纪初，美国工业的电气化得益于一种灵活的教育制度，让劳动人民获得了离开农场工作所需的技能，并为现有劳动力提供培训机会以培养新的技能。2019 年 10 月，英国教育部也发布了“国家再培训计划”[1]，拟投入1亿英镑，旨在帮助成年人再培训以获得更好的工作，并为未来的经济变化做好充分准备。实施社会再培训计划，一方面，应加强对产业结构调整和就业结构变化的长期跟踪和监测，及时识别颠覆性技术创新带来的智能化、自动化等变革对现有就业格局的冲击和影响；另一方面，预判未来经济社会可能出现的新职业及所需的新技能，制定并实施社会再培训计划，保障经费和培训力量的投入，促使劳动力获得适应新常态的职业技能。

[1] Department for Education, National Retraining Scheme. https://www.gov.uk/government/publications/national-retraining-scheme/national-retraining-scheme.

6. 充分发挥行业协会的组织协调作用，促进颠覆性技术研发及产业应用，推动经济社会转型升级

行业协会作为产业联合体，对行业内颠覆性技术创新方向、研发水平和技术储备有充分的了解。同时，行业协会作为第三方主体，在政府和企业二元主体间可以发挥组织对接和沟通协调的重要作用。国外行业协会发展经验也表明，行业协会可有效解决政府和企业在推动经济转型升级时陷入的政府失灵与市场失灵困境[1]。颠覆性技术创新作为一项复杂的系统性工程，单打独斗难以形成高质量、高可用的研发成果，应充分发挥行业协会的组织协调作用。从企业服务角度着手，一方面，促进颠覆性技术创新研发合作，协调建立创新合作联盟或技术共同体，加强产学研资源整合和高效利用，共享和发展基础共性技术，降低技术研发成本，实现颠覆性技术的多点突破；另一方面，建立行业颠覆性技术创新公共服务机制，建立顺畅的交流渠道，为企业提供研究开发、技术转移、检验检测认证、创业孵化、知识产权、科技咨询、文献情报等科技服务，为颠覆性技术创新研发提供软性支持。从组织引领角度着手，一方面，行业协会要充分发挥在政府和企业间的组织对接和沟通协调作用，增强自身影响力、凝聚力和执行力，积极推进并服务国家战略部署；另一方面，积极研究并制定行业团体标准，积极参与团体标准、行业标准、国家标准和国际标准的制定，使中国颠覆性技术创新拥有世界话语权。

[1] 郁建兴，沈永东，周俊 . 政府支持与行业协会在经济转型升级中的作用——基于浙江省、江苏省和上海市的研究 . 上海行政学院学报，14(2)：4-13.